U0045425

天下文化
BELIEVE IN READING

科學天地　BWS185

生命
為什麼
如此神奇？

周成功教授的 13 堂探索之旅

周成功——著

目次

推薦序
不普通的普通生物學

陳文盛

陽明大學榮譽退休教授、教育部終身國家講座

　　周成功在陽明大學教的大一「普通生物學」一點都不「普通」。我們熟悉的傳統「普通生物學」都指定一本厚厚的英文教科書，從分子、細胞、組織、器官、個體到族群；從病毒、細菌、黴菌、植物到動物；從生理、遺傳、生態到演化，內容包羅萬象，等於把高中學過的都重來一次，只是增加深度，並且訓練剛進大學的學生閱讀科學英文，為進階的專業課程做準備。

　　周成功的生物學完全不是這樣。他不百科全書式的概括所有的標準題材，而只針對生命基本現象做大哉問。他在乎的是生物學的中心要素，特別是幾項他特別感興趣的重要課題。譬如，現代科學告訴我們，所有的生物現象都可以用物理和化學原理解釋，那麼生物學有別於物理和化學之處在哪裡？或者說，生物學為什麼獨特？生物有別於無生物之處在哪裡？

　　周成功教的生物學是非教條性的，是思考性的，帶著學生推理和辯論，不單單交代觀念，還告訴學生觀念是如何建立、如何發現的。也因為如此，他的「普通生物學」沒有教科書，取代的是每堂課的「延伸閱讀」，包含很多原始研究論文。這樣的生物學或許不合所有學生的胃口，但是最適合有心深入追究的學生。這本根據他上課內容撰寫起來的書也是一樣，也是帶著讀者推理和辯論。以往

只是背書的學生們要開始思考和理解；理解還可以幫助記憶，忘了也可以遵循邏輯重新獲得。

傳統的「普通生物學」內容很保守，盡量不涉及有爭議、未定論的課題，不管它們多麼重要和有趣。周成功很勇敢的切入有些仍然充滿爭議的重要課題（譬如無生物怎麼演化出生命來，亦即生命的起源），冒著未來很可能需要修正的風險。他這樣子挑戰學生，除了可以薰陶學生，培養他強調的「批判性思考」，還會將學生帶往生物學目前還在摸索努力的方向。

套句詩人羅伯特‧佛洛斯特的話，周成功要帶讀者「走比較少人走的路，它造成莫大的差異」。

推薦序
子帥以正的科學教育推手

劉源俊

東吳大學物理學系名譽教授、臺北市科學出版事業基金會董事長

　　高興得知《生命為什麼如此神奇？》即將出版，成功兄要我為他這一本醞釀多年的大著也寫篇序，著實榮幸，衷心樂為。

　　初識成功兄，是在 1980 年。這時盧志遠還是科學月刊社的社長，我是社務委員，剛辦過了十週年慶；《科學月刊》總編輯自 1 月起懸缺，我暫代。到 7 月，社務委員會與編輯委員會同步改組，曾惠中接任總編輯。盧志遠引進他在紐約熟識、1979 回臺灣，後來在榮總醫學研究部服務的成功兄——就他一人跨足兩個委員會。

　　到翌年 5、6 月間，為考慮改善科學月刊社財源，我們在社務委員會中熱烈討論創辦「科技報導」（為《科學月刊》姊妹刊）的構想，成功兄勇於承擔，扮演了關鍵的角色。到 10 月，該刊辦妥出版登記——曾惠中掛名發行人，周成功總負其責。其後《科技報導》（*SciTech Monthly*）於 1982 年 1 月創刊。到 4 月，盧志遠辭科學月刊社長，由周成功繼任。

　　此後好多年，科學月刊社之所以能夠存活，是靠《科技報導》的廣告收入；而廣告中大部分與生物儀器有關，多歸功於成功兄的介紹。在《科技報導》的〈發刊辭〉中，成功兄寫：「我們嘗試推出《科技報導》。這份刊物是獻給每一位從事或關心科技研究的人的，它將以報導本地科技活動的新聞為主，並且提供一個園地，讓

國內科技研究的從業人員能藉之交換心得、資料、研究材料等等。由於創辦之初，人力與財力都十分有限，我們報導與發行的對象暫以生命科學為主，希望將來能藉著這個模式與經驗把它更推廣到其他的自然科學與工程科學範疇。」

然而成功兄真正的興趣在介紹生命科學；他從化學走進分子生物學，切入方式自不同於一般出身於生物的學者。1983 年起，他開始和陳文盛在《科學月刊》寫介紹分子生物學新知的「突破／展望」專欄。1986 年，專欄名稱改為「現代生物學 1986」；後來專欄名稱與年俱進，直到 1996 年 4 月為止。該專欄甚是成功，引發許多讀者對生命科學的興趣。他自己曾透露，在《科學月刊》寫專欄，是受到曹亮吉寫數學專欄的影響。

在科學月刊創刊的 1970 年代，由於發起者中物理人與數學人居多，物理與數學文章為大宗。但到 1980 年代，生命科學逐漸蔚為科學界中的主流。科學月刊的內容逐漸也轉變為以生物醫學為大宗。成功兄的這一專欄正配合潮流。

2014 年 6 月 13 日，我趕往參加了他朋友及門生在林口為他辦的（自長庚大學）退休餐會。當天我簡單講述：在科學月刊社與成功兄曾共事三十多年，深知他熱心科學教育，又有開創力，勇於承擔，敢言人所不敢言。

他之敢言，不只見於《科技報導》上，最具有代表性的是在《風傳媒》寫的〈浩鼎新藥——一個國王新衣的再現〉。其中最後一段寫：「六年前我發表過一篇評論針對翁啟惠院長所規劃的『生技醫藥國家型計畫』。在結尾時，我說：當國王穿上看不見的新衣上街時，絕大多數人的心態是明哲保身，作一個沉默的旁觀者，當然也會有少數人跟在後面湊熱鬧，只有那個小孩，會無知而天真地

說出心中的疑惑。我選擇了作那個小孩。顯然這段話仍適用於今日。」

他在 2021 年 12 月 15 日〈莫忘初衷-寫於《科技報導》創刊 40 週年〉文中感嘆：「……但是深入探索當前臺灣學術圈內所呈現出的學術文化，聽話和靠邊站似乎是年輕學者的求生之道，領導階層成幫結派、毫無忌陣地爭奪資源。學術倫理與學術傳統的建立，本來就要先從自身作起『子帥以正，孰敢不正？』但是今天檯面上可以做為後輩 role model 的前輩屈指可數，尤其是自我反省及批判的精神，似乎已經從臺灣學術圈內完全消失。……沒有自我反省及批判能力的學術界是不可能向上提升的！我無法想像今天我們的學生、年輕老師怎麼看待這些資深教授光怪陸離的作為？」

然感嘆歸感嘆，成功兄從來清楚並堅持自己的職志。他常受邀在各處作講演，主題自是生命科學。幾年前他告訴我，自長庚大學退休後，答允陽明大學為全校各系學生開一門「生物學特論」，選課的學生可以抵免本系必修生物學的學分。他要試驗嶄新的講法，要求學生必須很用功預習並複習。敢選修的人只是部分，但是受益良多。這本新書就是他這幾年心血的結晶。

我對生命科學有興趣，但是外行，當然不敢對書中有關內容贊一辭。惟書中〈第一堂課：薛丁格的大哉問：生命是什麼？〉從薛丁格開始講生命科學，則引起我的興趣。物理學家薛丁格從熵的觀點看生命，是從基本原理上一語道破，釐清了生命與非生命之間的區隔；他又推測基因所攜帶的訊息可能是以密碼的形式存在，啟發了後來 DNA 雙螺旋結構的重大發現。薛丁格對生命科學的貢獻自不可磨滅。

但是也必須指出：薛丁格雖屬量子物理學的創建者之一，他

對量子物理的詮釋卻跟不上時代的腳步。我的看法是：量子物理裡的牽繫（entanglement）、不可分辨（indistinguishability）、遇斷（probabilistic collapse）、穿隧（tunneling）、亞穩（meta-stability）這些概念，跟各種有關生命大分子的形成及變異，應有更微妙的關係。

生命的奧祕還待探索尋求。我們期望成功兄的這本書引起年輕一代的興趣，並啟發他們獲致更高的成就。

自序
大一普通生物學究竟該教些什麼？

　　2014 年我自長庚大學退休之後，一直在思考能作些什麼自己有興趣又可能有些新意的事。我一直喜愛教書，但問題是我究竟應該再來教些什麼？或是該怎麼教才有意義？1979 年回臺任教後，我就一直在陽明大學研究所教書，2000 年轉到陽明大學生命科學系專任，接下來 2004 年到長庚大學生命科學系，才開始以大學部的授課為主。有一門課是我一直有興趣嘗試，但沒有機會獨挑大梁，那就是大一的普通生物學。

　　我大學唸的是化學，從來沒有正式上過完整的生物學，因此想要獨自開一門普通生物學是個非常大的挑戰。但也正因為如此，我想也許我有機會擺脫傳統生物學教科書的模式，另起爐灶去設計一個全新的、以演化為主軸的普通生物學。

　　剛好陽明大學高閬仙副校長在主持一個跨領域人才培育計劃，希望陽明大一基礎科學的課程能有一些新的嘗試。在高副校長的鼓勵下，我開始認真思考，能不能開一門有特色的大一普通生物學。要開這樣的課，首要之務就是要決定大一的普通生物學究竟應該教些什麼？和選擇教這些背後的理念是什麼？

　　我考慮陽明大學的新生大多數是三類組的學生。他們在高中唸了三年生物：高一基礎生物、高二應用生物和高三選修生物。這和國外高中生的情況完全不同，國外高中生大部分只念一年生物，或

甚至可以完全不唸生物。所以到了大學，大一的普通生物學就必須提供一個完整的生物學架構。以國外最流行普通生物學的教科書為例，一千多頁的厚度，內容繁雜、鉅細靡遺、無所不包。所以我們大一的普通生物學就不應該和國外大學一樣，選一本英文教科書，用上下學期各 2 學分把它上完。

大部分老師會強調上普通生物學最重要的目的就是，訓練學生英文閱讀能力和深化生物知識的內涵。所以高中成績優異的三類組學生，在高中背了三年生物，到了大學，面對的還是一堆類似只需要記憶，但必須轉換成英文的知識。

大一新生對普通生物學的評價多半是乏味、無趣。我基本上同意大學生要有閱讀英文教科書的能力，但我認為大學還應該要能引導學生，對生物世界建立一個新的視野。更重要的是要學會一套和高中只會應付考試完全不同的自我學習方法，進而獲得包括批判性思考、發掘問題、寫作表達等等可以應對未來挑戰的重要能力。

用國外的教科書上課，無法達成我認為大學生在大學應該要學到那些能力的目的。因為要讓學生對生物有一個整體的掌握，就必須把生物學擺在演化的脈絡下去理解。這是高中生物教學中最欠缺的一環，而國外教科書在這個問題上也交了白卷。可能是因為宗教信仰的緣故，演化在國外教科書中永遠是獨立於細胞、植物、動物、生態和多樣性之外一個單獨的章節。譬如說，國外普生教科書中幾乎完全不討論生命起源的問題；坎貝爾（Neil Allison Campbell）一千多頁普通生物學的教科書，只用半頁的篇幅談生命起源。所以對大一學生來說，生物學仍然是一個片段知識堆積出的學問，記憶與背誦仍然是學習生物的不二法門。

大一普通生物學究竟應該包含多少內容，以及課程內容該如何

建構？則是另一個極難回答的問題。什麼都教的顧慮是時間不夠，每個主題只能點到為止。但如果只設定有限的主題，就會有「怎麼連這麼基本的東西都沒教」的疑慮和批評。

曾擔任美國國家科學院院長和科學雜誌總編輯，加州大學舊金山分校的亞伯特（Bruce Alberts）教授 2012 年在科學雜誌上一系列談大學教育改革的社論，給了我一個非常清楚的論證：大學不應該再走過去那種什麼都合括，但全無深度的教學。他稱之為膚淺式的學習（skin deep learning），而傳統大一普通生物學正是這種膚淺式學習的範例。

亞伯特教授不僅提出他的批評，同時還更進一步主張，要揚棄現今包山包海型的教科書，而用一系列能讓學生深入探索的主題來取代。要糾正學生過去對生物學錯誤的看法，並引導他們獲得正確的學習方法。除了加強英文閱讀能力之外，還應該將培養思考與寫作能力做為這門課的主要目標。因此我決定我的普生課沒有教科書，而是重新從演化的觀點，去建構一個我認為更能幫助學生認識生物世界的大學課程。

陽明大學於 2015 年全程錄影我上課的實況，同時生命科學系及基因體研究所幫課程建立一個完整的網站（dls.ym.edu.tw/course/hb/），因此自 2016 年起，上課完全採取翻轉教學的方式。

出書緣起

2018 年暑假我和陳文盛、蘇金源幾位陽明的老師，在學校支持下舉辦為期五天的高中生物老師工作坊。這個工作坊連續辦了四期（2018-2021），使我深切體會到，在高中負責第一線教學的生

物老師，需要有把生物學擺在演化脈絡下的整體掌握。在陽明翁芬華老師的鼓勵下，我決定嘗試把過去上課的內容整理出書。首先由翁芬華老師過去的學生吳冠儀，將我上課影片的錄音檔整理成 1 至 11 堂課的初稿，我再加上寫過的兩個主題形成本書的架構。

接下來文字的修訂，內容的增添，配圖的出處等等都是生手上路，邊作邊學。范明基、陳文盛、馬素華、曾惠中、牟中原、劉源俊幾位老師閱讀全書之後，提供了很多建議。陳文盛嚴格的批評，逼著我在基因調控和表觀遺傳上作了大幅度的修正，另外他也指正了我許多用辭不當之處。這些都是需要誠摯感謝的好友。

在準備書稿過程中，是否要詳細注明參考文獻一直難以取捨。最後決定不放，改用延伸閱讀取代。沒有詳細的參考文獻對認真的讀者當然是個缺憾，但這個缺憾也提供了讀者一個自我探索的機會。現在網路非常方便，資訊取得不是問題，但重要的是怎麼樣去判斷網路資訊的正確性與完整性。更重要的是怎麼從這裡出發，進一步發展出更新、更深入、更有趣的問題。我希望每一位讀者（高中生物老師、對生物有興趣的高中／大學生和對生物知識有追尋熱忱的人）都能懷抱著這樣的心情來閱讀，我相信你一定會得到和我在準備書稿時，所獲得同樣的樂趣。

最近讀到劉殿爵教授所言：「學問之觀涉無窮，而一人之精神有限，有所通則有所蔽，詳於此或忽於彼，稍形率爾，疏漏隨之。」深有所感，至盼大家能不斷找出書中疏漏、錯誤之處。希望本書未來能成為關心生物教學社群的集體創作或是一個溝通意見與交換心得的平臺。

第一堂課

薛丁格的大哉問：生命是什麼？

Photo by ruedi haberli on Unsplash, https://unsplash.com/photos/WfUkz8O1jpg

我們所在的宇宙起始於一個大霹靂（Big Bang）。大霹靂是什麼時候發生的？根據天文物理學家的分析，大霹靂發生距今約一百三十七億年，自大霹靂之後宇宙便開始不斷膨脹，所以我們是生存在一個持續膨脹的宇宙中（圖 1-1）。或許有人會問，大霹靂之前是什麼？這個問題嚴格說來不存在。「宇宙起始於大霹靂。」古人對「宇宙」有很完整的解釋：「四方上下曰宇，古往今來曰宙」。所以我們熟悉的時間和空間，都是在大霹靂時才被創造、誕生，之前它們其實並不存在。這是天文物理學中一個非常弔詭的觀念。

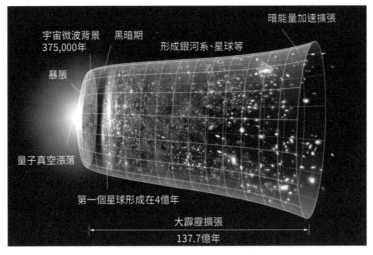

圖 1-1 2006 年美國太空總署對現今宇宙演進的示意圖。

宇宙誕生之後不斷膨脹，在此過程中，四散的物質逐漸相互吸引形成星雲，而星球也在這些星雲中慢慢形成。地球大約是在四十五億年前形成，而生命在地球上出現的時間大約在三十八億至四十億年之間。因此討論「生命是什麼？」時，有一個非常明確的時空限制：指三十八億至四十億年前迄今，在地球上所有存在過的

生命形式。

　　繁複的生命世界從單細胞的細菌到多細胞的人類，呈現出各式各樣、五花八門的生命形式（圖 1-2）。然而，這個繽紛多樣的生命世界背後，不同的生命形式是否擁有某些共同的特性？過去這方面的討論，多半來自生物學家。當物理學家開始思考生命是什麼時，一個全然不同於生物學家的思維逐漸浮現！

圖 1-2a 從動物到植物的生物世界（動物）。

圖 1-2b 從動物到植物的生物世界（植物）。

薛丁格和「生命是什麼？」

埃爾溫・薛丁格（Erwin Schrödinger）可能是第一個對生命是什麼進行全面深刻思考的物理學家。他是奧地利人，1887 年出生於維也納，1925 年擔任柏林大學教授。1926 年，他發現了薛丁格波

動方程式（Schrödinger wave equation），和海森堡的矩陣方程式共同奠定了近代量子力學的基礎。1933 年，薛丁格、保羅・狄拉克（Paul Dirac）與沃夫岡・包立（Wolfgang Pauli）一起得到了諾貝爾物理獎。薛丁格對科學與人類所作出的貢獻甚至讓他給印上了奧地利的紙鈔（圖 1-3）。

圖 1-3 奧地利人深以薛丁格爲榮，特別將他的肖像印在他們 1,000 奧地利先令（約值 2,500 臺幣）的紙鈔上。

　　1939 年，薛丁格接受愛爾蘭總理的邀約，到愛爾蘭的都柏林籌劃建立一個理論物理研究所。1943 年他在那裡發表了一系列演講，演講的主題就是「生命是什麼？」（What Is Life?），副標題是細胞生命的物理面向（The Physical Aspect of the Living Cell）。大家可以想像一下當時的場景：1943 年二次世界大戰打得最激烈的時候，一位偉大的物理學家在一所古老的大學裡發表了一系列演講，演講的內容卻和戰爭完全沒有關係，也不牽涉到任何政治，反而是一位理論物理學家在思考生命現象時所產生的困惑。生命的存在對薛丁格究竟產生什麼樣的困惑？而薛丁格又是怎麼回應自己面對生命產生的困惑？

　　生命的秩序與亂度是薛丁格提出的第一個疑惑：「爲什麼所有

的生命形式，都可以擁有穩定而高度秩序的結構？」

最簡單的生命形式都有極度複雜的結構，譬如我們面對一個人，把視野放大十倍，就可以看到他臉上的縐紋，再放大十倍，可以更清楚看到縐紋細部皮膚的形態，繼續下去，每放大十倍，就會看到一些既熟悉又陌生的新結構出現，不是一團混亂，而是非常工整有序的構造。繼續放大，你會看到一些不太熟悉，但確實存在的構造。從細胞、細胞膜，細胞核、去氧核糖核酸（deoxyribonucleic acid，DNA），最後到形成這些巨大分子的原子。從中可知生命體的組織結構確實是複雜萬分，但也同時存在高度的秩序。

生命形式擁有高度組織的結構，對學生物的人來說，是再平常不過的事。這為什麼會讓物理學家感到困惑而不解呢？薛丁格真正的問題是：「高度組織結構的生命系統，如何抗拒系統一定會持續不斷增加的亂度？」

在回答薛丁格的疑惑前，必須先回到一個基本問題：為什麼對物理學家來說複雜的系統必然會崩壞？這裡要提到物理學中一個非常重要的「熱力學第二定律」。第二定律說：「有秩序的系統是不穩定的，必然會瓦解而趨向最大亂度／熵（entropy）」。瞭解熱力學第二定律在物理學中的地位，就可以理解薛丁格心中為什麼會產生這樣的困惑了。熱力學第二定律告訴我們，所有系統都會趨向最大亂度，但今天任何一個生動活潑的生命體，顯然都擁有複雜而完整的結構，沒有任何明顯崩壞的過程在進行。生命的存在真的會違反熱力學第二定律嗎？

要瞭解熱力學第二定律其實很容易，試想把一滴墨水滴在清水裡。墨水剛滴入清水時，是有具體輪廓的結構，但隨著時間，墨水滴的結構開始崩壞，最終墨水分子任意而混亂的散布到清水中的每

一個角落，整個系統變得混亂，原先的秩序消失殆盡。可想而知，生命在如此混亂失序的系統中無法存在，必然會隨之消亡。

熱力學第二定律適用的範圍無所不在，包括你房間裡的衣櫃在內（圖 1-4）。你房間裡的衣櫃平常是井然有序，還是凌亂不堪？我猜大部分時間應該是凌亂不堪。但偶爾也會有井然有序的時候，像是父母嘮叨說不把衣櫃整理好不准出門，那大家自然會努力的把處於混亂狀態的衣櫃變得井然有序。

熱力學第二定律告訴我們：「秩序是不穩定的，必然會趨向最大亂度」。因此，你衣櫃裡的衣服也一樣，明明好像沒做什麼特別的事，隨著時間，原先井然有序的衣櫃好像會自動走向混亂。因此任何系統從秩序變得混亂是一個自發性的過程；若要將混亂回復秩序，則要耗費能量努力作功。所以下次父母再責備你為什麼衣櫃裡的衣服這麼亂？你可以理直氣壯的回答：都是熱力學第二定律惹的禍！

圖 1-4 熱力學第二定律說有秩序的系統都會隨時間而趨向最大亂度，就如同整齊的衣櫃在一段時間後會變亂一樣。

　　混亂到底是什麼？能不能用更科學的方式來定義所謂的「混亂」？有一年我以前的學生，陽明大學生命科學系的范明基教授去維也納觀光，我跟他說去維也納觀光，大部分人都會去一個叫中央公墓的地方。那裡有很多偉大的音樂家，像貝多芬、莫札特等人的墓。我跟范老師說，你去那裡一定要去看一個人的墓。我請他看的就是奧地利物理學家路德維希·波茲曼（Ludwig Boltzmann）的墓（圖 1-6）。

　　這座墓的墓碑非常特別，除了波茲曼的肖像、名字、出生與去世的年代外，上面還刻了一行字：「$S = k \log W$」，這是大家認為波茲曼對人類文明最重要的貢獻。公式裡的 S 就是亂度。波茲曼在這裡定義所謂的亂度等於 $k \log W$，k 是波茲曼常數，$\log$ 是自然對數 $\ln$，W 則是指一個物理系統中所有可能存在狀態的數目。

圖 1-5 維也納中央公墓內的波茲曼之墓。

　　這個公式表面上看很難懂，我們可以用一個簡單的例子來解釋（圖 1-6）：有一顆藍球和三個方框的物理系統，藍色的球可以在第一個、第二個或第三個方框裡，所以這個系統的 W 就等於 3，亂度就是 $k\ln3$。

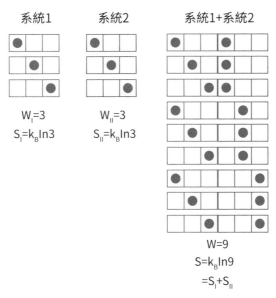

　　圖 1-6 用一顆球加上三個方框的例子來解釋物理系統狀態數目的計算，以及兩個系統結合後，整體亂度相加的概念。

　　假設今天有另一個一模一樣的物理系統，W 也等於 3，把這兩個系統結合在一起，新系統因為有 9 種可能存在的狀態，所以 W 就變成 9 了。從公式中就能看出，兩個物理系統結合之後，整體亂度是兩個單獨系統亂度的和。

　　這裡還可以再想想：一個物理系統的亂度會不會等於 0？S 等於 0，代表 W 等於 1，什麼時候，一個物理系統可能存在的狀態數目是 1？答案是絕對零度！絕對零度時，所有粒子都呈現靜止，固

定在原地不動，W 就等於 1。因此在絕對零度時，任何物理系統的亂度都是 0。當然實際上絕對零度只能無限逼近，所以亂度是無法達到 0 的，代表任何物理系統一定會有亂度存在，不會有等於 0 的時候。

生命如何克服亂度

薛丁格為了要回答生命為什麼能違反熱力學第二定律而維持高度複雜的秩序，在書中的第六章他寫道：「生命為了降低其混亂與維持穩定，採取了攝入負熵（negative entropy）的做法。」薛丁格的想法是，每個生命的存續，都必須不斷吃下一些攜帶了負熵的食物來維持系統的穩定。然而，負熵這種東西理論上是不可能存在的。回到 $S = k \ln W$ 的公式，就知道 S 不可能為負（$\ln 1 = 0$）。看來，薛丁格這位偉大的物理學家偶爾也會犯錯。

現今該怎麼回應薛丁格的疑問：有秩序的生命如何在「會自動崩壞」的物理世界中存在？解決方案其實不難，如果能創造一個物理屏障（physical barrier），把這個有秩序的結構與外部環境隔離，內在結構就不會立刻崩壞，在這樣的條件下生命結構應該能夠暫時維持穩定。

如果生命需要一層物理屏障來維持結構，那這樣的生命究竟是一個開放還是封閉的系統呢？封閉系統表示這個系統與外界環境沒有任何能量與物質的交換。如果生命是一個封閉系統，熱力學第二定律告訴我們，任何封閉系統最終都會趨於最大亂度，而達到平衡（equilibrium）。因此，生命不可能是一個封閉系統，它「必須」要能和外部的環境進行能量與物質的交換，讓生命維持在一個動態的

穩定狀態（kinetic steady state）。

　　生命系統的物理屏障是什麼呢？生命最基本的單元是細胞，所有細胞，沒有例外，都有一個由磷脂質（phospholipid）組成的雙層薄膜包裹在外面，這就是細胞膜。而包裹在內的細胞結構就像一座複雜的化學工廠（圖 1-7）。圖中的線條代表細胞活動時，會發生的各種化學反應；中間圓形的部分就是著名的克氏循環（Krebs cycle）；連結克氏循環的其他線條是包括細胞內葡萄糖分解的系列反應（glycolysis）。糖解反應加上克氏循環在整個細胞的代謝反應中只是九牛一毛而已。

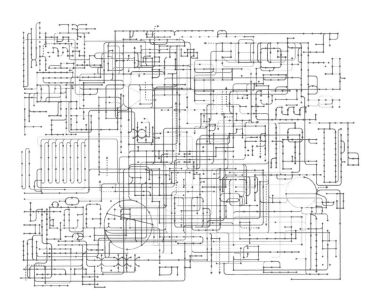

圖 1-7 細胞內部進行的代謝反應示意圖，細胞宛若一座極度複雜的化學工廠。

　　這座細胞工廠最主要的工作，就是讓細胞從食物中萃取出有用的能量，和建造內部結構所需要的材料。細胞工廠裡面最重要的組

件就是蛋白質，蛋白質是由二十種不同的胺基酸，依照特定的排列順序結合，形成的一個巨大長鏈分子。這個長鏈分子在細胞中會自動進行摺疊（folding），形成特定的三維空間結構。在這些三維空間結構中，可以看到分子表面布滿了許多凹槽，這些類似凹洞的構造就可以和食物分子結合，然後進行催化反應，將食物分子切斷，並釋放出有用的能量與材料。

生化學家阿爾伯特・勒寧格（Albert Lehninger）在他 1993 年出版的生化教科書裡很精要的回答了薛丁格的問題：「任何一個活著的個體，為了維持其內在秩序與結構，必須從環境中取得食物或陽光的能量，並將等值的能量以熱或亂度的形式釋放到環境中。」

若用一個簡單的圖來表示（圖 1-8），可以看到一顆細胞，內部有完整而複雜的結構，時時刻刻進行複雜的化學反應。化學反應會把環境中有用的食物吸收到細胞內進行分解，產生有用的能量以及建構內部所需要的材料。同時，細胞會釋放熱到環境中，外在環境的亂度因此而增加。結論是：「維持生命的秩序是以增加環境的亂度做為代價！」

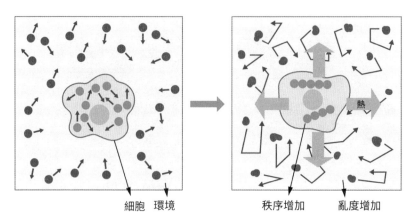

細胞　環境　　　　　　　秩序增加　　亂度增加

熱

圖 1-8 細胞為了維持內在結構的秩序，需要釋放熱至外部環境，同時也提升了外部環境的亂度。

我們把「生命」兩個字換成「家裡」就很容易瞭解這個概念。為了維持家裡的整潔，需要清掃，而清掃會產生垃圾，垃圾當然是丟到外面。因此維持家裡的整潔，就會使外面的環境愈來愈亂。這是一個有趣而弔詭的論述。我們常說要保護環境，但只要有生命存在，環境必然會變亂，這又是熱力學第二定律惹的禍。

至此對薛丁格的第一個問題，已經有了大致的回應。熱力學第二定律真的不能違背嗎？一個有趣的想像實驗不僅再度證實熱力學第二定律的正確性，同時帶引出資訊也可以在熱力學第二定律中參一腳，擴大了對熵的解讀。

1871 年，英國物理學家詹姆士・馬克士威（James Maxwell）提出一個想像的實驗，想要證明違反熱力學第二定律是可能的。他設想一個絕熱的容器內有一群已經達成熱平衡的氣體分子，所以容器內各處的溫度是相同的。容器被一個滑門分成相等的兩格，中間是由「小妖」（Maxwell's Demon）控制這扇沒有摩擦力的「滑門」。每當小妖看到一個快速度「較熱」的分子從盒子的右方接近滑板時，它就把門打開，讓分子通過；而當它看到一個速度慢、「較冷」的分子從盒子的左側接近時，它也會把門打開，讓分子通過。最終的結果就是會得到一個右邊冷而左邊是熱的盒子（圖 1-9）。

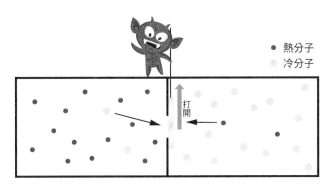

圖 1-9 馬克士威的熱力學第二定律思想實驗。

由於小妖沒有接觸到盒內的分子，滑板移動也沒有摩擦力，所以小妖作這件事時，沒有提供或消耗任何能量，但結果卻是盒內的亂度大幅下降（想想看為什麼？），這是不是代表熱力學第二定律已經被違反了呢？

但我們仔細想想看，要這種情況發生，小妖必須知道每個即將來到分子的運動狀態（資訊），然後開啟滑門讓分子通過，之後滑門立刻關閉。一開始小妖擁有分子動態的資訊是零，但隨著時間小妖擁有的資訊就會愈來愈多。因此能不能把資訊視同為一種熵？當盒子中的熵減少時，小妖擁有的熵就增加。最後要回到小妖的初始狀態，還得把小妖擁有的資訊清除歸零才行。這又是個耗能放熱的過程，熱釋放到環境中，環境中的熵便會增加，因此整體的熵仍是增加，因此熱力學第二定律還是對的。1948 年美國數學家克勞德‧夏農（Claude Shannon）就將熱力學的熵引入到資訊理論來衡量接收到的資訊，被稱為夏農熵（Shannon entropy）。

生命資訊系統的儲存與運作

接下來薛丁格對生命提出了第二個問題：「一個生物系統是如何精準複製並代代相傳一組龐大、可遺傳的基因資訊？」在生命繁衍的過程中，一個結構極度複雜的細胞，會分裂產生兩個與它完全相同的後代，顯示生命體中必然預先存在某些特定的資訊，這些資訊負責指揮建構新的細胞。而這些資訊在細胞代代相傳中，必須要非常準確的被複製出來。這些遺傳資訊是什麼？又用了什麼樣的方法，確保資訊在一次次複製過程中不會出錯？

薛丁格是在 1943 年發表演講，那時還不知道「基因」是什麼，

也不知道遺傳資訊（genetic information）如何複製。但薛丁格很準確的預測了遺傳資訊的存在形式，以及可能的複製機制。他說基因（gene）可能是一種以「密碼」（code-script）形式存在的資訊，這些資訊決定了未來生命體生長發育的過程。那麼這些密碼在基因複製的過程中，要如何做到準確而不出差錯？

薛丁格提出基因可能是一種「非週期性晶體」（aperiodic crystal）。這個想法包含了兩個概念，一是「晶體」（crystal），晶體在長大的過程中，需要以原來的晶體當作模板（template）長出一個完全一樣的晶體。另外，這個晶體必須是「非週期性的」（aperiodic）。平時常見的像食鹽或是白糖等都有規律結構的結晶，代表它所含有的資訊（information）是有限的，只有非週期性的晶體才能夠攜帶龐大的資訊。週期性的秩序只能攜帶很少的資訊，這也是個有趣的觀念。

薛丁格對遺傳資訊的猜測，在 1953 年得到了解答。1953 年 4 月 25 日，詹姆斯・華生（James Watson）與弗朗西斯・克里克（Francis Crick）共同提出了 DNA 的雙股螺旋結構。他們在《自然》（Nature）期刊上發表了篇幅僅一頁，卻是二十世紀生命科學領域中最重要的一篇論文，標題是〈核酸的分子結構〉（Molecular Structure of Nucleic Acids）。

這篇論文的最後一段寫道：「我們不是沒有注意到一件事，維持雙股螺旋結構的特定配對，可能是此遺傳物質複製的機制。」也就是說，雙螺旋 DNA 的任何一股，都可以當作模板，依據其上四種含氮鹼基，分別為腺嘌呤（adenine，A）、胸腺嘧啶（thymine，T）、胞嘧啶（cytosine，C）、鳥嘌呤（guanine，G）的特定配對，合成出新的一股。因為有了模板和精確的鹼基配對原則：A 對 T 和

G 對 C，DNA 雙螺旋所攜帶的遺傳資訊，在複製過程中就可以非常精準的被保留下來。

一個月之後，華生和克里克在《自然》上又發表了一篇論文，題目叫做〈DNA 結構的遺傳意涵〉。更清楚的說明：「DNA 上精準排序的鹼基，很有可能就是生物體內攜帶遺傳資訊的密碼。」。而專一 AT 和 GC 的配對，決定了 DNA 複製的準確性。同時也解釋了基因突變的分子機制。不過華生和克里克在這篇論文裡也有一個小疏忽：他們在 GC 之間只畫了兩個氫鍵，而非我們現在知道的三個。

基因資訊的解碼

如果 DNA 上的鹼基排序代表了生物體所攜帶的遺傳資訊，而這些遺傳資訊在細胞中，是用來決定蛋白質胺基酸的排序；那 ATGC 四個鹼基和蛋白質二十種胺基酸之間是什麼關係？

首先 DNA 上的遺傳密碼跟蛋白質的胺基酸序列，應該是連續、線性的對應關係，然後每三個鹼基決定一種胺基酸。三個鹼基的概念其實很單純，蛋白質如果用一個鹼基決定一個胺基酸，ATGC 只能決定四種胺基酸；兩個鹼基決定一個胺基酸，也只能決定十六種胺基酸，還是不夠。三個鹼基會有六十四種排列組合，又太多了一點，因此一定會有一些胺基酸可以用一組以上的密碼子（codon）來定位，就是所謂遺傳密碼子的「簡併性」（degeneracy），如圖 1-10。

	U	C	A	G	
U	UUU / UUC 苯丙胺酸 UUA / UUG 白胺酸	UCU / UCC / UCA / UCG 絲胺酸	UAU / UAC 蘇胺酸 UAA / UAG 終止密碼子	UGU / UGC 半胱胺酸 UGA 終止密碼子 UGG 色胺酸	U C A G
C	CUU / CUC / CUA / CUG 白胺酸	CCU / CCC / CCA / CCG 脯胺酸	CAU / CAC 組胺酸 CAA / CAG 麩胺醯胺	CGU / CGC / CGA / CGG 精胺酸	U C A G
A	AUU / AUC / AUA 異白胺酸 AUG 甲硫胺酸	ACU / ACC / ACA / ACG 蘇胺酸	AAU / AAC 天冬醯胺 AAA / AAG 離胺酸	AGU / AGC 絲胺酸 AGA / AGG 精胺酸	U C A G
G	GUU / GUC / GUA / GUG 纈胺酸	GCU / GCC / GCA / GCG 丙胺酸	GAU / GAC 天門冬胺酸 GAA / GAG 麩胺酸	GGU / GGC / GGA / GGG 甘胺酸	U C A G

圖 1-10 遺傳密碼的鹼基和二十種胺基酸的對應關係表，一種胺基酸能同時對應到多種鹼基密碼子，即是所謂的簡併性。

從圖 1-10 中可以看出有的胺基酸，像是白胺酸（leucine），有六種遺傳密碼與之對應，但像色胺酸（tryptophan）卻只有一種。是不是代表對應多種密碼的胺基酸比較重要？這是一個歷史上偶然決定的事？或是它有某種必然的功能性呢？生物學裡有很多類似的問題目前找不到明確的答案，大家可以試著去想想看。

生物體中遺傳密碼的運作，和人工密碼很類似。例如電腦使用 0 與 1 兩個數字組成的程式，光看到一長串的 0 和 1，不會知道它究竟是什麼意思。要瞭解電腦長串 0 和 1 的意涵，就必須經過一個「解碼」的過程。所以電腦裡面就會有個專門翻譯密碼的部分，先把這些 0 和 1 換成十進位數字、再變成字母或符號，最後我們才知道整串密碼所代表的意思。像是常見的摩斯密碼，也是利用類似的「解碼」過程來傳遞訊息。因此 DNA 上的遺傳密碼也必須經過一個

「解碼」的過程，才能知道這段密碼所對應蛋白質的胺基酸排序。

也就是說，DNA 上 ATGC 鹼基排序的遺傳密碼，必須先經過轉錄（transcription）變成核糖核酸（ribonucleic acid，RNA），再經過轉譯（translation）變成蛋白質。克里克 1970 年把基因資訊只能從核酸流到蛋白質，不能反向回流的規律稱爲分子生物學的中心理論（central dogma of molecular biology）。

不過，爲什麼遺傳密碼必須先經過轉錄成 RNA 分子，然後才用 RNA 分子來指揮細胞轉譯出蛋白質呢？生物體中遺傳密碼的儲存與利用，其實和電腦非常類似。電腦本身是一個硬體，指揮電腦做事的是電腦中的軟體程式（program），而這個程式資訊是存放在電腦的硬碟（hard disk）中。當電腦開始運作時，真正指揮電腦運作的，卻不是存在硬碟中的軟體，而是從硬碟取出，存到隨機存取記憶體（random access memory，RAM）中的軟體。硬碟裡的軟體可以進行複製，狀態穩定能長久保存。

然而，爲什麼電腦「當下」的工作，不是由硬碟內的軟體直接指揮，而是必須把這個軟體擺在 RAM 裡面，來指揮電腦的運作呢？因爲電腦不是只會做一件事。今天上課用電腦開檔案查資料，下課後電腦帶回家可能就拿去打電動或是看影片。因此最簡單的做法，就是讓電腦先下載要運作的軟體，擺到 RAM 裡面去執行，等事情做完後，RAM 裡面的軟體不再需要，就會被清除。下次電腦要做另一件事，再把硬碟裡那個軟體叫出來。由此可知，儲存在 RAM 中的軟體程式是暫時、不穩定的，用完後就會被清除消失。

同理，細胞中的遺傳程式儲存在 DNA 裡，就像軟體程式儲存在電腦硬碟裡一樣，很穩定！但當細胞面臨環境變化，需要作出特定的蛋白質來應變。此時細胞就得從 DNA 中轉錄出帶了那些資

訊的 RNA，去製造能應對當前需求的蛋白質。因此 RNA 扮演的角色，就跟電腦中 RAM 裡的程式一樣，是「暫時」有用、不穩定、用完就被丟棄的。

在生物世界裡遺傳密碼子對應胺基酸的關係基本上是普世一致的（universal）。從單細胞的大腸桿菌到多細胞的人類身上，都是利用相同的密碼子來對應特定的胺基酸。這讓我們想到人類和大腸桿菌可能都是衍生自一個共同的祖先。或是說我們不僅和猿猴是親戚，連細菌可能都是我們的遠親。其實早在 1859 年，查爾斯·達爾文（Charles Darwin）的《物種源始》（Origin of Species）書中就提出了類似的看法：「地球上所有曾經存在過的生命形式，都可能來自一個共同的祖先。」

生命個體所攜帶全部的遺傳資訊稱之為這個個體的基因型（genotype），而個體最後根據基因型展現出來全部的表徵，稱為這個個體的表現型（phenotype）。但基因型與表現型之間並不是全然完全對應，表現型同時也會受到所處環境的影響。

正常細胞的基因型有固定的遺傳密碼序列，當基因發生突變，遺傳密碼的序列產生變異，依照這串密碼轉錄出的 RNA 會非常忠實的攜帶同樣變異的資訊，最後指揮細胞製造特定胺基酸序列的蛋白質時，蛋白質上的胺基酸也就出現了變異，一個胺基酸的變異就可能造成這個蛋白質在結構和功能上巨大的改變。

大家最熟悉的例子就是鐮刀型貧血（圖 1-11），在一長串的 DNA 遺傳密碼中發生了一個字母的改變，進而導致紅血球中血色素蛋白的第六個胺基酸從麩胺酸（glutamic acid）變成了纈胺酸（valine），這一個胺基酸的改變，使得攜帶此種血色素的紅血球形態發生改變，為鐮刀形狀，這樣的紅血球很容易阻塞微血管而破

裂，因而造成貧血。這便是基因型如何影響表現型的一個例子。

　　另一方面，如果這個遺傳密碼的變異，發生在一些重要的遺傳程式上，就會導致一些極端怪異的表現型出現。比如說，正常的果蠅頭上會有兩根觸角，當決定果蠅頭部發育的遺傳程式發生變異，會使這隻果蠅在原來長觸角的地方長出了一雙腳來！

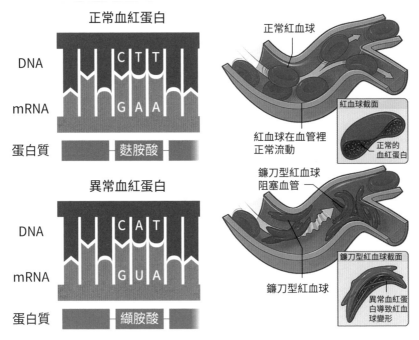

圖 1-11 以鐮刀型貧血的例子解釋遺傳密碼上一個字母的改變會導致的結果。

人類的資訊系統：基因體與體質

　　回到人類自身，人類的基因體（genome）到底儲存了多少遺傳資訊？2003 年，人類基因體定序完成，讓我們清楚得知人類體內究竟有多少基因。如果把決定一個蛋白質的那一串 DNA 序列稱為一個基因，那人類基因體中大約有兩萬個基因，而單套染色體的鹼基對總數大概是三十一億六千四百多萬個左右。

　　我們從這龐大的人類基因體序列（genome sequence）中，究竟學到了什麼？最簡單的說，這些基因告訴了我們人之所以為人的道理。孟子曾說：「人之異於禽獸者幾希？」從人類和黑猩猩的基因體序列比較，對此問題的答案是：「百分之一點多」。人和黑猩猩兩組基因體之間 DNA 序列的差異大約是百分之一點多。表示人和黑猩猩之間有四千多萬個鹼基對的不同。從百分比看起來好像相差很少，但實際的數字還是大得嚇人。

　　今天世上每一個人都擁有一套遺傳資訊，那每個人的遺傳資訊都會是一樣的嗎？不一樣的話，差異又有多少呢？現在我們知道，每一個人擁有的遺傳資訊都不完全相同，這個差異可以是基因拷貝數（copy number）、鹼基對的缺失（deletion）、添加（insertion）或差異（nucleotide difference）。其中最主要單一鹼基對的差異稱之為單核苷多型性（single nucleotide polymorphism，SNP）。人與人之間遺傳資訊的差異大概是千分之一，也就是每個人都帶了獨一無二的一套，大約是三百萬個單核苷多型性的組合。

　　遺傳資訊的多樣性決定了人與人之間的不同。有些差異是外表一看就知道，像男女性別、高矮胖瘦等等。有些差異外表比較難發現，但卻很重要。像有人吃海鮮會過敏、有人天冷容易感冒等等。

這些差異大多是由每個人所攜帶特定的遺傳資訊組合所決定。遺傳資訊的不同，決定了人們的身高、體重、相貌等等。所以決定每個人身體特徵的遺傳密碼，就像每個人出生時都帶了一組身分證號碼一樣，只是這組身分證號碼有三百多萬個字母那麼長，有很高的多樣性。

中國人其實很早就知道，每個人都有他自己獨特的身體特徵。每個人獨特的身體特徵其實就是他的「體質」。是什麼在決定每個人的體質呢？簡單的說主要就是每個人出生時帶著自己專屬的那一套「身分證號碼」。這串由遺傳資訊多樣性組成的「身分證號碼」，如何決定我們的體質？因為遺傳資訊間的差異，會造成特定蛋白質上胺基酸排序的差異，進一步使蛋白質的結構與功能發生改變，而在我們身上產生不同的身體特徵，也就是每個人獨特的表現型。所以我們對「體質」這個概念，現在有了一個非常科學的瞭解。就是遺傳資訊多樣性決定了我們的表現型、或是我們的體質。

接下來的問題就是，能否知道是什麼樣的遺傳資訊多樣性決定了什麼樣的體質？例如在圖 1-12 上方可以看到三個人，兩個人在抽菸，其中一個人很開心，「飯後一根菸，快活似神仙」。但另一個人卻愁眉苦臉，大概是在醫院診斷出得了肺癌。這裡就出現一個大家熟悉的問題：「是不是每個人抽菸都會得肺癌？」答案當然是：不一定。為什麼呢？因為每個人的體質不同！現在我們也許有一個更科學的回應：因為每個人的「遺傳資訊的多樣性」不同。

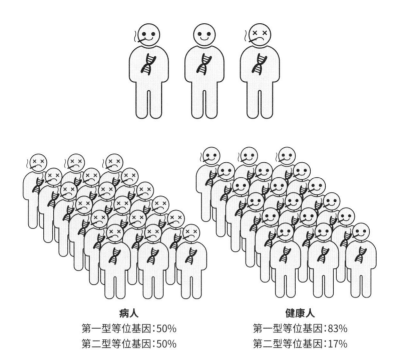

病人
第一型等位基因：50%
第二型等位基因：50%

健康人
第一型等位基因：83%
第二型等位基因：17%

圖 1-12 遺傳資訊多樣性造成的體質差異（抽菸導致肺癌的機率），以及利用此概念反推出遺傳資訊如何對應體質的方式。

　　理論上要回答什麼樣的「遺傳資訊的多樣性」決定了抽菸是否會得肺癌這個問題並不難，如圖 1-12 下方所示，找一群 30 幾歲，每天抽兩包菸，已經診斷出肺癌的人，另外再找一群 80 幾歲，同樣每天抽兩包菸，但活得很健康的人。接下來去分析，這群 30 歲抽菸得肺癌的人，他們三百萬個遺傳資訊多樣性中有沒有擁有一些共同特徵（signature）或是模式（pattern）（危險因子），而另一群 80 歲的人沒有這些特徵。或是說那群 80 歲的人當中，存在另外一些共同的特徵（保護因子），而沒有在那群 30 歲抽菸得肺癌的人中發現。

　　這個想法看似簡單，但實際操作起來非常困難，基本上需要靠

大數據的統計、數學、電腦計算。這是科學界目前還在摸索當中的研究領域。所以不要覺得數學好像與生物學無關，未來需要發展更多更新的統計方法，來解讀生物學中遺傳資訊的問題。要徹底瞭解遺傳資訊多樣性究竟是怎麼樣決定我們的體質，可能是生物醫學界未來一百年最重要的研究方向與目標。

不久的未來，我們也許可以預見這樣的景象：每個人出生時會得到一張出生證明，上面除了你的出生年月日和出生地外，還會拿到一張大表，上頭有你在生物學上的身分證號碼，以及這個身分證號碼如何影響你的體質的資訊。同時會告知你在未來一生中，可能遇到哪些潛在的危險，以此為依據替你設計一套專屬你的生活型態，做為終身依循的準則。這樣美麗新世界的來臨，我們不禁要問：基因資訊到底是解放了我們，還是讓我們成了它的俘虜？

第一堂課我們從科學的觀點（包含生物、物理、化學）對「生命」有一個粗略而全面的認識。最後我想談一下是什麼樣的時代背景，讓薛丁格會提出「生命是什麼？」這個有趣的問題，以及他對後來分子生物學的影響。

為什麼一位理論物理學家會問「生命是什麼？」這樣的問題？

薛丁格 1887 年出生於維也納。他一生中受到兩位師長的影響至深，一位是他父親，他父親是個布商，同時也是業餘的植物育種學家。受到父親的影響，薛丁格對生物學始終抱持興趣，達爾文的《物種源始》是他一生鍾愛的書。另一位則是他在維也納大學唸書時的老師：教理論物理的弗雷德里希·哈森諾爾（Friedrich

Hasenöhrl）教授。當然薛丁格日後走上了理論物理的學術生涯。

　　1943 年在都柏林理論物理高等研究所的公開系列演講以「生命是什麼？」為主題（圖 1-13），除了他個人對生物學的興趣之外，其實還反映了 1930 年代一個重要思潮：現代主義的宣示。

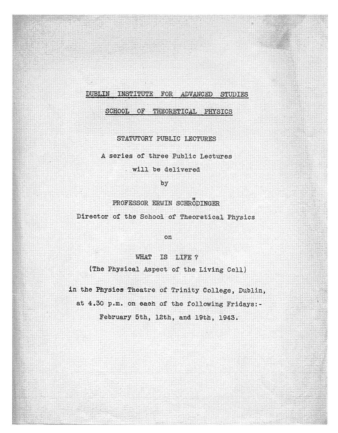

圖 1-13 薛丁格「生命是什麼？」公開系列演講的海報。

　　現代主義肇始於十九世紀末到二十世紀初，是一個摒棄傳統，以科學為基礎，重視理性、邏輯、實證的社會思潮。其中牛頓、達爾文以及西格蒙德・佛洛伊德（Sigmund Freud）是現代主義的代表

人物。

現代主義到了 1930 年代進入一個全盛期。1919 年，德國社會學家馬克斯‧韋伯（Max Weber）大聲宣告「理性化除魅」（disenchantment）的時代已經來臨。一群哲學家、數學家和物理學家，於 1924 年建立起以邏輯實證論為核心的維也納學派。相對論（1905 和 1915 年）和量子力學（1926 年）的革命，把物理學推上了牛頓之後的另一個高峰。科學家也開始思考：如何以物理學為典範，去整合或是化約其他的科學領域。

1931 年萊納斯‧鮑林（Linus Pauling）用量子力學來解決化學鍵和分子結構的問題，取得了重大的進展。1935 年一個名為科學整合論壇（Unity of Science Forum）的會議在巴黎召開；化學和物理的整合指日可待，那下一個等待被整合的科學領域是什麼呢？

生物學毫無疑問成了眾所矚目的下一個目標。二十世紀初物理學家對生物學是有些鄙視，像英國的歐尼斯特‧拉塞福（Ernest Rutherford，1908 諾貝爾化學獎得主）教授就把生物學研究視同集郵的活動（All science is either physics or stamp collecting.）。但隨著物理學的快速進展，丹麥的尼爾斯‧波耳（Niels Bohr，1922 年諾貝爾物理獎得主）教授首先開始認真思考物理和生物之間的關係。1932 年，波耳發表了他那著名的演講「光與生命」（Light and Life）。他從光具有波動與粒子二元互補的特性，試圖在生物世界找出類似的解釋，結果當然是徒勞無功。但波耳的演講激勵了許多年輕的物理學家，其中一位就是馬克斯‧德爾布呂克（Max Delbrück，噬菌體研究的先驅，1968 年諾貝爾生理醫學獎得主）。

德爾布呂克 1930 年師從德國理論物理學家馬克思‧玻恩（Max Born，1954 年諾貝爾獎得主），並拿到博士學位。得到洛克斐勒基

金會的資助，到波耳實驗室進修。受到波耳的感召，之後他和二位生物學家合作，利用 X 光誘發果蠅基因突變的機率去推算基因的大小。他們的想法是 X 光是粒子，用 X 光照射果蠅，那基因愈大被 X 光粒子擊中產生突變的機會就愈大，由實驗結果他們推算出，一個基因大約是幾百個原子的大小。

　　這個研究報告 1935 年發表在德國一個很小的數學物理期刊（*Nachr. Gess Wiss. Göttingen, Math.-Phys. Kl.*），所以對生物學界毫無影響。但這篇論文（後來暱稱為著名的三人論文：Three men paper）被一位物理學家瞧見，這位物理學家立刻被吸引住，開始去思考基因究竟是什麼？基因究竟需要具備哪些特性，才能扮演生命中遺傳的角色？八年後他把他的想法用〈生命是什麼？〉做為系列演講的標題公開發表。他就是量子力學的開山祖師薛丁格。

　　1943 年 2 月薛丁格在都柏林理論物理高等研究所發表〈生命是什麼？〉的公開系列演講後一年，劍橋大學出版社將演講內容集結成書，以《生命是什麼？》為書名出版。薛丁格在書中推測基因所攜帶的訊息可能是以密碼的形式存在，而基因可能是一種非週期性的結晶：晶體可做為模板複製後代，而非週期性結構才能儲存大量的資訊。這些抽象的概念言之成理，但對基因實際怎麼運作，其實並無任何幫助，那薛丁格對分子生物學的發展究竟有什麼樣的貢獻呢？

　　1944 年 2 月有另外一篇研究論文發表，這篇論文後來被視為分子生物學發展的一個里程碑，那就是洛克斐勒研究所的奧斯瓦爾德・埃弗里（Oswald Avery）等人用生物化學分析的方法，推測負責遺傳的基因可能是由 DNA 而非蛋白質組成。剩下的問題就是 DNA 究竟如何扮演遺傳基因的角色？

　　要回答這個問題就必須先知道 DNA 的結構是什麼？當時大部分生物學家仍然抱持，蛋白質才是組成基因的材料，並對分子結構的分析技術一無所知。另一方面，大部分懂得分子結構分析的物理學家，對生物學其實無感。所以埃弗里等人的論文發表後，並沒有立刻帶領風潮，而薛丁格《生命是什麼？》這本小書此刻卻發揮一個意想不到的作用：吸引了一批初生之犢的年輕物理學家、生物學家投身 DNA 的研究，物理學家開始試著用 X 光繞射的方法，試圖去解析 DNA 的結構。

　　1962 年諾貝爾生理醫學獎頒給三位發現 DNA 雙螺旋結構的科學家：克里克、華生與莫里斯・威爾金斯（Maurice Wilkins）。他們不約而同都公開宣示薛丁格《生命是什麼？》這本小書如何影響他們的研究生涯。威爾金斯在他的自傳中說，他的博士論文是研究晶體中的電子行為，當他看到薛丁格在《生命是什麼？》這本書中，推測基因可能是一種非週期性的晶體，深受激勵決定改行成為生物物理學家，用 X 光繞射來解析 DNA 的結構。

　　1993 年，發現 DNA 結構的華生教授在美國冷泉港研究所慶祝 DNA 結構發現 40 週年時，回顧說：「我回到芝加哥大學，偶然看到由理論物理學家薛丁格寫的一本小書《生命是什麼？》，在這本小書中，薛丁格宣稱維持生命運作最重要的是基因。那時候，我最有興趣的是鳥類。於是我開始思索：如果基因是生命運作最重要的部分，那麼我應該得多知道一些它的細節。那真是個命運的轉變！因為若非如此，我可能一輩子都在研究鳥類，當然也就沒有人會聽過我的名字了！」

　　1953 年 4 月 25 日的《自然》同時刊登了三篇 DNA 雙股螺旋結構的論文。第一篇由華生和克里克領軍；第二篇和第三篇分別出自

威爾金斯和羅莎琳・富蘭克林（Rosalind Franklin）的實驗室（富蘭克林在 1957 年逝世，解決了諾貝爾獎三人為限的難題）。四個月之後，克里克親自寫了一封信並附上 DNA 雙股螺旋結構論文的抽印本給薛丁格向他致謝（圖 1-14）。

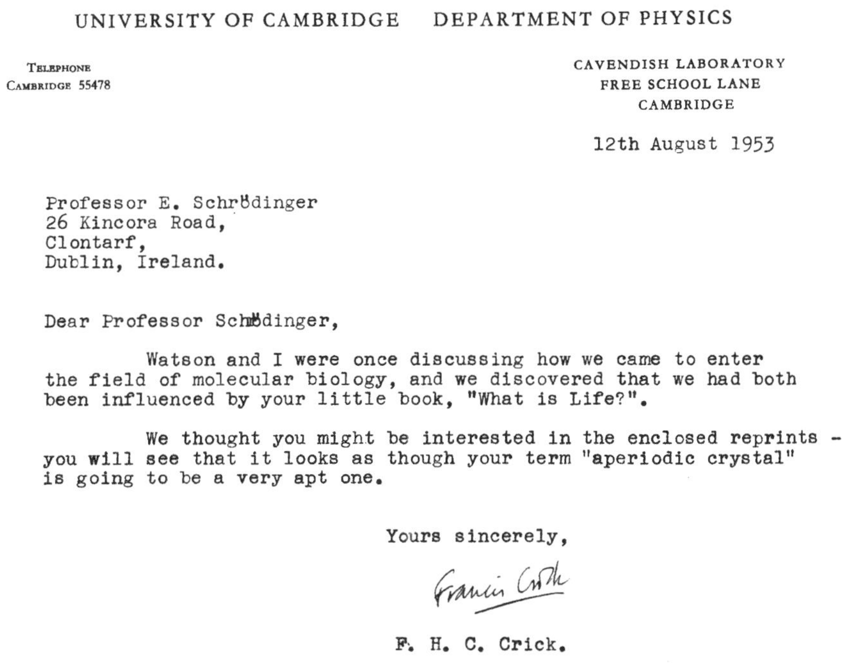

UNIVERSITY OF CAMBRIDGE　　DEPARTMENT OF PHYSICS

TELEPHONE
CAMBRIDGE 55478

CAVENDISH LABORATORY
FREE SCHOOL LANE
CAMBRIDGE

12th August 1953

Professor E. Schrödinger
26 Kincora Road,
Clontarf,
Dublin, Ireland.

Dear Professor Schrödinger,

　　　Watson and I were once discussing how we came to enter
the field of molecular biology, and we discovered that we had both
been influenced by your little book, "What is Life?".

　　　We thought you might be interested in the enclosed reprints —
you will see that it looks as though your term "aperiodic crystal"
is going to be a very apt one.

Yours sincerely,

Francis Crick

F. H. C. Crick.

圖 1-14 克里克寫給薛丁格致謝的信。

　　「我和華生有一次討論，我們是怎麼踏入分子生物學這個領域的？我們發現我們兩人都受到你那本《生命是什麼？》小書的影

響。我們想你應該對附上的論文抽印本感興趣，你可以看出你提出的非週期性晶體想法和 DNA 雙股螺旋結構是很貼切的！」

　　薛丁格的演講透過《生命是什麼？》這本小書影響了一個世代的年輕學子。他非常清楚的告訴我們：生命現象的運作，必須以物理、化學的原理爲依歸。雖然他試圖在生命系統中發現新物理定律的嘗試完全失敗。但他提出的問題與挑戰，鼓舞了青年學子探究生命奧祕的熱情，同時也指引出一個正確的研究大方向。

延伸閱讀

1. Erwin Schrödinger. *What Is Life? The Physical Aspect of the Living Cell*; 1944.（中文翻譯本：《薛丁格生命物理學講義：生命是什麼？》，仇萬煜、左蘭芬譯，貓頭鷹〔2016/04/30〕）

2. M. F. Perutz. Physics and the riddle of life. *Nature* 326: 555-558; 1987.

3. K. R. Dronamraju. Erwin Schrödinger and the origins of molecular biology. *Genetics* 153: 1071-1076; 1999.

4. John R. Jungc. Genesis of *What Is Life*?: A paradigm shift in genetics history. *CBE—Life Sciences Education* 12, 151-152; 2013.

5. Philip Ball. Schrödinger's cat among biology's pigeons: 75 years of *What Is Life? Nature* 560: 548-550; 2018.

6. Rob Phillips. Schrödinger's *What Is Life*? at 75. *Cell system* 12: 465-476; 2021.

第二堂課　生命的起源

Photo by frank mckenna on Unsplash, https://unsplash.com/photos/0D9EOztSOh0

　　討論地球上生命的起源是個非常困難的課題。非但當初的生命始祖早已不見蹤跡，即使現在最簡單的單細胞生物（如細菌）都已經是數十億年的演化產物。現今最簡單的單細胞生物，像大腸桿菌，都有極度複雜的階層結構。一方面在細胞內形成繁複多樣、相互依存的網路，以維持細胞內部的穩定，同時又能快速反應外在環境的變動。這樣複雜的生命系統什麼時候在地球上開始形成？

　　另外，地球大約四十五億年前形成時的環境，和今日已全然不同。譬如說現今大氣層中氧大約占了 20%，而地球形成之初，大氣層是處於完全缺氧的狀態。因此我們只能從今天複雜的生命形式有哪些必要的組成條件去猜想，這些組成條件在早期地球環境中如何形成，形成之後又如何互動，讓第一個生命的雛形出現。

　　目前的證據支持地球大約在三十五億至三十八億年前就出現了原始的生命形式。生命在地球上的出現究竟是一個全然的偶發事件？還是有其必然性？1970 年法國分子生物學家賈克·莫諾（Jacques Monod，1965 年諾貝爾醫學獎得主）寫了一本書。書名就是《偶然與必然》（Chance and Necessity）。這是借用希臘哲學家德謨克利特（Democritus）的一句話：宇宙間所有存在的事物都是偶然與必然的結果（Everything existing in the universe is the fruit of the chance and necessity.）。對生命起源的討論也就不斷的在偶然與必然間擺盪。

　　一種看法是說：在一定的條件下，生命必然會發生。如果只要條件對，生命必然會發生，那麼生命在地球上就應該不止出現一次。但是今天的生物世界，從單細胞的大腸桿菌到多細胞的人類，都用 DNA 儲存遺傳資訊，用 RNA 和相同的遺傳密碼來轉譯蛋白質，表示人和細菌應該有一個共同的祖先！因此生命在地球上出現

會是一個全然的偶發事件嗎？

　　所以折衷的看法就成了：生命的起源是一個偶然與必然的結果。也就是說生命在地球上不同的時空，曾經出現過很多次，但只有其中一次的生命形式，演化出今天地球上所有的生物。我們把地球上所有生物這一個共同最初的祖先叫做露卡（Last Universal Common Ancestor，LUCA）。

從化石看生命的起源

　　科學家探索生命的起源有兩種不同的研究路向，一是考古學的路向，從化石下手，到世界各地尋找古老的岩石，用同位素定年法，估算出岩石形成的年代。然後期待這些岩石在形成過程中，可能會包埋住一些周遭原始的生命形式，如果在這些岩石中的確觀測到一些類似生命形態的痕跡，就可以推測這個原始生命出現的年代。

　　另一種是生物化學的路向，從生命形成所需要的材料和條件下手，在實驗室中模擬各種化學反應，看看簡單的小分子如何形成複雜的大分子，而複雜的大分子是否可能自我組裝、自我催化邁向原始的生命形式。

　　當然，只有整合這兩種研究路向的結果，才能讓我們對生命的起源有一個比較完整的認識。且讓我們先看看生命考古學最近一些有趣的進展。

　　原始生命一定是肉眼不可見的微小單細胞生物，所以必須將古老岩石切成薄片，放在顯微鏡下觀察，尋找原始生命可能存在的痕跡，是否找得到就得靠努力和運氣了。生命考古學家最喜歡尋寶的

目標是疊層石（stromatolite）結構的岩石，因為現今存在各地的疊層石多半出現在海邊，由一些微生物，尤其是藍綠菌一層一層所黏結堆砌而成（圖 2-1），古老岩層中若有疊層石的結構出現，那找到寶的機會就比較高（圖 2-2）。現今大家比較接受最早生命形式出現的證據，來自三十五億年古老的岩層中（圖 2-3）。

圖 2-1 現在西澳海邊的疊層石。

圖 2-2 西澳大利亞斯特雷利池燧石的疊層石。

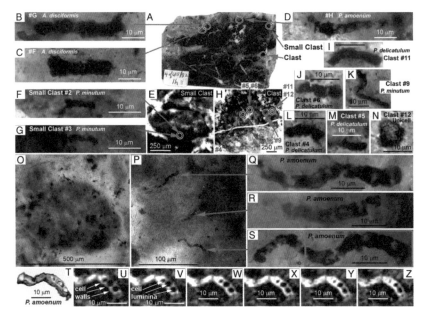

圖 2-3 三十五億年古老岩石薄片中觀察到可能的生命痕跡。

　　接下來一個重要的問題是，要如何確定這些古老生命的痕跡真的來自生命？1996 年科學界曾發生過一次美麗的錯誤，科學家們在南極找到了一塊來自火星的隕石（圖 2-4），觀察隕石中有含碳的成分，裂縫放大的表面看到疑似生命形態的構造。當時造成了很大的轟動，許多人興奮的認為這些構造代表火星上的原始生命。但後來發現這一切其實只是一場空歡喜。隕石確實來自火星，但那個疑似生命的構造，是由一些無機鹽類自然形成。

　　這個例子告訴我們，光從結構上去觀察是說不準的。那麼要怎麼判定古老岩石中的結構真的來自生命？因為已經變成了化石，我們無法期待其中可以發現胺基酸或 DNA 等有機物。還有什麼東西能代表生命曾經存在而留下來的標記呢？以前有一部很有名的星際探險電影中提到，地球上的生命都是「以碳元素為基礎」（carbon-

based）形成的。因此，我們或許可用「碳元素」做為生命存在的依
據。

圖 **2-4** 13,000 年前墜落南極，來自火星的隕石。外觀（左）及放大
（右）的照片。

　　現在可以用許多新穎的研究方法，分析這些古老化石上存在
哪些元素（碳、氮、磷等等）。像是雷射拉曼光譜顯微技術（laser
Raman microspectroscopy）。當一道入射光打到物質表面，並和
物質分子內部的電子及化學鍵發生交互作用，就會產生拉曼散射
（Raman scattering）。根據散射出去的光線波長，即可推測原來物
質中含有哪些元素。

　　另外，我們也可以用配備聚焦離子束技術（focused ion beam
milling）的穿透或掃描電子顯微鏡（transmission/scanning electron
microscopy），利用雷射光束在岩石上製造出切面，再運用電子顯
微鏡去分析內部細微的結構。

　　從這些研究中，科學家就能清楚知道這些化石構造是不是來自
於生物體。用這些方法分析一塊十八億八千萬年前的岩石，可以清
楚看到雙層膜的結構，膜中間還有一些氣泡（圖 2-5）。

　　若想進一步去判定這個碳元素的結構是否真的來自生物，就必

須利用分析碳同位素（isotope）的技術。碳元素在自然界中有兩種穩定的同位素：碳-12 與碳-13。這兩種同位素在自然界的分布比例是固定的，但是當生物體吸收食物中的碳元素時，所有生命形式無一例外，都會偏好使用質量較輕的碳-12 進行代謝反應，製造生物體的組成。

因此生物體內的碳，絕大部分是碳-12，而碳-13 的比例遠小於自然界中的分布。當我們發現某些化石結構中的碳元素主要是碳-12，而碳-13 相對稀少時（[13]C-depleted carbon），就能推測這些結構很可能是來自生命。

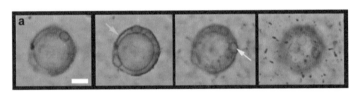

圖 2-5 十八億八千萬年前岩石中類似細胞的結構（比例尺：10 μm）。

從化學觀點看生命的起源

化石分析的結果告訴了我們，地球歷史上某個年代是否有生命存在，但無法告訴我們生命到底是如何從無機物中產生？要瞭解生命如何產生，就需要先瞭解生命產生需要哪些條件。

分析一個簡單的細胞，即可歸納出生命的組成物質，大約包括：70% 的水，15% 的蛋白質，7% 的核酸（DNA 與 RNA）、2% 的多醣體（polysaccharide）等等。後面幾項都是所謂的巨大分子（macromolecule），生命體中這些巨大分子，像是核酸與蛋白質，都是由許多小單元分子（核苷與胺基酸）依照特定排列順序結合形

成，而多醣體則是由單醣聚合而成。

接下來的問題就是：構成這些巨大分子的小單元分子是怎麼在地球上出現？提出天擇演化的達爾文很早就已經想過這個問題。他在 1871 年寫給好友約瑟夫・胡克爵士（Sir Joseph Hooker）的信中提過一段話：「如果（多大膽的如果）我們想像在一些溫暖的小池塘中，充滿了氨氣、磷酸鹽等物質，再加上光、熱、閃電等能量的提供，就可能會形成蛋白質，並慢慢朝向更複雜的形式轉變。」達爾文提出的「溫暖小池塘」概念，到今天仍然是很多人討論生命起源的基礎。

1924 年俄國化學家亞歷山大・奧巴林（Alexander Oparin）提出了第一個具體的假說。他認為遠古地球大氣中沒有氧，是個充滿負電荷（電子）的環境。在這樣的環境中，電子很容易和一些簡單的小分子反應，形成小的有機化合物，這些有機化合物又會再形成大的聚合體，當這些聚合體有能力吸收環境中的有機化合物，最基本的代謝反應和生命形態就此誕生。

奧巴林把他的想法用俄文寫了一本小書，書名就是《生命的起源》（*The Origin of Life*）。奧巴林的想法顯然沒有被太多人知曉，因為到了 1929 年，英國演化生物學家約翰・霍爾丹（John Haldane）提出和奧巴林非常類似的想法。霍爾丹猜想原始的海洋就像個大實驗室，地球大氣中沒有氧，而二氧化碳、氨氣借助陽光的紫外線在大海中形成各式各樣的有機化合物。霍爾丹進一步猜想，一些特定的單元分子和巨分子被脂質的薄膜包裹形成最原始的細胞。

奧巴林－霍爾丹對生命起源的假說，直到 1953 年才在實驗室中證實。史丹利・米勒（Stanley Miller）是芝加哥大學化學系的博士班研究生，他的指導教授哈羅德・尤里（Harold Urey）是著名的

化學家，曾在 1934 年因為發現氫的同位素而得到諾貝爾獎。尤里有一次對米勒提出這個想法：或許可以模擬一個組成與遠古地球大氣相近的環境，然後探索在那樣的環境中，構成生命的有機物是否可能產生。

米勒依照這個構想，設計了一組實驗器材（圖 2-6），在一個大燒瓶中注滿甲烷、氫氣、氨氣、水蒸氣等氣體，並接上兩個電極持續高壓放電，模擬大氣中的閃電。然後在燒瓶底部裝設一個冷凝管，蒐集任何燒瓶中可能新生成的物質，最後進行蒐集物的化學分析。

米勒發現高壓放電幾個小時後，下方的冷凝液就變了顏色，分析其中的組成找到了幾種不同的胺基酸，像天冬氨酸（aspartic acid）、甘氨酸（glycine）、α-丙氨酸（α-alanine）、β-丙氨酸（β-alanine）和丁酸（butyric acid）等。印證了遠古大氣層中簡單的氣體分子在閃電與高溫的情況中，確實能產生組成生命的基本單元分子：胺基酸。這便是著名的米勒－尤里實驗（Miller-Urey experiment）。

這個實驗結果的論文只有兩頁，發表在 1953 年 5 月 15 日出版的《科學》。有趣的巧合是，華生與克里克提出 DNA 雙股螺旋結構的論文只有一頁，發表在 1953 年 4 月 15 日出版的《自然》。而弗雷德里克‧桑格（Frederick Sanger）決定胰島素胺基酸序列而得到諾貝爾獎的第一篇論文，也是在 1953 年 3 月發表在英國生化雜誌。

順帶一提，《科學》期刊上的論文作者只有米勒一人掛名，當時他只是研究生，還沒有拿到博士學位。他的老闆尤里雖是實驗的主要發想者，卻主動拒絕成為作者之一，他不想搶走學生的光環，

選擇將這篇重要論文給米勒一人獨自掛名。而直至今天，米勒實驗依然普遍被收錄在生物教科書中。

圖 2-6 米勒與米勒－尤里實驗的實驗裝置。在大燒瓶中注滿甲烷、氫氣、氨氣、加熱的水蒸氣，接上電極持續高壓放電，下方裝設冷凝管來蒐集生成物。

1953 年米勒發表論文後並沒有停止研究，他之後去了加州大學聖地牙哥分校（UC San Diego）擔任教授，繼續改良他的實驗裝置。他發現若是在水蒸氣注入的地方接上一個小噴口，讓水蒸氣模仿火山爆發時的狀態，以噴撒的方式進入大燒瓶的話，最後得到的胺基酸產量竟然變成原先的十倍以上，並且除了胺基酸之外，還可以發現有醣類等其他有機分子。

直至今日仍然有人繼續在作米勒實驗的相關研究。由於米勒當初只找到胺基酸和少許醣類，沒有發現組成核酸的鹼基。有人便感到疑惑，那樣一個簡單的環境，是否真的能自然生產構成生命所需的全部物質？

傳統有機化學認為，像形成 RNA 的單元分子核苷這樣的化合

物，一定得先分別合成出五碳糖和鹼基，然後五碳糖和鹼基再接在一起。但這一步從來沒有人在實驗室中成功作出來過，於是大家開始懷疑核苷如果作不出來，那 RNA 怎麼形成？生命怎麼開始？

2009 年英國科學家想到，如果先合成出一個簡單的化合物，這個化合物的結構已經包含了五碳糖和鹼基連接的化學鍵結，接下來只要再經過三步，就可以得到高產率的核苷（圖 2-7）。

這個打破傳統思維的合成途徑，使得一些簡單的無機分子在模擬原始地球的環境中，以諸如陽光中的紫外線為能量來源，用日夜冷熱的循環來純化易揮發的分子等等，不只是構成蛋白質的胺基酸和構成核酸的核苷，連構成細胞膜的脂肪分子都可能形成。

所以，只要環境合適，構成生命所需的主要物質，在自然界中形成應該不成問題。

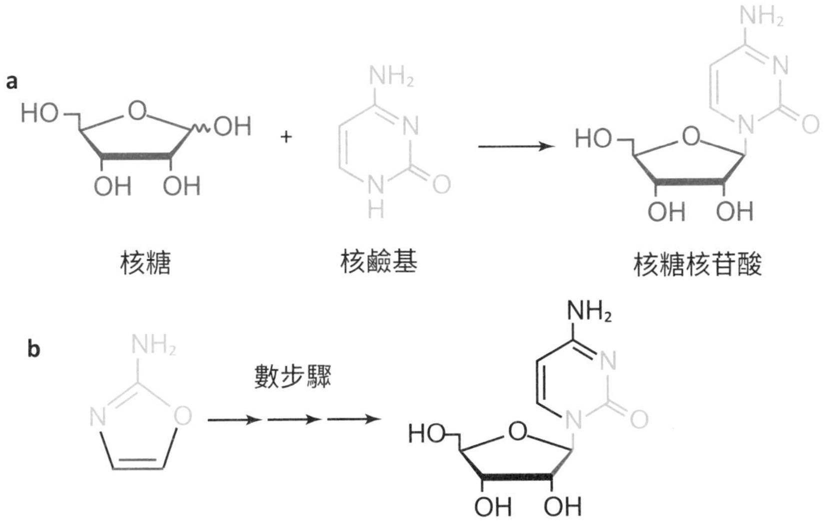

圖 2-7 a. 核苷合成傳統思維的途徑；b. 系統化學引導核苷合成的途徑。

誰才是生命起源的主角？

　　英國演化生物學家約翰・梅納德・史密斯（John Maynard Smith）曾經說過，談論生命起源可以從已知的生命形式下手，而目前已知最基本的生命形式，都用 DNA 儲存遺傳資訊，和用蛋白質做為酶（enzyme）催化細胞內所有的化學反應。DNA 需要酶（蛋白質）來進行複製，而蛋白質的胺基酸排序結構又是由 DNA 來決定，於是生命的起源陷入了一個「是雞生蛋？還是蛋生雞？」的死胡同。

　　1960 年代有一些科學家包括克里克在內，提出生命起源之初，可能是由 RNA 同時扮演儲存遺傳資訊，和催化自身複製的角色，之後才由 DNA 取代專職於資訊儲存，但是當時大家接受的理論把催化化學反應的角色全都給了蛋白質。而遺傳資訊從 DNA 到 RNA 到蛋白質成為分子生物學的中心理論後，RNA 怎麼催化自身的複製就成了另外一個無解的難題！

　　1982 年，美國科學家托馬斯・切赫（Thomas Cech）研究核糖體（ribosome）RNA，發現核糖體 RNA 被轉錄出來後，中間有一小段 RNA 要裁掉，他想找出細胞中負責剪裁這小段 RNA 的酶。結果發現什麼都不加，只要有適當的鹽類加上鳥嘌呤這個鹼基，核糖體 RNA 自己就會把中間那小段 RNA 剪裁掉。

　　這是第一次發現 RNA 擁有催化化學反應的能力，RNA 酶就此誕生。隔年耶魯大學的西德尼・奧爾特曼（Sidney Altman）教授在大腸桿菌中也發現類似具有酶功能的 RNA，兩人在 1989 年共同獲得諾貝爾化學獎。

　　RNA 酶的發現使得生命起源是 DNA ／ RNA，還是蛋白質的困

境迎刃而解。因為發展DNA定序技術得到1980年諾貝爾化學獎的華特·吉爾伯特（Walter Gilbert）教授，1986年就提出了RNA世界的概念，認為生命起源是RNA，因為它同時具備儲存遺傳資訊和催化化學反應的角色。但RNA分子穩定性和催化能力都不夠好，在演化過程中，儲存遺傳資訊的角色，讓渡給更穩定的DNA；而催化化學反應的角色，就讓渡給催化專一性和效率更高的蛋白質了。

　　構成生命的基本材料有了，那關鍵的下一步就是原始細胞怎麼形成？生命的出現是一個「自發性自我組織」（spontaneous self organization）產生的過程，「自發性自我組織是否能在自然界中產生？」是一個重要的問題。有一個著名的化學震盪反應稱為BZ反應（Belousov-Zhabotinsky reaction），將一些簡單的分子混合後，化學反應會出現特定週期性的震盪，可視為一種自發性自我組織的產生（圖2-8）。

圖 2-8 BZ 反應呈現的週期性震盪。

　　BZ 反應的產生與維持有幾個必要條件：一、它必須是一個開放系統；二、反應必須遠離平衡狀態；三、反應當中必須要有物質與能量持續不斷的供給。而產生生命自發性自我組織的條件和 BZ 反應完全一樣。所以在適當的環境中，生命的自發性自我組織在自然界中產生是可能的。

　　在實驗室中也可以發現，溶液中帶極性的脂肪分子會自動組成小囊泡（vesicle），若持續不斷加入脂肪，囊泡的體積會逐漸增長，大到一定程度後囊泡會破裂，接著又重新形成小囊泡。這與細胞成長後分裂的過程非常類似（圖 2-9）。若這些小囊泡中包裹了一些 RNA、DNA 和蛋白質，在不斷有物質與能量的供應下，原始細胞便有機會成長分裂，近似於生命的誕生。

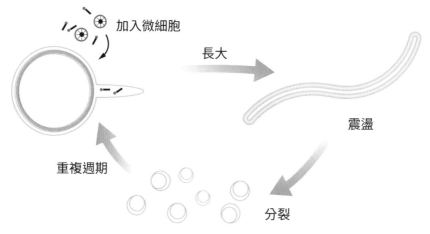

圖 2-9 原始細胞的成長與分裂。

何處是生命的原鄉？

對生命起源所需要的材料如何產生，組織結構如何形成，又如何維持穩定有了一個概括的瞭解之後，生命的出現還需要具備哪些條件？

首先回到達爾文對生命起源的臆測：組成生命的物質可以在一個溫暖的小池塘中，形成所謂的「太始濃湯」。生命真的能在這個「濃湯」中誕生嗎？科學界對此理論過去也曾提出質疑。譬如說，原始地球大氣中的氫氣很早就逃逸一空，剩下的主要是氮氣與二氧化碳，因此米勒的實驗是否真實的反映了生命起源的過程仍然值得懷疑。

另外，原始生命必須在有水的環境中形成和維持，溫暖的小池塘容易乾涸，很難提供一個長期而穩定孕育生命的環境。

因此很多人認為生命應該起源於大海。但有機分子的形成，以及「秩序」的產生，都必須在一個高濃度的環境中才可能實現。即使構成生命的小分子真的能在大海中形成，也立刻會被海水稀釋掉，無法達到繼續形成生命的濃度。

我們可以設想，若把一顆細胞打破、磨碎放入試管，細胞的生命當然就此終結，但構成生命所有的材料都還在，試管中的分子種類甚至比太始濃湯更豐富，但可不可能在試管中再重新得到一個活生生的細胞？簡單的答案是不可能！所以考慮生命的誕生，還必須從以下三項條件開始：一個選擇性隔離的空間、高濃縮的材料，以及持續供給的能量。

原始地球上有沒有符合這幾項條件的環境？1977 年，科學家在太平洋海底發現了狀似煙囪的熱溫泉，會不斷冒出滾滾黑煙，並

且在周圍觀察到了極其豐富的生態相（圖 2-10）。

圖 2-10 2004 年美國商業部國家海洋及大氣管理局在 1,400 公尺深的太平洋海底所拍攝的黑煙囪熱溫泉，周圍布滿了巨管蟲。

　　這個「黑煙囪」（black smoker）是由海底火山噴發與海水作用後形成的。海水從移動的板塊縫隙滲入，遭遇高溫後湧出，同時帶出大量地底礦物質，火山爆發也提供了大量的硫化氫等分子。高溫提供了持續的能量，加上噴湧而出的豐富化合物，在此可以發生一系列化學反應……。黑煙囪做為生命起源之地的理論立刻令學界興奮不已。

　　但深入研究後，發現實際情況與想像間有很大的差距。首先，黑煙囪附近的生物都是依靠生物體內細菌的代謝來得到能量，而這些細菌的代謝反應都需要氧。原始生命形成時地球上沒有氧，所以需要氧氣為生的生物絕不可能是最原始的生命形態。

　　其次，黑煙囪附近的溫度接近攝氏 350 度，在這種高溫下，大

部分有機化合物是傾向分解而非合成。另外，環境酸鹼值在 pH 1 到 pH 2 之間（和胃酸相近），太酸！不是生命喜歡的環境，而大部分化學反應在這樣的環境中也不容易進行。

再來，黑煙囪的存續時間只有火山噴發後的短短幾十年，生命似乎很難在如此短暫的時間內發生、演化。

最後，黑煙囪缺乏選擇性隔離的空間，無法讓材料濃縮，滾燙的海水從火山中噴發出來，縱使之前可能發生過特別的化學反應，結果也會遭遇立刻被擴散稀釋的命運。

失落的城市與生命的起源

如果黑煙囪被排除成為生命起源地的可能，那地球上還有哪些符合生命起源條件的地理環境呢？2000 年，科學家在大西洋海底發現了另一種獨特的海底熱溫泉（圖 2-11）。

圖 2-11 海克力斯遙控車正在失落之城噴氣場的碳酸鹽岩尖頂附近操作。

　　這個熱溫泉和黑煙囪形成的方式完全不同，是由於海水滲入地殼裂縫中，和橄欖石（olivine）發生水合作用後形成蛇蚊岩（serpentinite），同時釋放出熱和氫氣，引發地殼崩裂讓更多海水湧入，創造出海底熱泉的環境。地層下鹼性、富含氫氣的溫泉就從海底湧出，當熱溫泉碰到冰冷的海水，溶在水中的鹽類相互反應沉澱，在溫泉出口形成內含千瘡百孔迷宮般小洞的岩石結構。

　　這些在溫泉出口形成突出的岩石，由於內部有許多像是蜂窩般的細小孔洞與通道，看起來很像一座無人居住的城市，科學家便把這個特殊的海底熱泉稱為「失落城市」（The Lost City）（圖 2-12）。

　　這種地質環境的特徵是：溫度約在攝氏 40 到 90 度之間，沒有黑煙囪那麼熱，但也高於現代地表的平均溫度；由於是在地底下發生的水合作用，形成鹼性的環境，酸鹼值在 pH 9 到 pH 10 之間；水合作用提供了源源不絕的氫氣；最後地質結構相對穩定，可維持十幾萬年之久。科學家相信這樣的環境，很適合來探討生命起源的可能。

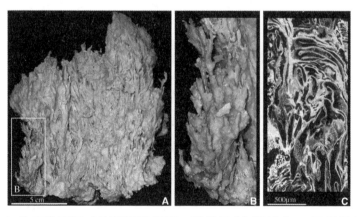

圖 2-12 海底熱泉形成的碳酸質岩石，建構了「失落城市」，可看見內部蜂窩狀的細小孔洞與通道。

從溫度、地質壽命、酸鹼值來看,失落城市都比黑煙囪更適合做為生命起源之地,接下來就要考慮失落城市是否具備前面提到,生命起源必須滿足的三個條件:選擇性隔離的空間、高濃縮的材料、持續供給的能量。

1. 選擇性隔離的空間

現今的細胞利用能自動形成雙層薄膜的磷脂質,來構成選擇性隔離的細胞膜,但只有磷脂質的細胞膜仍不足以維持生命的存在,因為磷脂質的細胞膜無法完全阻隔水分子的穿透,這時就會產生滲透壓的問題。由於細胞內的物質濃度遠高於細胞外,滲透壓就會造成水不斷湧入細胞內,最終導致細胞脹破,生命當然也就隨之消失。現今任何單細胞的原核生物在細胞膜外都還有一層堅固的細胞壁,目的就是為了抵抗水的滲透壓。那麼,最原始的生命形式是如何得到這層細胞壁的保護?

失落城市中布滿了多孔的岩石,並且孔洞大小和細胞尺寸非常相近,包裹孔洞的岩石層不就是個天然而穩固的屏障嗎?孔洞內不就是個有選擇性通透物質的隔絕空間嗎?

2. 高濃縮的材料

接下來要考慮生命起源所需的材料從何而來?米勒實驗以及達爾文「溫暖小池塘」的想法都是在陸地上發生,由閃電與火山爆發提供能量。但失落城市位於海底,海底的環境如何形成生命起源所需的材料?地球初形成時,大氣層中的二氧化碳濃度很高,溶於海

水中的二氧化碳濃度大約是現在的一千倍。失落城市因為橄欖石水合作用，會釋放大量氫氣。當時大氣中缺乏氧氣，而岩石中含有大量亞鐵離子，會形成亞鐵－硫－鎳（Fe-S-Ni）的結晶。這樣的客觀條件是否能產生有機分子？

最直觀的想法是，氫氣和二氧化碳是否能形成甲酸（最簡單的有機酸）？在實驗室裡單純混合這兩種氣體，是不會形成甲酸的。因為氫氣的還原電位（代表對電子的親和力）是 –400 mV，而二氧化碳的還原電位是 –500 mV，表示氫氣對電子的親和力比二氧化碳強。因此要氫氣丟掉電子去還原二氧化碳是不會自動發生的。但上述的還原電位是在酸鹼值為 pH 7 的中性情況下測量出來的數值，可是失落城市的酸鹼值是 pH 9 到 pH 10，在這樣的鹼性環境中，氫氣的還原電位變成 –600 mV，比二氧化碳的 –500 mV 還低，表示這時候氫氣就可能丟掉電子給二氧化碳，讓二氧化碳還原成甲酸。

當我們考慮一個化學反應是否真的會發生，不但要考慮反應物之間的反應是否理論上可行，也需要考慮反應速率的快慢。因為反應速率的快慢與理論上反應是否可行無關，還要考慮活化能（activation energy）的障礙。

譬如說氫加氧生成水這個反應理論上可行，但你小心的把氫氣和氧氣放置在試管中，氫加氧生成水的反應會自動發生嗎？答案是不會！你在旁邊觀察一輩子，恐怕都看不到這個反應發生。為什麼？原來這個反應發生前需要跨越一個非常高的活化能，在常溫下，氫氣和氧氣分子都無法跨越過這個活化能，所以反應根本不會發生。

要讓反應能發生，就得先給它一點火花，使少量氫、氧分子

跨越活化能，使反應發生。反應發生後會釋放大量的熱，讓剩下的氫、氧分子紛紛跨越活化能，快速連鎖般的反應，結果就發生了爆炸（第四堂課還會再重新討論這個問題）。

細胞裡要讓化學反應「快速」發生，必須借重「催化劑」來降低化學反應的活化能，使反應不需要外加火花，也能在常溫下進行。細胞裡最重要的催化劑就是由蛋白質形成的酶。缺少酶的活性，所有的生命活動都會終止。但生命出現之前，哪裡來的酶？所以必須借重一些有催化能力、非蛋白質的離子複合物擔當這個角色。

在失落城市的岩壁中有非常豐富的亞鐵－硫－鎳結晶，亞鐵離子會與硫形成晶格（lattice）狀的結構，非常適合做為電子傳遞的載具，接受氫氣給的電子來還原二氧化碳。也許失落城市在三者具備的情況下，就能夠透過亞鐵－硫－鎳的催化，讓氫與二氧化碳結合，製造出甲醛與甲酸等有機物（圖 2-13）。

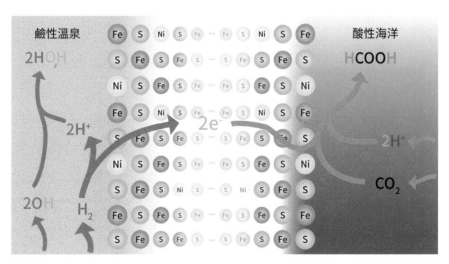

圖 2-13 實驗證明鹼性溶液中的氫氣透過中間亞鐵－硫－鎳沉澱的隔板可以和酸性溶液中的二氧化碳形成甲酸。

這個反應在今天的生物體中依然十分常見，許多細菌體內有氫化酶（hydrogenase），其結構就包含了亞鐵與硫的複合體（complex），可以催化二氧化碳與氫氣結合，產生水與一氧化碳，一氧化碳在細胞內可以參與乙醯輔酶 A（acetyl-CoA）的合成。乙醯輔酶 A 則是做為提供高能化學鍵（high energy bond）的原料，在水解反應中釋放能量，產生生物界共通的能量貨幣：三磷酸腺苷（adenosine triphosphate，ATP），供應細胞能量的需求。

另外若氫氣與二氧化碳能順利生成甲酸與甲醛，就有機會進一步產生更複雜的有機分子，但這進一步反應的發生有個前提，就是反應物的濃度要夠高。這些剛生成的甲酸要如何在岩洞中維持高濃度，而不會被海水稀釋呢？

2007 年，科學家發現失落城市中確實存在一個能使有機小分子濃縮的機制（圖 2-14）。由於岩石中存在許多細小通道，而內部溫泉與外部海水間又存在一個不小的溫度差，使得海水會在岩層中間產生對流。對流的海水就形成了一道天然屏障，阻隔了對流兩邊

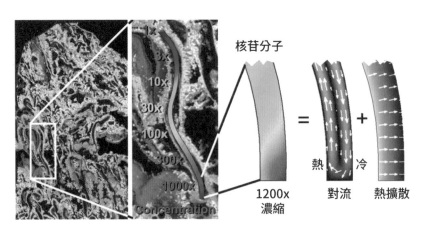

圖 2-14 失落城市中岩石孔洞與海水對流創造出的分子濃縮機制，能將內部分子材料的濃度提升至原先的千倍以上。

分子的移動。日常生活中也有這樣的例子，像百貨公司夏天開冷氣，但大門並不關上，而是在大門上方製造一個往下吹的氣流，讓屋內的冷空氣不會向外流失。

同理可知，在岩石孔洞之間有對流，一側溫度高的分子擁有較大的動能，有機會穿越屏障流動到另一邊，但到了另一邊溫度下降，動能降低，分子就無法再穿越屏障回去了！失落城市中的岩石孔洞與海水對流便簡單的創造出一個濃縮有機材料的機制。

3. 持續供給的能量

最後，失落城市是從哪裡持續得到能量的供給呢？現今細胞產生能量的方式也許可以提供一些線索。細胞中通用的能量貨幣是 ATP，葡萄糖經過不需要氧的糖解反應會產生兩個 ATP，和高能量的電子載體：還原態的菸醯胺腺嘌呤二核苷酸（nicotinamide adenine dinucleotide，NADH）。

這些高能量的電子，再經過粒線體的電子傳遞鏈逐步的把能量釋放。但釋放出的能量不能直接轉換成 ATP，於是細胞創造出了一個天才型的能量轉換方式：把電子傳遞釋放的能量驅動細胞膜上的氫離子幫浦，將細胞膜內的氫離子抽送到細胞外。

由於細胞膜不允許氫離子自由出入，所以細胞膜內的氫離子愈來愈少，細胞膜外的氫離子愈來愈多，形成膜內外的氫離子濃度差（proton gradient）。當氫離子濃度差大到一個程度，它就會從細胞膜上另一個配置了 ATP 合成酶的孔洞一擁而入，一擁而入的氫離子驅動了 ATP 合成酶，製造出 ATP 供細胞使用。

這種能量轉換的方式有點像日月潭的明潭水庫，晚間核能電廠

的電用不完，就把明潭下游的水抽送到上游，白天用電量大，再讓上游的水經泄洪孔流回下游，同時轉動泄洪孔中的發電機發電供民間使用（這部分在第五堂課中還會再提到）。

在失落城市中有沒有類似的能量轉換方式？從地底湧出的熱泉是氫離子濃度很低的鹼性，而外邊的海水是氫離子濃度很高的酸性，中間是氫離子不能自由進出的岩壁，這不就是一個天然形成儲存氫離子濃度差的水庫嗎？所以失落城市形成時，大自然就已經自動提供了一個取之不盡、用之不絕的氫離子濃度差。剩下來就要等待，看岩壁上何時才能出現類似 ATP 合成酶的結構。由此可見，利用酸鹼值（或者說氫離子濃度差）來進行能量的儲存與轉換，是生命從最原始誕生之時就一直使用至今的一大關鍵技術。

總結來說，失落城市藉由海底溫泉噴發、橄欖石水合作用、鹼性環境等特性，帶出源源不絕的氫氣，在岩石孔洞中經由硫化鐵／鎳的催化，將二氧化碳轉變成乙酸等化合物，保留在隔絕外部的岩層結構中，進一步濃縮並發生更多的化學反應，創造出更複雜的生物分子，如胺基酸、醣類、鹼基等等。鹼基生成後，就可能形成最早的 RNA。

RNA 出現代表生命往前邁進了一大步，今天所有蛋白質能做的事情（酶、受體、調節基因表現等等）RNA 幾乎都能辦到，雖然效率差一點。RNA 天生不穩定是它的致命傷，之後便是穩定的 DNA 出現，並逐步取代 RNA 儲存遺傳資訊的角色。包含一些生命運作最基本的機制，例如 DNA 轉錄成 RNA、RNA 轉譯出特定胺基酸序列的蛋白質等等，都可能是在這個由岩壁隔離的空間內誕生（圖 2-15）。

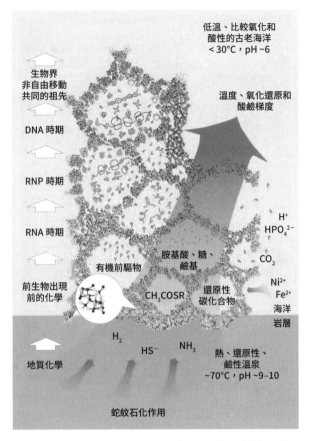

圖 2-15 想像中生命在失落城市中逐步誕生的途徑。

　　當化學反應的複雜度不斷提升，就會看到一些脂質分子（lipid molecule）的產生。脂質分子會自然黏附在岩石表面，形成一層新的屏障，再加上一些蛋白質嵌合（incorporate）在脂質分子間，扮演通道（channel）的角色，就能讓脂質膜內外的離子發生選擇性的流動。這很可能也是今天細胞中電子傳遞鏈（電子傳遞中將氫離子打出細胞外，並藉由氫離子流回來的能量產生 ATP）的雛形。

　　這些特殊的結構和功能自發的組成了具有生命特性的原始細胞，成為今天所有生物世界成員的始祖。科學家賦予這個始祖

「LUCA」的稱呼，英文全名為「Last Universal Common Ancestor」，意思是「所有生命形式共有的始祖」，它比任何細菌或古菌都還要早出現在地球上。這個 LUCA 具備現今所有古菌、原核生物與真核生物共同擁有的組成與運作機制：RNA、DNA、通用的遺傳密碼（universal genetic code）、核糖體、轉錄與轉譯、ATP、克氏循環等等（圖 2-16）。

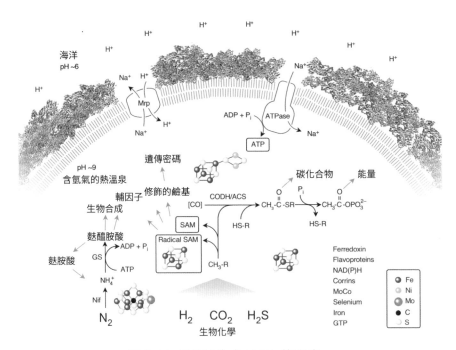

圖 2-16 最原始生命 LUCA 的形成。

至於 LUCA 如何跳脫岩石孔洞的限制，成為能獨立存活的細胞，又如何演化出後來的細菌、古菌與多細胞生物，就是下一個要探討的課題了。

延伸閱讀

1. Carl Zimmer. On the origin of life on Earth. *Science* 323: 198-199; 2009.

2. Alonso Ricardo, Jack W. Szostak. Origin of life on Earth. *Scientific American* 301: 54-61; 2009.

3. Nick Lane. Proton gradients at the origin of life. *Bioessays* 39: 1600217; 2017.

4. Stuart A. Harrison, Nick Lane. Life as a guide to prebiotic nucleotide synthesis. *Nature Communication*. 9: 5176; 2018.

5. Madeline C Weiss et al. The last universal common ancestor between ancient Earth chemistry and the onset of genetics. *PLoS Genet* 14: e1007518; 2018.

6. Stuart Bartlett, Michael L. Wong. Defining lyfe in the universe: From three privileged functions to four pillars. *Life* 10: 42; 2020.

7. Michael Marshall. The water paradox and the origin of life. *Nature* 588: 210-213; 2020.

8. Clifford F. Brunk, Charles R. Marshall. 'Whole organism', systems biology, and top-down criteria for evaluating scenarios for the origin of life. *Life* 11: 690; 2021.

9. 尼克．連恩（Nick Lane）著，梅苃芒譯，《生命的躍升：40 億年演化史上最重要的 10 大關鍵》（*Life Ascending: The Ten Great Inventions of Evolution*），貓頭鷹（2021/06/05）。

第三堂課

生命為什麼如此複雜？

Photo by Benjamin Balazs on Unsplash, https://unsplash.com/photos/fc_tWL1W3TI

世界上無數繁複的生命形式究竟從何而來？生命的共同始祖 LUCA 是單細胞生物，但經過近四十億年的時間，現今的生命世界充滿了各種不同形態樣式的生物，這些生物是如何從單細胞演化出來？

●演化與生物界的三域

達爾文在 1859 年出版的《物種源始》中寫出了他對繁複生物世界起源的看法：「地球上所有曾經存在過的生命形式，都可能來自一個最初的原始生命。」（Probably all the organic beings which have ever lived on this earth have descended from someone primordial form, into which life was first breathed.）

天生萬物是否真的都來自一個共同的祖先？現在對生物世界的瞭解告訴我們，答案應該是肯定的。因為現今世上所有的生物，從大腸桿菌到人類都使用同一種遺傳密碼來決定蛋白質的胺基酸序列。而生物用來解碼（decoding）遺傳資訊的過程和原理，也就是所謂生物學的中心法則（central dogma）：從 DNA 轉錄出 RNA，RNA 再轉譯出蛋白質，在生物世界中也一體遵行。另外基因體序列的親緣性更是強烈的證據，支持所有生物都來自一個共同的祖先。

為什麼繁複的生物世界可以從一個構造簡單的單細胞生物演化出來？生物演化有三個重要概念必須掌握：變異、遺傳與天擇。

首先每一個生命繁衍出的後代都不盡相同；而這些後代不同的特徵，又可以忠實的遺傳到下一代；最後攜帶不同特徵的生物，在不同環境裡會出現不同的適應程度，就是天擇：那些適應環境的生

物，會產生比較多的後代，逐漸就成為那個環境中主要的物種。

若用比較專業的術語來解釋：生物所攜帶 DNA 上的遺傳密碼，在複製過程中會產生些許的變異，有的變異造成蛋白質胺基酸序列和結構功能的改變。DNA 的變異在遺傳過程中，會忠實的保留在個體的後代，這種生命表徵的改變，決定了每一個物種對環境變化的適應力，也就是天擇。

傳統生物學家依照生物的細胞構造，組織形式與營養模式，將生物分成五界：無核生物界（monera），原生動物界（protista），植物界（plantae），動物界（animalia），真菌界（fungi）。也有人直接依細胞核的有無，把生物分成原核生物（prokaryote）和真核生物（eukaryote）兩大類。單細胞的原生動物、多細胞的植物、動物、真菌都是真核生物；而所有的細菌都是原核生物。這種生物分類的方式簡單明瞭，廣泛的被大家接受。一直到 1977 年，一個革命性的發現顛覆了所有人對原核生物演化分類的看法。

從 1930 年代開始，生物學家就不斷的想找出微生物世界中，不同原核生物間的親源關係。經過三十多年徒勞無功的努力，1960 年代微生物的教科書中就宣稱，對原核生物作科學的親緣分類是不可能的事。但科學界終歸有些不信邪的人，1960 年代發展出 RNA 定序的技術（DNA 定序的技術到了 1970 年代後期才發展出來），使人想到能不能比較不同原核生物某段 RNA 的鹼基序列，如果鹼基序列間差異不大，就表示親源關係相近。從鹼基序列間差異的大小，可以推算出兩個物種在演化上多久以前就分道揚鑣。接下來的問題就是要選哪一段 RNA 來定序比較呢？這段 RNA 必須是所有原核生物都有，而且數量很多，容易分離、純化。

1977 年，美國伊利諾大學的卡爾・烏斯（Carl Woese）教授比

對了原核生物的 16S 核糖體 RNA（16S rRNA）的鹼基序列，發現原核生物其實可以分成兩個親緣演化非常不同的類型：細菌和古菌。為什麼叫古菌？因為這些生物大都極度厭氧，生存的環境和猜想中遠古的地球環境相近。

烏斯的理論一開始受到很多質疑和挑戰，但愈來愈多的證據支持細菌和古菌很早就走上完全不同的演化途徑。1990 年烏斯教授正式提出，最早生物演化成細菌、古菌和真核生物三個域（domain）的理論，而廣泛為學界所接受（圖 3-1）。不過當我們討論真核生物的起源時，就會發現這個大家曾廣為接受的三域說現在已經要被修正了（見下文）。

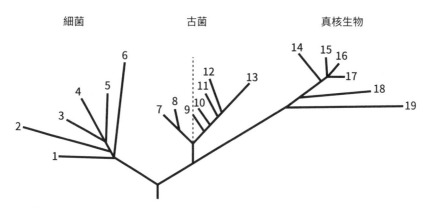

圖 3-1 烏斯教授提出生物演化成細菌、古菌和真核生物三個域。

現今所有生物的始祖 LUCA 一定是沒有細胞核的原核生物。而現在原核生物分出的兩大域：細菌（bacteria）與古菌（archaea）應該都是從最原始的 LUCA 演化出來的。細菌與古菌最明顯的不同，就是兩者的細胞膜和細胞壁。細菌的細胞膜是由雙層磷脂質分子所形成，而古菌的細胞膜有些地方是兩層不同的脂類，有些地方

則是一個長條脂質分子貫穿整層細胞膜。

如果再細看兩者細胞膜脂質分子的化學結構，還會發現更多的差異（圖 3-2）。細菌細胞膜上的脂質，是由三個碳的甘油（glycerol）分子和脂肪酸（fatty acid）形成的酯鍵（ester bond）。而古菌則是由一個長鏈的異戊二烯類分子（isoprenoid）取代脂肪酸，並且是用醚鍵（ether bond）來連結甘油。從化學性質上來說，醚鍵比酯鍵來得穩固，因為後者在遇到酸鹼容易水解。

除了細胞膜的組成與結構外，為了抵抗滲透壓而在細胞膜外的堅固細胞壁，其成分與結構在細菌與古菌之間也有很大的不同。細菌的細胞壁主要成分是肽聚糖（peptidoglycan），古菌則大多使用韌性很強的蛋白質來形成類似細胞壁的結構。

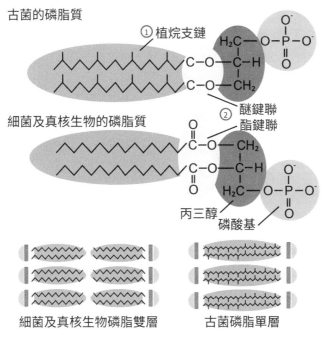

圖 3-2 古菌（①，右下）與細菌（②，左下）細胞膜的脂質成分與結構的差異。

　　細菌與古菌在細胞膜及細胞壁的結構組成上有如此大的差異，會讓我們好奇 LUCA 是如何產生兩種外表形態類似，但內部化學組成卻不一樣的原核生物？而 LUCA 又有什麼樣的細胞膜與細胞壁？如果接受「失落城市」做為生命起源地的話，LUCA 開始是以岩石本身做為細胞壁來抵抗滲透壓，同時在熱泉作用下的化學反應來製造脂質。在後來的細菌與古菌中，這些脂質分子則是由蛋白質酶催化的反應來形成。

　　可以想像，最原始的 LUCA 在漫長的演化過程中發展出了不同的生化反應，製造出不同的脂質分子、形成了不同的細胞膜與細胞壁，接著各自脫離了海底熱泉的環境，最後才演化成後世的細菌與古菌這兩種不同形態的生命（圖 3-3）。

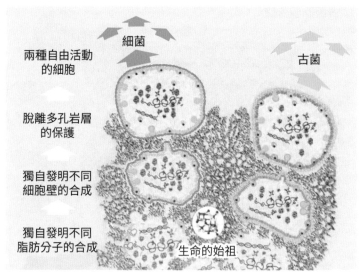

圖 3-3 從生命的共同始祖 LUCA 中，演化出兩種外形相似，但細胞膜與細胞壁結構截然不同的細菌與古菌。

真核生物的出現

　　細菌與古菌誕生之後，又經歷了十多億年，距今約二十億年前，地球上出現了另一種生命形態：真核生物。真核生物的出現是生物演化史上承先啟後的關鍵，沒有它就沒有後來的動物、植物和真菌。

　　傳統生物學家認為細菌、古菌與真核生物是三個獨立出現的生命形態，如果細菌與古菌是從 LUCA 獨立衍生而來，那真核生物又是怎麼出現的呢？真核生物除了比細菌與古菌多了細胞核的構造之外，還有兩個明顯的差異：一是真核生物中動物細胞「沒有」細菌與古菌身上堅固的細胞壁，但細胞內部有細胞骨架來維持細胞的形態；二是真核生物細胞中還有各式各樣的胞器結構，包括粒線體、高基氏體、溶菌體等等。

　　細胞骨架主要有三種不同的結構：微管蛋白（tubulin）聚集形成的微管（microtubule）、肌動蛋白（actin）聚集形成的微絲（microfilament），以及其他蛋白質聚集形成的中間絲（intermediate filament）。細胞骨架就像是馬戲團帳篷的支撐，是從內部利用繩索與支架把整個帳篷的形狀支撐起來，這樣就不需要外部的細胞壁了。不用細胞壁而用細胞骨架的另一個優勢，就是細胞變得柔軟有彈性，可輕易彎折，變換出不同的形狀，讓細胞有了吞噬（phagocytosis）的能力。能藉由吞食其他較小的細胞維生，吞食的小細胞在胞內分解消化並把廢物丟到細胞外。因此要解釋真核生物的出現，必須同時解釋細胞骨架、細胞核與胞器的由來。

　　過去將細菌、古菌與真核生物視為生物分類上三個獨立的域，但真核生物一定是從原核生物演化而來，那麼這三種生命形式彼此

之間的相似度是多少呢？最早利用三種生物的核糖體做比較，發現真核生物的核糖體結構上和古菌比較相似，因此認為真核生物和古菌之間親緣關係較近，而和細菌比較遠。然而在過去十幾年內，對細菌、古菌與真核生物三者的基因體序列累積了非常多的資訊，可以從基因序列的排列和蛋白質的相似度去探討三者間的親緣關係。

DNA 鹼基定序技術的進步讓更多生物的基因體都已經完成定序，因此可以對多種不同生物的基因體進行更大規模、更完整的比對。2013 年發表於《美國國家科學院院刊》（PNAS）上的一篇論文，便將真菌、動物、綠藻（green alga）與陸地植物（land plant）等真核生物的基因體，和來自細菌與古菌大約十六萬個基因序列進行比對。結果顯示，所有真核生物都有一部分基因和細菌很像，另一部分和古菌很像，當然也有一部分是自己所獨有的。再仔細分析，發現真核生物和古菌相像的基因大部分和遺傳訊息處理相關，像是 DNA 複製、轉錄、轉譯等等。而和細菌相像的基因則大部分跟代謝反應（metabolism）相關。

2013 年的另一篇研究報告，比較真核生物與五種不同家族的古菌間，基因資訊的相似度，作者先列出九種真核生物特有的基因（蛋白質）：組成細胞骨架的微管蛋白、肌動蛋白、負責資訊處理（information-processing）系統中蛋白質轉譯的核糖體蛋白，以及負責進行蛋白質分解的泛蛋白系統（ubiquitin system）蛋白。接下來問古菌或細菌是否擁有這些蛋白質的基因？

結果發現有兩種細胞骨架蛋白基因在六種古菌中出現，泛蛋白系統只有一種古菌會有，核糖體蛋白則是在四種不同家族的古菌中都有發現，剩下一個家族完全沒有。因此真核生物似乎和其中一類古菌（Euryarchaeota）沒有什麼關聯，相對的和四類古菌之間可

能有比較密切的親緣關係。因此可以在生物演化樹中把真核生物與四類古菌（Thaumarchaeota、Algarchaeota、Eocytes/Crenarchaeota、Korarchaeota 取開頭字母簡稱為 TACK）安排在親緣關係較近的位置，推測它們可能具有同一個來源。所以生物分類層級從原來的三域可以改成細菌域與古菌域兩域，真核生物則併入了古菌域中。

此外，用來比對的九種真核生物特有蛋白基因，在細菌中完全沒有，顯示細菌與真核生物在親緣上關係很遠，兩者獨立演化了二十億多年至今。

粒線體與內共生假說

真核生物中最獨特的胞器就是粒線體。粒線體由兩層類似細胞膜的結構包裹、內有環狀 DNA 與和細菌同源的核糖體、會在細胞中透過分裂的方式複製……這些特徵讓粒線體就像是一顆沒有細胞壁的細菌。

1967 年，一個才得到博士學位的年輕科學家琳·馬古利斯（Lynn Margulis）寫了一份長達五十頁的論文，提出真核生物裡的粒線體可能是遠古時代的真核生物，和會進行有氧呼吸的細菌開始互利共生，但後來真核生物乾脆把這些細菌納入體內，從此真核生物不再害怕氧氣的傷害，反而可以享受有氧呼吸產生的巨大能量，她把這個演化過程叫做內共生（endosymbiosis）。同時她認為植物細胞裡的葉綠體，也是同樣源自真核生物和能行光合作用的細菌內共生而來。

這個理論在當時是非常的異類，這篇論文歷經了十五次退稿的命運，最後才被《理論生物學雜誌》（*Journal of Theoretical Biology*）

接受發表。當時另外一個解釋粒線體來源的理論是說，部分細胞核包裹了一些基因，從細胞核分離出來形成粒線體。

這兩派的爭論一直到 1970 年代發現粒線體中 DNA 的鹼基序列和某一類型細菌類似，而葉綠體中 DNA 的鹼基序列和行光合作用的細菌 DNA 類似，因而支持真核生物中的胞器確實來自細菌內共生的假說。

若內共生理論是真的，就代表可能有些古老的真核生物是沒有粒線體的，自然界中也確實發現有些原生生物（protist，單細胞的真核生物）沒有粒線體，但內共生理論並沒有解釋那個最早會吞噬細菌的真核生物是怎麼來的。

1990 年代之後，陸續有科學家發現，那些看起來沒有粒線體構造的真核生物，在細胞質中其實仍然存在一些由雙層膜所包裹的小顆微粒，這些微粒有獨特的生化特性，被稱為氫酶體（hydrogenosome）。

氫酶體在結構上和粒線體一樣有雙層膜，主要的作用是吞入糖解反應的產物丙酮酸（pyruvate），進行一系列分解反應產生 ATP 並釋放氫氣。此外也發現氫酶體內部有和粒線體相似的 DNA 序列，帶有粒線體標記的蛋白質也能被氫酶體辨識。

從這些點點滴滴的特性中，可以推測氫酶體很可能是粒線體退化後的產物。到目前為止，過去認為沒有粒線體的真核生物，都被發現其實擁有氫酶體，或是另一種更小稱做微小體（mitosome）的微粒，兩者都被認為是粒線體在演化過程中殘留下來的痕跡。

真核生物從何而來？

　　所以所有真核生物都有或曾經有過粒線體。粒線體是真核生物在演化一出現時就已經具備的特徵。結合真核生物源自古菌的理論，而真核生物從古菌中衍生出來時，就已經擁有粒線體，粒線體又源自被吞噬的細菌。於是一個全新的理論產生了：真核生物的出現是古菌與細菌內共生的結果！如果這個理論是真的，那麼現代生物三域的假說就必須修正為二域。

　　古菌為什麼要與細菌共生？1998 年，科學家提出了一個目前普遍被接受有關真核生物起源的氫氣假說（hydrogen hypothesis）（圖 3-4）。氫氣假說是說有些特殊的細菌會進行有氧呼吸，但在無氧環境中也會代謝一些有機分子，發生和氫酶體相似的反應釋放氫氣。而氫氣正好是一些古菌的食物來源，這些古菌能利用氫氣產生能量，代謝出甲烷排出體外。所以細菌產生的廢物正好是古菌的食物，兩者很容易就形成了互利共生的關係。

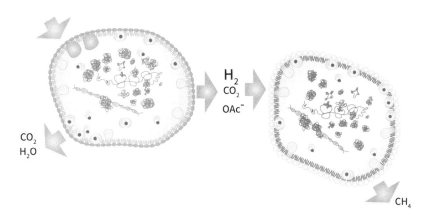

圖 3-4　有些特殊的細菌可以在缺氧時分解有機物釋放氫氣，若周圍剛好有以氫氣為食物的古菌存在，兩者就可以產生共生的關係。

　　為了提升共生的效益，細菌最後乾脆直接進到了古菌體內，由古菌提供保護與養分，細菌繼續代謝養分產生氫氣供給古菌。內共生之後，細菌不再需要細胞壁，成了粒線體的前身（圖 3-5）。

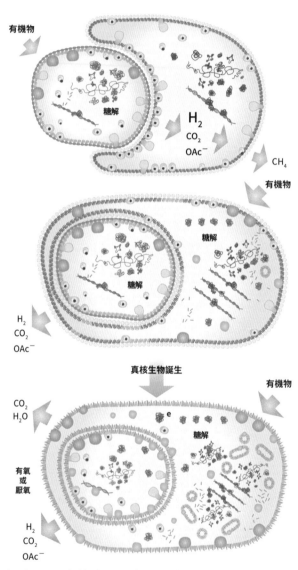

圖 3-5 為了提升共生效率，產生氫氣的細菌直接躲入了古菌體內，由古菌提供保護及養分，而細菌繼續製造古菌的食物，內共生之後，就誕生了真核生物的原型。

　　由於細菌合成脂質的效率比較高，古菌便轉爲使用細菌的脂質分子來形成細胞膜。古菌和細菌接著合作創造出細胞骨架。最後，細胞膜往內延伸包裹住染色體形成細胞核，真核生物的原型就此誕生。

　　假設真核生物真的是古菌吞食有特殊代謝活性的細菌後形成，那自然真核生物的 DNA 複製、轉譯、轉錄等相關基因都源自於古菌，而代謝和粒線體相關的基因則大多來自細菌。因此真核生物可能確實是古菌與細菌內共生之後演化出來全新的一個生命形式。

　　內共生解釋了「粒線體」的來源，但對於「細胞核」如何出現，則有不同的假說。細菌、粒線體和葉綠體中有一種很特別的反轉錄轉位子，稱作第二類內含子（Group II intron）。第二類內含子平時躲在細菌基因體中，但會和細菌的 DNA 一起被轉錄成 RNA，之後它的 RNA 會摺疊形成有酶活性的核酶（核糖核酸酶，ribozyme），把自己從宿主 RNA 中自行切割出來，然後用反向的操作把自己再任意插入宿主其他 mRNA 中。接下來透過反轉錄酶作出互補 DNA（complementary DNA），經由基因重組就可以把自己插入新的宿主基因中了。第二類內含子在古菌中十分罕見，很可能是近晚才從細菌水平傳送 DNA 而得到。

　　在所以當細菌與古菌共生之後，這些細菌的第二類內含子自然很高興有機會跳到新宿主的 DNA 中。如果細菌的第二類內含子毫無限制，隨機的插入古菌基因，自然會造成古菌極大的負擔。那古菌怎麼處理這個難題？古菌用的策略就是不再依賴第二類內含子自我切割的能力，而是另外準備大量類似的切割工具，能快速的把 RNA 上第二類內含子的序列剪掉再接回來。這就是真核生物中負責「RNA 剪接」（RNA splicing）的剪接體（spliceosome）。現代真

核生物的剪接體由小核核糖核酸（snRNA）和大約八十種蛋白質組裝而成。

　　由於 mRNA 剪接過程進行緩慢，為了避免在剪接完成前mRNA 不小心就被拿去轉譯蛋白質，原始的真核生物另外讓細胞膜內陷，把染色體和剛從染色體轉錄出的 mRNA 包裹起來，成為「細胞核」的前身（圖 3-6）。

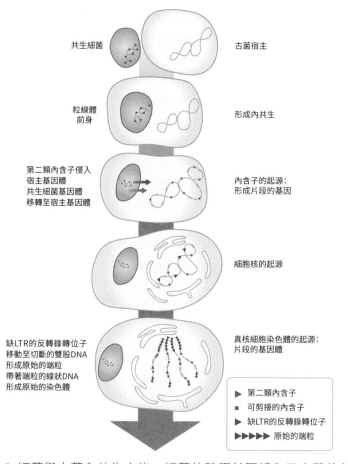

共生細菌　　　　　　　　　　古菌宿主

粒線體
前身　　　　　　　　　　形成內共生

第二類內含子侵入
宿主基因體　　　　　　　　內含子的起源：
共生細菌基因體　　　　　　形成片段的基因
移轉至宿主基因體

細胞核的起源

缺LTR的反轉錄轉位子
移動至切斷的雙股DNA　　　真核細胞染色體的起源：
形成原始的端粒　　　　　　片段的基因體
帶著端粒的線狀DNA
形成原始的染色體

▶　第二類內含子
■　可剪接的內含子
▶　缺LTR的反轉錄轉位子
▶▶▶▶▶　原始的端粒

圖 3-6 細菌與古菌內共生之後，細菌的跳躍基因插入了古菌的基因體中，古菌因此發展出 RNA 剪接和細胞核的機制與構造避免跳躍基因的危害，另外跳躍基因也使遺傳物質從環狀變成線形，同時發展出保護基因體末端的機制，成為染色體端粒的前身。

有了細胞核之後，從染色體轉錄出的 mRNA 就不會馬上進行轉譯，而是留在細胞核內確實的把 mRNA 中那些外來的鹼基序列片段給剪掉，完成之後才會把 mRNA 運送到細胞質中進行蛋白質的轉譯。這個演化過程的設想，合理解釋了真核生物基因中內含子、剪接體和細胞核的起源。

⊙ 尋找真核生物的前身

究竟是什麼樣的古菌才是今天真核生物的前身？前面已經提過，從基因體定序比對發現，TACK 的古菌帶有與真核生物相似的基因，但 TACK 的古菌極度厭氧，無法在實驗室中培養，所以沒有人見過它們究竟長什麼樣子。只能從深海底、熱溫泉的淤泥中直接抽取 DNA 作鹼基定序，間接證明其存在，並猜測它們可能的生活史。這個困境到 2018 年終於由一群勤奮的日本科學家所突破。

日本科學家一開始是想從海底的淤泥中分離、培養可以分解甲烷的細菌。2006 年，他們用潛水器在 2,500 公尺深處，含有大量甲烷的海底取得淤泥。他們將淤泥放置柱狀的反應槽中，然後將反應槽置於低溫、缺氧的環境。另外不斷將培養液從頂端注入，從底部流出；同時交替的將甲烷從底部注入，從頂端流出。

怎麼知道淤泥中有沒有微生物在生長？只要看注入培養液的總碳量和流出的比較，如果少了，就表示可能被微生物在生長時用掉了。這樣培養、觀察、分析持續了 2,013 天，確信反應槽中有東西在生長。

淤泥中有非常多不同的微生物，會聚集形成不同的生態系。接下來就要看能不能把這些微生物一一分離出來。由於不知道確實的

培養條件，只有把反應槽中的淤泥取出，分別注入帶有不同組成培養液的小玻璃瓶中繼續培養。

有些小玻璃瓶要等了一年多才略呈混濁，表示其中有些生長緩慢的微生物。這樣就可以從這些小玻璃瓶中取出一點樣品，放到新的小瓶中繼續培養。前後一共花了十二年（2006-2018），終於發現一種基因序列和真核生物最接近的古菌 MK-D1。它生長速度極慢，平均 14 至 25 天分裂一次；被移到新的環境，它要等 30 至 60 天後才會開始生長。

MK-D1 最有趣的生物特徵是它那八爪章魚般的外形，以及似乎永遠伴隨著一些共生的細菌（圖 3-7）。它與細菌共生的關係推測是 MK-D1 吸收環境中的胺基酸，在體內分解產生氫氣，釋放給共生的細菌。細菌則利用這些氫氣的高能量電子，透過電子傳遞鏈將能量轉換成細胞通用的能量貨幣 ATP，最後電子由硫酸離子接受，

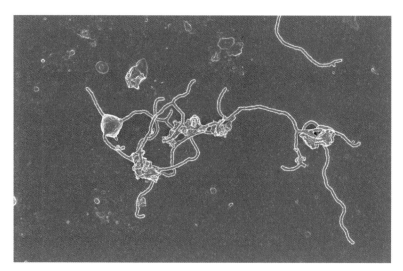

圖 3-7 花了十二年分離出基因體序列和真核生物最接近的古菌 MK-D1（絲狀菌體）和與之共生的細菌（團狀菌體）。

產生硫化氫釋放到環境中。細菌的回饋可能是合成胺基酸、維生素等釋放到環境中，再由 MK-D1 吸收利用。這些生物特徵和真核生物的形成有什麼關係？

　　我們可以想像在無氧環境中，這樣的古菌雖然長得慢，但無滅頂之虞。可是環境中若有一些藍綠菌開始行光合作用釋放氧氣，這對當時所有的厭氧生物而言，都是個大災難。躲在深海底的古菌暫時還感受不到生存的壓力，但水面那些細菌就必須演化出可以利用氧來呼吸的機制才能擺脫氧的災難。

　　大氣中氧的濃度大約在二十三億年前大幅上升，而真核生物大約十六億年前出現。當氧的濃度逐步上升，對那些不能利用氧來呼吸的古菌，唯一的求生策略就是，能否捕捉一個會用氧的細菌在身邊，以減少身邊氧的濃度。怎麼捕捉？MK-D1 八爪章魚般的外形提供了最容易的方式，不但細菌本身，連它的子子孫孫都隨著古菌一起生長、分裂、演化，最終透過內共生形成了愛好氧的真核生物（圖 3-8）。

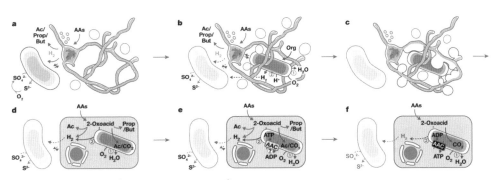

圖 3-8 MK-D1 對真核生物誕生提供的靈感所形成的假說。

　　這個過程艱辛而不易，迄今主流的看法是這個過程可能只成功
的演化出過一次，所以生物世界中所有的真核生物：動物、植物、
真菌和原生生物可能都來自一個祖先，或是一群近親族群衍生出
的！

多細胞生物的出現

　　生命演化的過程中有兩個重要的轉捩點，一個是十六億至
二十億年前真核生物的出現；另一個則是八億多年前多細胞生物的
出現。單細胞生物爲何要變成多細胞生物？對單細胞生物而言，許
多個體待在一起最多只能形成菌落。若遇到較惡劣環境時，有些細
菌會蛻變成孢子，進行冬眠以待時機好轉。單細胞生物唯一需要關
心的只有長或不長，並沒有什麼複雜的發育程式可言。但在今天的
生命世界中，四處可見都是一些大小、結構各異的多細胞生物，所
以，多顆細胞結合起來共同生活，比起單一細胞有任何優勢嗎？

　　如果食物有限，獨自用餐肯定比眾人分食有利，但當環境變得
惡劣時，就需要眾人共同合作，來彌補個人能力的不足，一起度過
難關。另外像是在彼此吞噬的單細胞世界裡，體積大就不容易被吞
食，因此幾個細胞結合在一起，或是細胞分裂之後不分家，都能讓
個體變大，形成多細胞生物的雛型。但只是細胞結合在一起，好處
有限。如果在一起的細胞，可以再分化成不同結構、功能的細胞，
那整體的效益就可以遠大於單個的細胞了（圖 3-9）。

　　在談多細胞生物起源時，常會用「黏菌」（slime mold）當例
子。黏菌是類似阿米巴原蟲的單細胞生物，主要食物是細菌。但在
食物不夠的時候，黏菌會選擇聚集在一起，形成類似多細胞的個

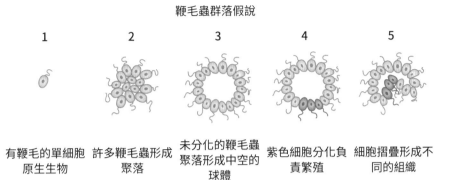

鞭毛蟲群落假說

| 1 | 2 | 3 | 4 | 5 |

有鞭毛的單細胞　許多鞭毛蟲形成　未分化的鞭毛蟲　紫色細胞分化負　細胞摺疊形成不
原生生物　　　　聚落　　　　　　聚落形成中空的　責繁殖　　　　　同的組織
　　　　　　　　　　　　　　　　球體

圖 3-9 單細胞形成多細胞的幾個關鍵步驟。

體，共同度過難關。

　　第一個察覺環境中食物缺乏的黏菌，會往四周釋放特殊的訊號；接收到這個訊號的其他黏菌，就會開始做兩件事：一是也發送同樣的訊號到四周，讓更多同伴知道；另一個則是開始朝訊號濃度高的方向移動。於是黏菌就漸漸向同一個中心點聚集，大約十萬隻黏菌聚集形成一個個體。

　　接下來，黏菌開始進行分化，大約兩萬隻黏菌會選擇犧牲小我走向死亡，剩下八萬隻則分化成孢子後進入休眠。死亡的黏菌利用它們的軀體形成支柱，將孢子囊支撐到空中，期望能藉由風力或是其他動物的幫助，讓孢子有機會遷移到更適合的環境中繼續存活下去（圖 3-10）。

　　像黏菌這樣用多細胞的型態渡過難關的策略會遇到什麼問題？想像十萬個黏菌聚集在一起，目的是要讓多數黏菌有機會活下去，前提是有人必須犧牲。但群體中可能會出現投機份子，它不想犧牲自己成為支柱，只想變成孢子繼續存活，那該怎麼辦？當有投機份

子占了便宜活下來，族群中的投機份子就會愈來愈多，碰到惡劣環境，沒有人要犧牲，用分工渡過難關的策略就會完全失效，最後的結果可能是所有人都無法活下去。

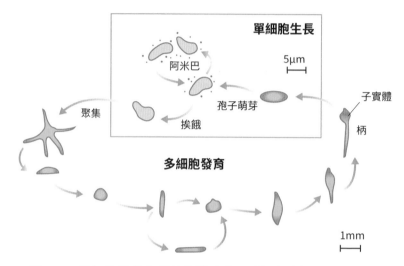

圖 3-10 單細胞黏菌在環境困難時會形成類似多細胞的個體。

　　所以大自然一定有辦法，來限制這些投機份子的成長。方法其實很簡單，這些投機份子多半是由於某些基因突變所致，而這些基因可能同時負責多種不同的功能。當這些基因發生突變，除了讓投機份子不會自殺外，可能還會喪失一些其他重要的生理功能。這些正常功能的喪失，會讓投機份子在正常環境中的競爭力下降，所以它在族群中的數目不會無限制的增加。

　　多個細胞要共同形成單一的多細胞生命體，首先要合作，接著就要進行分工，並且維持彼此間的溝通，最重要的是要避免發生利益衝突。這是個困難無比的過程，因為細胞永遠可以放棄合作，回到單細胞的個體。因此，大自然需要創造一種情境，讓單細胞形成

多細胞生物後，無法再脫離群體走回路。

這就是所謂的「棘輪」（ratchet）理論。正常的齒輪可以順時鐘或逆時鐘旋轉，就像細胞可以維持單細胞或走向多細胞的型態，合則聚不合則散。但若在聚散的過程中，細胞發生了基因突變，使得齒輪變成只能往單一方向運轉的棘輪，細胞就只能往前走，形成多細胞生物，再也不能後退回到單細胞的狀態了。

提出棘輪理論的研究團隊利用酵母菌來驗證他們的假說：酵母菌多的時候會聚集在一起，此時聚集的酵母菌會發生特殊的基因突變，使聚集中的酵母菌容易發生自殺，也就是發生細胞凋亡（apoptosis）的機率增加。

在聚集的酵母菌中，個體發生自殺的機率變高其實是一件好事，因為如此一來，原本密集的酵母菌結構就會變得鬆散，比較容易接受外來的養分，甚至開始分裂成較小的聚集。而那些有自殺傾向的酵母菌就只能依賴群體而生存，因為只要離開群體就完全失去了生存的競爭優勢。所以多細胞生物的誕生，很可能就是借重這種讓齒輪變成棘輪的基因突變所推動。

化石的證據顯示，從真核生物誕生到多細胞生物出現，相隔了約十億年。真核生物在此期間做了什麼樣的準備？

可以想像的是，當真核生物體積愈來愈大，結構愈變愈複雜，對食物的需求當然也就更為殷切。新配備的出現，像用纖毛幫助游動，過濾水中的細菌等等，都可增強獵食的效率。這些靠獵食為生的細胞，為了增加身體靈活度而不用細胞壁，應該是未來多細胞動物的始祖。

另外有些生活在陽光充沛而食物缺乏的真核生物，捕捉了能夠行光合作用的細菌進行二度內共生。能夠行光合作用自食其力之

後，唯一要擔心的就是自身的安全，於是這些會行光合作用的真核生物，利用光合作用的能量產生源源不斷的葡萄糖供應，製造出一種全新的細胞壁，讓彼此能夠結合在一起，這便是後來多細胞植物的前身。

在動、植物之外，還有一類多細胞生物是真菌，它們不能行光合作用但仍有細胞壁，不能自由移動攝食，所以只能寄生在宿主身上，靠著分泌酶分解宿主的身體，來獲取養分維生。

● 植物的演化

植物的前身是海洋中的藻類，像海帶。大約在四億八千萬年前陸地出現了植物。不會動的植物如何遷徙到陸上？有可能是水池乾涸、海退陸升、甚至是被海浪直接打上陸地。

植物到了陸地後，陽光充沛、二氧化碳濃度高，光合作用沒有問題，但「水分供給」受到限制成首要解決的難題。為了要防止體內的水分蒸發，植物葉面細胞就會分泌一層不透水的蠟質。由於仍需要呼吸空氣，所以在葉面下留了氣孔。此外，也發展出類似根部的構造，能將自己固定在土壤中吸收水分與礦物質，不至於被大風吹到更乾旱的內陸。於是最簡單的陸生植物「蘚苔」就此誕生。

接下來，植物在陸地上站穩腳步，彼此間的競爭轉變成如何得到陽光的眷顧。植物因此需要比賽不斷長高，不斷長高就會碰到垂直輸送養分與水分的問題，維管束系統的出現解決了養分與水分輸送的問題，於是植物從蘚苔演化出帶了維管束系統的「蕨類」。蕨類曾是稱霸陸地的物種，在三億多年前達到高峰，但今天的陸地上卻是被子植物的天下，蕨類相對少見，這又是為什麼呢？

　　推測是大約兩億多年前，地球上發生了大規模的板塊運動，使得原先分開的陸塊全都聚集形成一塊「盤古大陸」。廣闊的大陸對植物來說是個災難，因為處於內陸的植物會遇上極端乾旱與寒冷的環境，喜愛溫暖潮濕的蕨類就只能敗下陣來，大量的蕨類死亡後埋藏在地底變成了今日的煤炭，所以那段時期被稱作「泥炭紀」（Carboniferous period，兩億八千萬至三億六千萬年前）。

　　蕨類植物的消失釋出了更多的生存空間，使得原先只是小配角的裸子植物有了大展身手的機會。裸子植物演化出花粉管的構造，擺脫了植物精卵結合需在水中進行的限制，因而更能適應乾旱的環境。另外，它把子代胚胎加上一些養分，周全的保護起來，形成了種子。在環境良好時，裸子植物相較於使用孢子繁殖的蕨類並沒有什麼特別的競爭優勢，但當環境極端乾冷時，種子能以休眠的方式撐過惡劣環境，遠勝於單顆細胞的孢子，因而讓裸子植物成為陸地的新霸主。

　　植物上了陸地後，動物便也追隨著它們的食物來到陸地。動物以植物為食或做為棲身之所，而一些聰明的植物也想利用動物快速移動的能力，幫助拓展自己生長的領地。於是從裸子植物演化出被子植物，產生了花與果實的構造。花蜜可吸引昆蟲取蜜，將順帶沾黏的花粉播到遠方，增加授粉的機會；用甜美的果實吸引動物取食，把果實內不能消化的種子帶往他鄉。這種動植物間互利互惠經證實是非常成功的合作關係，使得現今百分之八十的植物都是被子植物。

　　植物細胞以堅固的細胞壁結合在一起保護自己，卻也失去了移動、逃避的能力，因此必須演化出許多特殊的能力來彌補這個缺點，防止自己遭受動物的傷害。有些植物產生出苦味或是吃了讓人

不舒服的毒素，藉此嚇阻動物覓食。另外，植物也發展出強大的再生能力，讓每個受到傷害的組織都能很快的癒合或完全再生。

在繁殖方面，植物可以利用根、莖、葉或是出芽方式直接進行無性生殖，省去了尋找配偶的麻煩。但無性生殖的致命傷就是後代基因變異不大，一旦環境改變，很可能會全軍覆沒而滅絕。因此仍然要演化出有性生殖來增加後代基因或表徵的變異，以適應變化多端的環境。

植物有性生殖的過程可區分為兩個階段：帶雙套染色體的細胞組成的個體稱為孢子體。孢子體中的細胞行減數分裂，產生大量帶著單套染色體的孢子。孢子藉由風或水流散播到各處後，生長、分裂形成多細胞的配子體。配子體中有些細胞會再分化成精子和卵子。精子和卵子在同一配子體中產生就是雌雄同體的植物，當然也就會有雌雄異體的植物，至此無性世代告一段落。接下來，在適當的環境中，配子體釋放出的精子會和自己或其他個體的卵子結合，形成雙套染色體的受精卵，再度發育形成孢子體，結束了有性世代。

植物用這種無性與有性「世代交替」的繁殖方式，讓無法移動的自身能盡量擴大子孫生存的地域，同時也能避免近親繁殖，並增加後代的基因或表徵的多樣性。孢子體減數分裂形成的孢子不會立刻成為精子和卵子，而是先用風力、流水散播到遠方，再各自發育出多細胞的配子體，保護其中負責生殖的配子，伺機交配。這麼一來就能有效的將後代子孫散播到更遠的地區。

雌雄同體的植物也會避免自體受精，例如產生花粉（內有精子）的花藥通常都位在柱頭（內有卵子）下方，就能防止自己的花粉落到自己的柱頭上。被子植物也生產花蜜，吸引昆蟲來吸食，並

協助攜帶花粉到其他花朵上，完成異體受精的傳粉。受精卵形成的果實則再度吸引動物採集、食用。不消化的種子就又可以隨著動物的移動，擴大散播的空間（圖 3-11）。

1 cm

圖 3-11 非洲抓鉤植物有特殊形狀的種子，掉落在地後等待象群經過，順利的話就能嵌入大象的腳掌中，隨著象群遷徙到遠方再落地生根。

⊛ 動物的演化

多細胞動物的出現可能也是單細胞聚集共生的結果。多細胞的結合需要特定的黏合蛋白，為了共同合作也需要用特定的訊號分子彼此溝通。從基因的比對分析發現，有一種原生生物領鞭毛蟲（choanoflagellat）基因體中就有類似動物黏合蛋白與訊號分子的基因，可能是和多細胞動物親緣關係最近的單細胞生物。

接下來的問題是：誰是最早的動物？演化生物學家在這個問題上分裂成兩大陣營，一派認為海綿是最原始的動物型態，它由四種結構、功能各異的細胞聚合形成，雖然沒有神經或肌肉細胞，但擁

有一些類似動物神經系統中負責重要功能的基因；另一派學者透過基因體的比對分析，認為櫛水母才是最原始的動動，雖然櫛水母有類似神經的組織，但和現今動物的神經組織非常不同。而海綿原先擁有原始的神經系統，可能是後來因為沒有太多用處而退化消失了（圖 3-12）。

圖 3-12 被認為是最原始動物，長約 50 公分的黃海綿（左）以及長約 5 公分的櫛水母（右）。

可惜的是，軟體的櫛水母無法留下化石，而許多海綿化石和一些岩石的外觀類似，很難判斷其真偽，所以可能無法從化石紀錄中，找出誰比較早誕生的線索。迄今比較確定最古老的海綿化石年齡大約是六億年。而今天動物世界中大部分的物種，都可以在五億四千萬年前的寒武紀化石中發現，在此之前的動物似乎都只停留在像海綿這樣簡單的結構。

為什麼在五億四千萬年前一段很短的時間內，就出現了幾乎所有動物的雛形呢？這個現象稱作寒武紀大爆炸。現代地質學的探討發現，在複雜的動物世界出現前約兩億年，地球的氣候與海洋的含氧量曾經有過很大變化。這段期間地球發生過三次大規模的冰河期，分別在 7.16、6.35 和 5.8 億年前。冰河期全球溫度急遽下降，連

赤道都幾乎完全被冰雪所覆蓋，又稱作雪球地球（snowball Earth）。

　　冰河期形成的原因，可能是空氣中的溫室氣體二氧化碳溶在雨水中，形成的碳酸分解了岩石，產生的鈣離子和碳酸形成碳酸鈣的沉澱，再一起流入大海，造成空氣中二氧化碳大量減少，導致地球溫度下降。大量的冰雪反射陽光，造成更低的溫度，終至全球為冰雪所覆蓋。

　　冰河期的結束可能是靠著火山噴發出來的甲烷和二氧化碳，讓溫室氣體含量再次上升。冰河期結束後，海洋表面冰層的溶解，使得海洋中的綠藻得以行光合作用而大量繁殖，同時釋放大量氧氣到大氣中。冰河期結束不久，大氣中的氧含量已經接近今日的水平。充分的氧氣使得動物燃燒食物獲取能量的效率大增，加上自由活動的能力，使得動物世界裡獵食與逃避的競爭，急遽加速了動物演化。四千萬年後的寒武紀大爆炸，就讓我們目睹一個從無到有的過程，一個幾乎完整的動物世界就此呈現在我們眼前。

　　早期動物像海綿、水母的體型多半是球形對稱，組織厚度很薄，這樣身體每個細胞才能從水中得到氧氣。當海底的食物來源比較容易取得，生物就從球狀變成了扁平的雙層結構：外層細胞面對海水，必須擔負起保護身體及偵測環境的任務，因此逐漸分工，成為今天皮膚及神經系統的前身；而內層面對海底的細胞，必須負責進食、消化的任務，也就成為今天消化道的前身。這種體型的分工被保存、延續至今天的動物胚胎：外胚層發育成皮膚和神經系統；內胚層發育成消化系統。後來增加的中胚層則發育成肌肉、血液等組織，使得動物身體的結構可以得到支撐，因而變得更為巨大而複雜。同時身體的結構也從輻射對稱，轉變成左右相同的兩側對稱（圖3.13）。

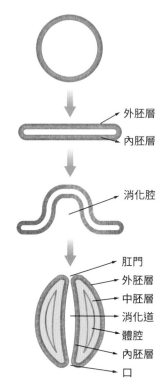

外胚層

內胚層

消化腔

肛門

外胚層

中胚層

消化道

體腔

內胚層

口

圖 3-13 早期動物演化的關鍵步驟，體型從球狀變成扁平，並形成不同功能的外胚層和內胚層，成爲表皮及消化道。後來又增加了中胚層，消化道也延長有了口與肛門的分別，形成今天大部分動物的原型。

　　三個胚層形成的動物，食物從攝食口進入消化腔，消化完的廢棄物只能再從攝食口排出，這樣的安排顯然不怎麼高明。解決之道就是延長消化腔一直到身體另一端，並產生一個專職排泄的出口：肛門。如此一來，食物消化的時間及效率大幅提升，動物得到更多的資源去演化出更複雜的體型。這就是今天的原口動物：包括昆蟲、軟體動物的起源。

　　幾乎同時，有些物種發生了一些奇特的轉變，使口與肛門位置的逆轉，產生今天的後口動物：包括棘皮動物像海膽和人在內的脊

椎動物。後口動物的出現，究竟是個演化的意外？還是有什麼特別生存的優勢？至今尚無定論。

　　當動物身體結構變得更大更複雜時，有一個難題必須克服：體內深處的細胞，要如何獲得足夠的氧氣並有效排放二氧化碳？一個解決方式就是讓身體內所有的細胞都浸潤在相同的體液中，透過體液將表皮細胞吸收的氧送到全身，二氧化碳也能透過體液而排出體外。但氣體在體液中擴散的速度很慢，這時候如果有些細胞能不斷的收縮、放鬆，可以加速體液在體內循環流動的速度，那氧的吸收與二氧化碳的排放就變得更有效率。體液如果能透過特定的管道流動，流動的速度更會大幅提升，物質交換的效率也會變得更好，最原始的循環系統就此形成。

　　當動物對氧的需求更為殷切，光靠表皮細胞的交換已不敷所需。於是水生動物演化出鰓裂的結構，讓個體頭部兩側的細胞形成鰓，水可以經此流入體內後再流出。鰓裂中也有無數摺疊的構造，大幅增加皮膚與水接觸的表面積，形成了魚類的呼吸系統。為了要增加從水中吸收氧氣的效率，動物也演化出與氧有高親和力的蛋白質，像是血色素。攜帶血色素的細胞經由體液循環全身，一方面透過鰓從水中取得氧氣，另一方面也可以把體內代謝產生的二氧化碳和其他廢棄物排出體外。

　　當動物從水中爬上陸地，大氣中氧氣的濃度比水中高很多，就不再需要鰓了。但魚類胚胎上的鰓裂結構並未就此消失，直至今日，人類胚胎早期仍保存了類似的結構，日後發育成我們鼻咽喉或是咽囊的結構。

　　動物很快就帶著植物和微生物遍布在地球上的每一個角落。

延伸閱讀

1. Traci Watson. The trickster microbes's shaking up the tree of life. *Nature* 569: 322-324; 2019.

2. Amber Dance. The mysterious microbes at the root of complex life. *Nature* 593: 328-330; 2021.

3. Purificación López-García, David Moreira. The Syntrophy hypothesis for the origin of eukaryotes revisited. *Nature Microbiology* 5: 655-667; 2020.

4. John F. Allen, William F. Martin. Why have organelles retained genomes? *Cell Systems* 2: 70-72; 2016.

5. Eric Libby, William C. Ratcliff. Ratcheting the evolution of multicellularity. *Science* 346: 426-427; 2014.

6. Rachel Wood et al. The origin and rise of complex life: Progress requires interdisciplinary integration and hypothesis testing. *Interface Focus* 10: 20200024; 2020. doi: 10.1098/rsfs.2020.0024.

7. Karl J. Niklas, Stuart A. Newman. The many roads to and from multicellularity. *Journal of Experimental Botany* 71: 3247-3253; 2020.

8. Traci Watson. The bizarre species that are rewriting animal evolution. *Nature* 586: 662-665; 2020.

9. Viviane Callier. Inner workings: Understanding the evolution of cell types to explain the roots of animal diversity. *PNAS* 117: 5547-5549; 2020. doi: 10.1073/pnas.2002403117.

10. 尼克・連恩（Nick Lane）著，梅茇芒譯，《生命之源：能量、演化與複雜生命的起源》（*The Vital Question: Energy, Evolution, and the Origins of Complex Life*），貓頭鷹（2016/10/08）。

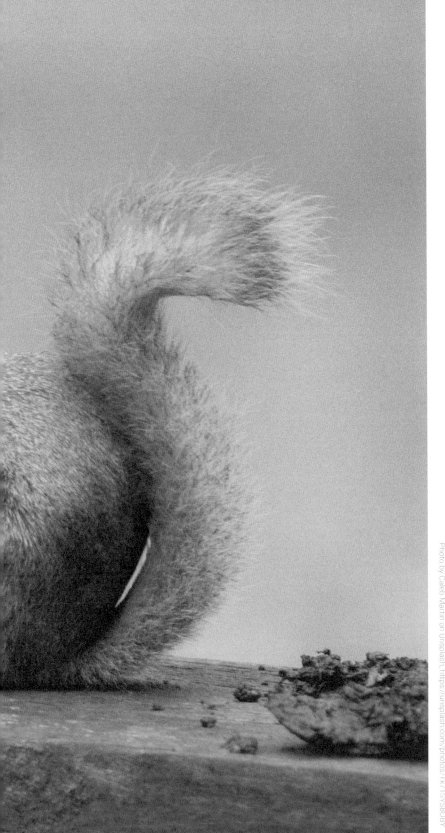

第四堂課

生命的化學工業——化學反應與酶

Photo by Caleb Martin on Unsplash, https://unsplash.com/photos/Tk71SYSBU8Y

生命運作的化學原理

如果從化學觀點來瞭解生命運作的模式，生物與非生物之間最大的差異，就是生物會吸收／利用能量來維持生物的結構和秩序。因此，生命只能發生在一個開放系統中，它必須持續不斷的與外在環境進行物質與能量的交換，藉此來維持生命內部的結構與秩序。

熱力學是處理能量轉換最重要的理論。它有三個定律，第一定律是能量守恆，能量只能在不同形式間轉換，沒辦法無中生有或是完全消失。也就是能量不生不滅，可以在不同系統中轉換。舉個例子來說（圖 4-1）：石頭從高處落下會產生動能與熱能，利用石頭掉落的動能可以轉動器械，拉動水桶升高，於是石頭的動能就轉換成水的位能儲存起來，之後啟動高處的水往下流，水的位能又轉換成動能，轉動發電機，產生電能。生物體內也有類似能量轉換的方式。

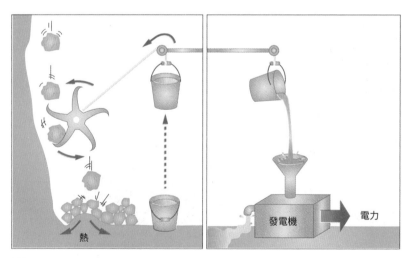

圖 4-1 能量守恆與能量轉換。將石頭落下的動能轉換成水的位能並加以利用產生電能的過程。

　　能量是生命運作的動力，生物系統如何轉換與利用能量是生命得以維持的關鍵。地球上所有生物系統所需要的能量都來自太陽，植物的光合作用將光能轉變成生物可運用的化學能，製造出醣類、脂肪等分子儲存在體內；動物食用植物獲取這些儲存的養分，並藉由類似的方式轉換成動物可以利用的能量。這個能量流轉的過程在地球上所有生物體內順利的運轉。

　　為了生存，動物需要不斷攝取食物，食物在體內經過一連串分解途徑（catabolic pathway），分解成基本的組成分子，在此過程中，食物內儲存的能量就能釋放、轉換，成為生物可利用的化學能。生物再運用化學能把基本分子當作材料，透過合成途徑（anabolic pathway）重新組合成細胞所需的建材（圖 4-2）。分解與合成反應結合在一起，就是大家熟悉的新陳代謝了。所以細胞進行新陳代謝的目的，就是要把外在環境中生物本來不能利用的能量，

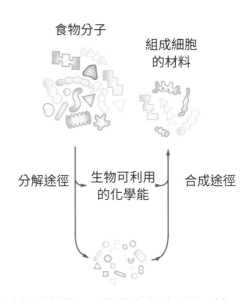

圖 4-2　細胞分解食物分子，獲得生存所需的原料，再將這些原料合成出細胞的組成材料。在此過程中食物中原本生物無法利用的能量，必須轉換成生物可以利用的化學能。

轉變成生物可以使用的能量。

細胞內新陳代謝的反應途徑說起來簡單，但推究細節卻極其複雜，至今我們仍未能完全瞭解所有參與的化學反應。一個活細胞內，有無法計數的反應不停在進行。我們不禁要問，細胞內哪些化學反應是可以自動發生（spontaneously occur）？如果反應不能自動發生，細胞又該如何使它發生呢？

用熱力學的觀點看一個化學反應是否會自動發生，完全要從反應系統的起始狀態（反應物 A + B）和最終狀態（生成物 C + D）之間，能量和亂度的變化這兩個因素來考量。如果 A + B 的內含能量高於 C + D 的內含能量，那起始狀態的反應系統就會自動朝向最終狀態前進，也就是說化學反應會自動走向最低能量的狀態。

但熱力學第二定律也告訴我們，反應系統會趨於最大亂度，所以最終狀態的亂度大於起始狀態，縱使兩者間內含能量的差異不大，反應依然會自發進行。接下來有二個問題出現，一是怎麼結合能量和亂度這兩個因素，來決定反應是否會自發進行？二是能量和亂度決定了反應是否會自發進行，但沒有告訴我們這個自發反應發生的速度有多快？我們先來討論第一個問題該如何解決。

自發性反應與自由能

一個自發性的化學反應開始後，會一路走向平衡狀態，反應到達平衡則巨觀上不再會有任何變化。就好像一個小孩騎著腳踏車從山頂往下衝，最後衝到山腳下才會完全停下來。山的高度決定了反應自發性的程度，山愈高反應的自發性就愈強；坡度平緩，反應自發性就弱；如果小孩一開始就停在山腳下，反應往上走的自發性就

是零。

　　為了要定量描述反應自發性的程度，化學家用了一個「吉布斯自由能」（Gibbs free energy）來比擬山的高度。山愈高表示系統的自由能愈大，所以從山頂往下衝的化學反應，自由能由高變低，其改變為負值，代表反應可以自發進行。反應達到平衡時，自由能的改變為零。自由能便是表達化學反應趨勢的一種方式，能呈現出這條「通往平衡之路」究竟是順暢抑或艱辛。

　　要瞭解自由能的確切含意，就要再次談到熱力學第二定律：物理世界的亂度會持續不斷的增加！波茲曼定義亂度等於 $k \ln W$，W 代表一個物理系統中所有可能存在狀態的數目，這是微觀世界中計算亂度的方式。

　　熱力學第三定律則敘述了亂度等於 0 的條件，完美晶體在絕對零度時的亂度就等於 0。但在巨觀世界中，我們無法計算一個物理系統的亂度到底等於多少，因為在巨觀世界裡，一個系統中所有可能存在狀態的數目是無法計數的，但我們仍然可以推導物理系統在兩個不同狀態下「亂度的變化」。

　　當系統加熱時，亂度當然會隨之增加，所以系統得到的熱量與增加的亂度成正比。另外，如果給兩個系統提供相同的熱量，但一個系統溫度低、另一個溫度高，哪一個系統亂度的變化會比較大？在同樣熱量供給下，系統溫度愈高，亂度的變化就愈小，兩者成反比的關係。所以一個系統亂度的變化，可以用系統進出的熱量除上系統溫度來表示（$\Delta S = q/T$），這也讓原本無法被測量的亂度，能用可測量的物理量來表達了。

　　為了維持生命體內的秩序，會讓外部環境的亂度增加，因此若將生命與環境看成一個整體，整體亂度的變化就等於生命系統

內亂度的變化，加上環境的亂度變化，也就是：$\Delta S_{total} = \Delta S_{internal} + \Delta S_{surr}$。

我們無法測量一個系統內部的亂度變化，但外在環境的亂度變化能藉由系統釋放出的熱量來決定。我們可以將一個發生化學反應的容器，放在一個密閉的大水缸裡。化學反應釋放熱到水缸，測量水缸中水的溫度變化，就能得知化學反應釋放了多少熱含量（ΔH，enthalpy）。水得到的熱量再除以水的溫度（變化忽略不計），就可以得知水（也就是環境）的亂度變化：$\Delta S_{surr} = \Delta H/T$。

接著再進行幾步的公式推導，最後就會得到 $-T\Delta S_{total} = \Delta H - T\Delta S_{internal}$，此時等號右邊的 $\Delta H - T\Delta S_{internal}$ 就是自由能 ΔG 的定義。根據熱力學第二定律，一個化學反應完成後，若整體亂度增加，代表反應會自發性的產生。而自由能又等於 $-T\Delta S_{total}$， 若整體亂度增加（ΔS_{total} 大於 0），因為溫度不會是負值，代表 ΔG 會是負值。

所以當化學反應的自由能為負值時，表示這個反應會自動發生。另外，當化學反應達到平衡，也就是系統到達最大亂度時，亂度的變化為 0，自由能的變化也就是 0 了。因此自由能便成為我們判斷一個反應能不能自發性產生的依據。

自由能的大小決定了化學反應的方向及容易發生的程度。但自由能這個名詞本身很容易被誤解。自由能的變化包含了反應前後能量的改變，但它本身「不是能量」。如果自由能是能量，它就必須符合能量守恆。但自由能的變化，並沒有另一個能量來與之互補，化學反應的自由能減少，但並沒有其他形式的能量增加。因此「自由能的變化」這種說法經常令人誤解，或許把「吉布斯自由能」改成「吉布斯函數」（Gibbs function）更容易可以幫助我們理解其含意。

　　自由能是一個熱力學的「狀態函數」（state function），代表它只跟一個系統起始和最終的狀態有關，它是一個人類思維建構出來的方程式，並不是實際存在的能量或物質。是系統的熱含量與亂度，決定這個函數的值，而這個值的正負與大小，能讓我們判斷這個化學反應從起始到最終狀態是不是一個自發性的過程。

　　掌握自由能的基本概念之後，就可以看看自由能的另一種表達方式：$\Delta G = \Delta G_0 + RT\ln Q$，公式中的 Q 是生成物與反應物濃度的比值。當反應到達平衡時，Q 就等於反應平衡常數（equilibrium constant），而 $\Delta G = 0$，所以 $\Delta G_0 = -RT\ln K_{eq}$。只要能測出化學反應的平衡常數，便可以帶入公式計算出 ΔG_0 的值。平衡常數愈大，ΔG_0 就愈小，表示反應愈容易往生成物的方向進行。因此，自由能可以從反應前後熱含量與亂度的變化計算而出，也可以從反應的平衡常數計算出來，兩者的含意是相同的。

　　用一個實際的生化反應，葡萄糖燃燒（氧化）為例，葡萄糖燃燒反應前後的熱含量及亂度變化，可以計算出這個反應自由能的變化為 −686 kcal/mole，代表葡萄糖燃燒是個自發性的反應。我們同樣可將此反應看成是一個平衡反應，其平衡常數高達 10,504（沒有單位）。代表反應發生時，接近百分之百的葡萄糖都會燃燒殆盡，變成二氧化碳與水。另外由平衡常數計算出這個反應的自由能改變也是相同的負值。

　　好了！說了這麼多艱澀難解的熱力學，和生命活動有何相關？前面提到細胞內部有極其複雜的新陳代謝反應，但這些化學反應自由能的改變大多數為正值，表示這些反應不會自動進行，那細胞怎麼克服這個棘手的難題？

　　用前面提過的比喻，這些化學反應就好像山腳下有許多不同

的小孩，怎麼才能讓他們各自把腳踏車推上山頂？細胞的策略很簡單，把從外界獲取的能量，加注到一個小孩（假設是小明）身上，讓小明可以先跑到山頂。當有其他小孩要從山腳下上山時，山頂上的小明就用一條繩子，把自己和山腳下要上山的小孩綁在一起，自己再從山的另一邊一路溜滑下山。小明下山的同時，也就把山腳下的那個小孩帶上了山頂，完成了反應。

這個策略叫做偶聯反應（coupled reaction）：讓一個自由能為正的反應，和一個自由能為負的反應綁在一起發生，只要兩個反應的自由能加總為負值，這個偶聯反應就可以自動進行了。對細胞來說，這個策略很容易執行，只要準備一套幫小明加注能量的裝置，即可幫助細胞內各種不同類型的反應都能自動進行。細胞中的小明就是 ADP（雙磷酸腺苷，adenosine diphosphate），山頂上小明就是加了能量的 ATP，山頂上小明溜滑下山的反應就是 ATP 加水分解成 ADP 加 P_i（磷酸根離子，inorganic phosphate）。這是個會自動發生的反應，它反應前後自由能的改變為 -7 kcal/mole。

反應速率與活化能

針對化學反應，熱力學只討論反應起始與最終狀態間的差異，不會去討論反應中間究竟經歷了什麼樣的過程。熱力學可以測出化學反應的熱含量與平衡常數，並得知反應會不會自動發生，或往哪個方向進行，發生之後能量變化的程度等等。但熱力學不能告訴我們這個反應進行的速度會有多快。

要瞭解化學反應進行的速度，我們就需要從「動力學」（kinetics）的角度來探討。動力學基本上就是探索化學反應的速率

以及會影響化學反應速率的因素。根據化學反應速率和反應物濃度之間的關係，可以將化學反應分類成零級反應、一級反應、二級反應等等。反應級數可藉由測量反應物濃度，隨時間改變的程度而定。

零級反應表示反應速率和反應物濃度無關，當反應物的數量遠大於催化劑（catalyst）的數量，這個反應就是零級反應。一級反應的反應速率和單一反應物的濃度成正比，譬如放射性同位素的衰變（radionuclide decay）就是一級反應。二級反應則是和兩個不同反應物的濃度，或是和單一反應物濃度的平方成正比；三級以上的反應以此類推。

動力學讓我們能計算化學反應的速率快慢，但除了反應物濃度之外，還有一個重要的因素會影響反應速率。舉個簡單的例子，氫氣與氧氣反應後會產生水，同時釋放大量的熱，因此是個自發性的化學反應。但在室溫下小心的混合氫氣與氧氣，並不會看到反應發生。為什麼？因為化學反應要發生，必須先要跨越「活化能」的障礙。

像氫氣與氧氣分子在常溫下碰撞，無法讓氫氣與氧氣分子斷裂，繼而發生反應形成水和釋放熱。這個讓反應啟動的能量稱為活化能。但當你點上一根火柴，這裡的火柴便提供了化學反應可以啟動的活化能。火柴的火花，讓極少數的氫氣與氧氣分子中的化學鍵斷裂，氫與氧原子再結合產生水分子，同時釋放熱給周圍的氫氣與氧氣，一個快速連鎖的爆炸反應就此產生。

生物體中其實也有類似的反應來產生能量，但若直接使用糖分子和氧氣作用，生成的巨大熱能會傷害到生物本身。因此，生物體選擇把糖分子先行分解，把氧化反應拆解成一個一個小步驟，讓能

量可以一點一滴的逐步釋放，生物體就能有效利用這一點一滴的能量，也不會對自己造成傷害（圖 4-3）。

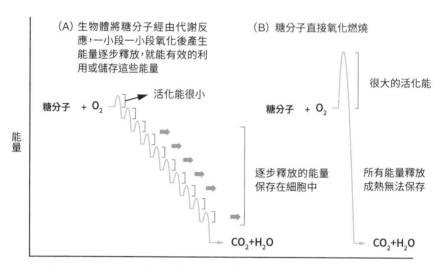

圖 **4-3** 生物體將糖分子經由代謝反應，一小段一小段氧化後產生能量逐步釋放，就能有效的利用或儲存這些能量。

　　化學反應若只從熱力學的角度來看，我們觀測的是反應物與產物之間熱含量與亂度的變化，並以自由能的形式來表達。但化學反應不是直接從反應物變成產物，中間還需要經過一個複合體的階段，就是所謂的「過渡態」（transition state）。

　　過渡態是反應物在變成產物之前必須經歷的一個過渡狀態，對過渡態結構的鑑定能幫助我們瞭解反應進行中物質轉變的過程。反應物達到過渡態時需要加入能量，所以過渡態比較不安定，很容易走向產物的反應。這一段必須讓反應物跨越到產物的能量障礙，就是活化能。

　　掌握了活化能的概念，就可以進一步思考如何提升化學反應的

速率了。反應的活化能愈高，反應物要越過活化能變成產物的速度就會愈慢。提高反應溫度是加快反應速率的方式之一，高溫會使反應物的動能變大，越過活化能障礙的機率就會增加。同理，壓力變大或增加反應物濃度也能提升分子碰撞機率達到同樣的目的。

　　另外也可以使用催化劑來降低反應的活化能。催化劑的參與能提升反應速率，但並不會改變自己，也不會改變反應的化學平衡狀態或是平衡常數，也就是不會改變反應前後自由能的變化（圖4-4）。在生物體中，化學反應只能發生在常溫與常壓下，所以用催化劑就成了提升生物體內化學反應速率唯一的手段。

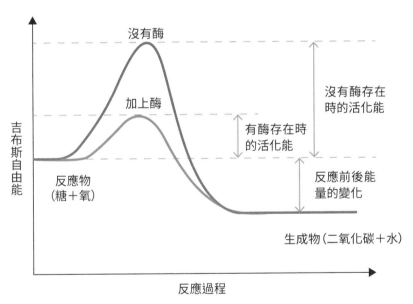

圖 4-4 化學反應的能量變化。反應物與過渡態間的能量差異 E_a 即為活化能。

生命運作的主角——酶

　　生物體內使用的催化劑就是酶，大部分的酶都是由蛋白質組成。酶催化的反應中，反應物又稱為「受質」（substrate），受質會在反應過程中與酶結合形成複合物，酶上結合受質的位置稱為「活性中心」（active site），酶與受質結合後，化學反應就在活性中心裡發生，讓受質轉變成產物，再從酶中釋放出來（圖 4-5）。若失去酶的參與，細胞中幾乎所有化學反應都無法產生，因此，酶可說是生命運作的主角。

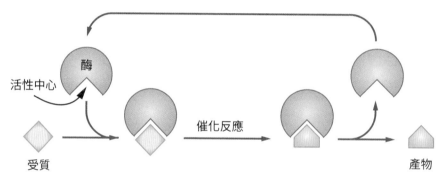

圖 4-5 酶與受質結合，催化反應進行，最後釋出產物的過程。

　　蛋白質是由特定胺基酸序列結合形成巨大的長鏈分子，在細胞中經過摺疊後，形成特定的三維空間結構，同時在蛋白質表面會形成樣式各異的凹槽。特定序列的胺基酸以胜肽鍵（peptide bond）結合，形成的長鏈分子是蛋白質的一級結構（primary structure），這些長鏈蛋白質會再透過胜肽鍵之間的氫鍵形成 α-螺旋（alpha helix）或 β-摺板（beta pleated sheet）等二級結構（secondary structure）。接著還會根據胺基酸支鏈（side chain）的疏水性作用（hydrophobic interaction），繼續摺疊成更複雜的三級結構（tertiary structure），將疏水性官能基聚集在蛋白質內部，而親水性官能基朝外展示在表面。幾個三級結構的多肽（polypeptide）也能結合在一起形成四級結構（quaternary structure）的蛋白質，血紅素（hemoglobin）就是一個例子（圖 4-6）。

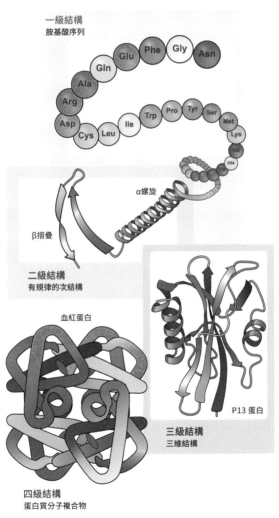

一級結構
胺基酸序列

α螺旋

β摺疊

二級結構
有規律的次結構

血紅蛋白

P13 蛋白

三級結構
三維結構

四級結構
蛋白質分子複合物

圖 4-6 蛋白質從胺基酸長鏈（一級結構）開始，經過內部分子交互作用後摺疊形成二級、三級、四級結構之示意圖。

　　生物體內有各種不同形狀樣式的酶，這些酶透過特定的三級結構來與受質結合，催化細胞內重要的化學反應。酶與受質的結合有所謂的專一性，也就是酶只會專一性的選擇特定結構的分子做為它的受質，催化受質轉變成產物的化學反應。酶選擇受質的專一性非常高，它甚至能夠分辨同樣化學組成，僅空間排列稍有不同的立體異構物。所以傳統上認為酶專一性選擇受質，就好像一個鎖只能讓一把鑰匙插入一樣。

　　但當我們對酶的結構瞭解愈多，就發現酶與受質的結合不盡然是鎖與鑰匙的關係。酶的活性中心裡有一些特定的胺基酸，這些胺基酸支鏈可以和特定的分子產生作用（包括氫鍵、離子鍵和疏水性作用等），進而使酶與受質結合。

　　當受質結合到酶的活性中心時，當然也會對酶的結構產生影響，使酶的結構發生改變。例如在細胞中，葡萄糖會和六碳糖激酶（hexokinase）結合，六碳糖激酶讓葡萄糖加上一個來自 ATP 的磷酸根，變成葡萄糖-6-磷酸（glucose-6-phosphate）。這個酶反應的主要功能，是讓通過蛋白質通道進入細胞的葡萄糖磷酸化，之後就無法離開細胞，而繼續進行後續的分解反應。

　　分析發現六碳糖激酶和葡萄糖結合之後，整個酶的結構會發生很大的改變，稱為「誘導配合」（induced fit），酶把葡萄糖完全包裹在酶的活性中心裡（圖 4-7）。

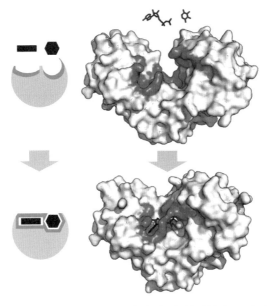

圖 4-7 六碳糖激酶藍色的活性中心與木糖（黃色、六角形）和 ATP（長方形）結合後，蛋白質構型發生變化，把木糖完全包裹在酶的活性中，稱爲誘導配合。

酶的催化機制

細胞中酶的催化能力非常厲害。以乳清酸核苷-5′-磷酸脫羧酶（OMP decarboxylase，參與嘧啶合成的酶）催化的反應爲例，這個酶的存在使得原本要花幾百萬年才會完成的反應，只要千分之幾秒就可以完成。

酶爲什麼能擁有如此強大的催化能力？其一，酶能把原本要花很久時間才會自由碰撞到的反應物，直接抓到自己的活性中心，讓它們在狹窄的活性中心裡不得不互相碰撞，換句話說就是大幅度增加了反應物局部的濃度。

其二，反應物即使相碰，也需要正確的碰撞角度，反應才會發

生。酶直接和反應物結合後，能使反應物固定在一個角度，發生有效碰撞的機率大幅增加。另外，酶活性中心裡的胺基酸支鏈也能以它們各自特有的化學性質來幫助反應的進行。

　　例如胰凝乳蛋白酶（chymotrypsin）的活性中心有絲胺酸（serine）、組胺酸（histidine）和天門冬胺酸（aspartic acid）三個胺基酸，其支鏈剛好形成合適的角度與受質結合。此時絲胺酸支鏈上的OH 就會去攻擊受質的 C＝O 鍵，使胜肽鍵斷裂，進而切斷受質的蛋白質。丙胰凝乳蛋白酶專門會切苯丙胺酸（phenylalanine）旁邊的胜肽鍵，就是因為其活性中心有一個區域能和苯丙胺酸支鏈上的苯環發生疏水性結合，就可以結合住受質上苯丙胺酸的位置並切斷旁邊的胜肽鍵（圖 4-8）。

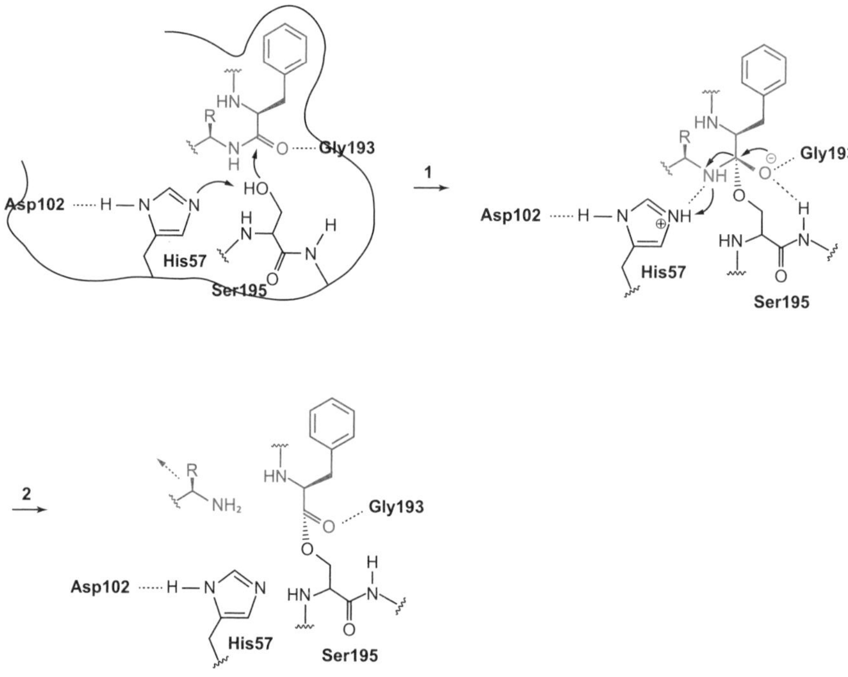

圖 4-8 胰凝乳蛋白酶催化蛋白質水解反應的過程。

　　酶擁有如此強大的催化能力，還有一個最重要的關鍵，就是能讓反應物到生成物中間的過渡態變得穩定，降低了反應需跨越活化能的門檻。一個反應的受質像一根金屬棒，折斷金屬棒會釋放出能量，但在折斷的過程中，需要施加能量讓它變成彎曲狀的過渡態（圖 4-9）。過去認為酶與受質就像鎖與鑰匙一樣，可以緊密的結合在一起，但如果酶只是單純包裹受質，金屬棒很難自己折斷。因此一個新的觀念是，酶真正可以緊密結合的不是正常的受質，而是處於過渡態的受質。

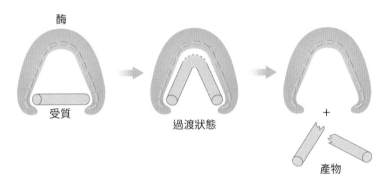

圖 4-9 酶並非與穩定的受質結合，而是與能量高的過渡態受質結合，降低反應所需跨越的活化能，提升反應速率。

　　受質要跨越活化能變成過渡態這件事不容易，但並非不可能，就算在常溫下，依然會有極少數的分子，能攀爬到活化能高峰附近。但這些在高峰附近的分子非常不穩定，很容易又滾回原狀。此時若有一個機器，能專門抓住並且穩定這些分子，就能促使反應繼續往前進行。

　　所以酶的功用，就是讓那些攀爬到活化能高峰附近的受質，因為被酶捉住，穩定下來得以繼續完成後半部的反應，而大幅加快了

反應速率。所以酶活性中心不是去抓穩定的受質，而是去抓處在能量高點不穩定的過渡態受質。

怎麼判斷酶催化能力的高低？因為一個酶只能和一個受質結合並發生反應，在酶分子數固定的狀況下，反應物愈多，生成產物的速率就愈快。但當反應物的數量超過酶的分子數時，反應速率就不會再增加。這種情況下，我們能用「一個酶分子每秒鐘能製造出多少個分子的產物」來量化酶的催化能力，稱為酶的轉化數（turnover number），是判斷酶催化效率好壞的一項指標。

● 酶的調控

細胞內的酶數量的多寡和活性高低受到嚴格的調控。只有當細胞需要進行特定的化學反應時，才會讓負責這個反應的酶數目變多或活性增加。譬如說大腸桿菌體內有分解乳糖的酶，但環境中如果沒有乳糖存在，這個酶還需要製造嗎？所以沒有乳糖，大腸桿菌分解乳糖酶的基因是幾乎完全關閉的。當環境中有乳糖出現，而大腸桿菌又沒有任何其他更容易利用的糖存在時，大腸桿菌會認識乳糖，而啟動分解乳糖酶的基因，開始轉錄訊息 RNA（messenger RNA，mRNA），再轉譯出分解乳糖酶。這是基因調控第一個被清楚研究的範例，詳細的內容會在第八堂課中討論。

另一類型的調控機制被稱作「轉譯後修飾」（post translational modification）。像胰蛋白酶（trypsin）是胰臟製造，負責切割蛋白質的酶。但剛從胰臟作出來時必須沒有活性，否則就會立刻切割胰臟自己的蛋白質造成傷害。所以胰臟作出的胰蛋白酶，會多出一小段胺基酸而完全沒有活性。好像工廠作的自動電鋸必須先層層打包，

讓它不能啟動。等到運送至小腸後，小腸中有些消化蛋白的酶，會切掉胰蛋白酶前面那一小段胺基酸，酶立刻恢復活性，就地參與小腸消化蛋白質的工作。這種轉譯後修飾是個不可逆的過程，一旦包裝剪開就無法再裝回去了。

還有一種常見的轉譯後修飾調控是蛋白質磷酸化（protein phosphorylation）。這種調控機制有兩個特點，一是反應迅速：我們身體面對外界環境改變時，必須立即作出回應。譬如說：我們碰到老虎，立刻得逃跑，但逃跑需要大量葡萄糖做為能量來源，肝臟中儲存的肝醣就必須立刻分解成葡萄糖，以應付這個緊急狀態。肝醣分解需要肝醣磷解酶（phosphorylase），但碰到緊急事件，啟動基因轉錄、轉譯肝醣磷解酶緩不濟急。

所以細胞的策略就是，在肝細胞中先把肝醣磷解酶作好，但活性很低。當我們碰到緊急事件，腎上腺會分泌壓力荷爾蒙，告訴肝細胞，肝細胞立刻就因這個警訊活化細胞內的蛋白磷酸激酶（protein kinase），磷酸激酶會把 ATP 上的一個磷酸根，接到肝醣磷解酶上一個絲胺酸的羥基（－OH group）上。磷酸根帶負電，會使酶蛋白的三級結構發生改變，使酶活性巨幅增加。

蛋白質磷酸化的另一個特點是過程可逆：蛋白磷酸激酶把 ATP 的磷酸根加到酶蛋白，改變酶的活性；細胞中同時存在一個蛋白磷酸水解酶（protein phosphatase），可以把蛋白質上的磷酸根去除。所以蛋白質磷酸化成了控制蛋白質活性的開關，分別由磷酸激酶和磷酸水解酶控制（圖 4-10）。

蛋白質磷酸化可能是細胞中最常見的一種調控開關。粗略估計人類基因體裡，大約有 500 個蛋白磷酸激酶基因，其中 400 多個激酶只能磷酸化蛋白質上的絲胺酸和蘇胺酸（threonine），而有

90 個則專責磷酸化蛋白質上的酪胺酸（tyrosine）。相對人類基因體裡大約有 200 個蛋白磷酸水解酶。1992 年諾貝爾生理醫學獎就是頒發給第一個發現蛋白激酶的埃德溫・克雷布斯（Edwin Krebs）教授和他長期的研究伙伴，專攻蛋白磷酸水解酶的埃德蒙・費希爾（Edmond Fisher）教授。

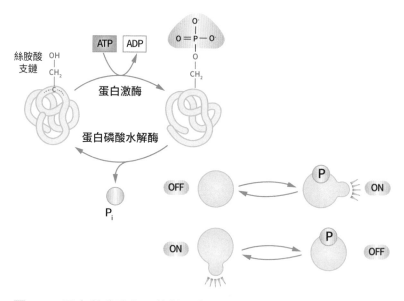

圖 4-10 蛋白質磷酸化是控制蛋白質活性的開關，分別由蛋白磷酸激酶和蛋白磷酸水解酶控制。

除了基因表現和化學修飾外，還有許多外在環境的條件，也會調節酶活性，包括溫度、酸鹼值，有無其他活化劑或抑制劑存在等等。譬如說，消化系統中分解食物的酶，胃裡的胃蛋白酶（pepsin）和口腔中的唾液澱粉酶（amylase），對環境酸鹼值的反應就截然不同。胃蛋白酶在 pH 2 擁有最佳活性，唾液澱粉酶則是在 pH 7 具有最佳活性。

為什麼胃蛋白酶在 pH 2 擁有最佳活性？因為它必須在胃酸中工作！我們也可以去想，為什麼普通蛋白質在 pH 2 都會失活沉澱，而胃蛋白酶不但結構保存完好，活性中心的催化能力還最高？

酸鹼值從 pH 4 下降到 pH 2 的過程中，胃蛋白酶的活性會逐步增加，代表活性中心負責催化反應的胺基酸，它支鏈的化學結構在這樣酸鹼值變化中也會跟著改變。從胺基酸支鏈的解離常數 pK_a，可以找出符合條件的胺基酸。胃蛋白酶活性中心裡的天門冬胺酸（aspartic acid），其支鏈－COOH 的 pK_a 為 3.9，從 pH 4 變到 pH 2 的過程中，－COOH 會從帶負電（－COO⁻）慢慢變成不帶電（－COOH），帶負電的天門冬胺酸會和周圍的正電荷互相吸引，導致活性中心處於閉合狀態，無法與受質結合，所以酶活性很低。當 pH 值下降，天門冬胺酸支鏈逐漸變得不帶電，活性中心的構形就會打開，讓受質進入，酶才有活性。

酶活性也會受到一些人工或天然小分子的影響。很多藥物的開發就是去合成結構和病菌專屬酶受質相似的化合物。這些化合物會和受質競爭酶的活性中心，一旦它們和活性中心結合，受質就無法再進入，進而使病菌無法生長。例如大家熟悉的磺胺，它的化學結構和病菌合成葉酸的原料很像（圖 4-11），透過競爭酶的活性中

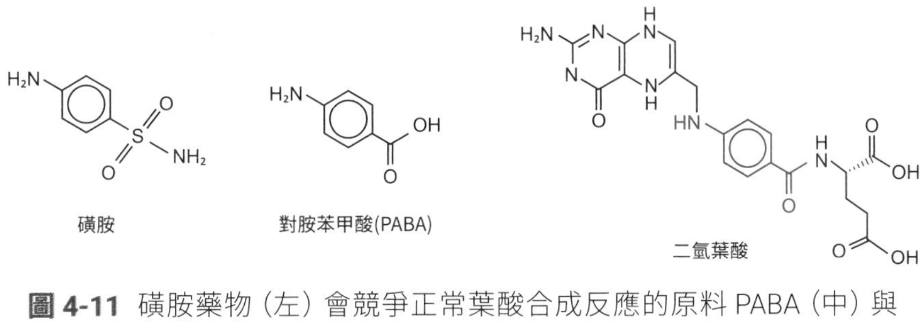

磺胺　　　　　　　對胺苯甲酸(PABA)　　　　　　　　二氫葉酸

圖 4-11 磺胺藥物（左）會競爭正常葉酸合成反應的原料 PABA（中）與酶活性中心結合，使葉酸（右）無法正常合成。

心，使病菌無法合成葉酸達到殺菌的目的。人類細胞自己不作葉酸，而是依賴食物補充葉酸，所以磺胺藥物只會抑制細菌生長，而對人類細胞完全無害。

另外有一種酶的抑制劑，不是在酶的活性中心與受質競爭，而是結合在酶其他的位點上，改變酶的蛋白構型，降低酶的活性。這一類型的酶抑制劑，很多是細胞自己製造的。

細胞為什麼要自己製造抑制酶的抑制劑呢？細胞其實是利用這種方式，來執行一個經濟效益非常高的負回饋調控。譬如說細胞從受質 A 開始，透過一系列的合成反應產生所需的產物 P（圖4-12）。細胞會在第一個負責 A 到 B 這個反應的酶身上，演化出一個可以結合 P 而抑制酶活性的構形。如果細胞內 P 的用量減少，或是外來補充的 P 增加，使得細胞內 P 的濃度變高。此刻細胞裡的 P 就回頭來抑制 A 到 B 的反應，終止從 A 到 P 這一系列的合成反應。一直到細胞內 P 慢慢用完，P 的抑制作用才解除，A 到 P 系列的合成反應才又再恢復正常。

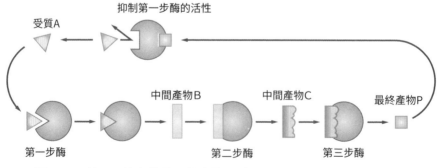

圖 4-12 利用最終產物做為抑制整個合成系列反應的負回饋調控。

　　有一些酶催化特定化學反應時需要輔酶的幫助，因為酶活性中心裡不同胺基酸支鏈的化學型態有限，為了能更好配合受質的獨特結構或應對催化反應所需，酶會結合一些小分子化合物或金屬離子到活性中心，共同參與催化反應的進行。

　　我們平時熟悉的維他命 B 群，像 B1，B2 和 B6，在細胞裡都是扮演不同酶的輔酶的角色。我們自己不會合成這些維他命，所以必須仰賴食物的補充（如 B1、B6、B12）。像維他命 B2，我們雖然不會合成，但我們腸道中的細菌可以合成給我們使用。缺少維他命表示有些負責代謝反應的酶活性就會低落，時間長了會造成身體的病變。

　　生物體內大部分的酶都是蛋白質，但是不是只有蛋白質才能扮演酶的角色？其實不然，RNA 分子也可以有酶的活性，稱為「核糖核酸酶」。RNA 分子會自行纏繞成特定的三級結構，如果結構中出現特定構形的活性中心，可以和特定的受質結合，而活性中心裡的鹼基和受質間產生不同的鍵結，幫助受質進行轉變成產物的反應，那這個 RNA 分子就是在扮演酶的角色。

　　至於 DNA 是否也能做為酶來催化反應，就留給大家去想想看了（真核生物的 DNA 大部分都待在細胞核中，不會跑到細胞質，另外 DNA 平時都是以雙股 DNA 形成雙螺旋的結構，很少會以單股的形式存在）。

　　1984 年美國科學家理察・勒納（Richard Lerner）利用酶活性中心是去抓過渡態受質的概念，合成特定化學反應過渡態的中間產物，把合成的中間產物當作抗原去誘發小鼠，產生能專一辨識過渡態中間產物的單株抗體。

　　結果發現這些抗體也能催化那個特定的化學反應。他把這些具

催化能力的抗體稱為抗體酶（abzyme）。所以任何類似酶活性中心的結構，加上有能扮演催化角色的化學官能基，理論上都有可能成為很好的人工催化劑。

2000 年勒納和他來自德國的博士後研究員本亞明・利斯特（Benjamin List）發現單獨一個脯胺酸（proline）就能同時扮演這兩個角色，催化特定的有機合成反應（圖 4-13）。同年加州大學的戴維・麥克米倫（David MacMillan）也發表了類似的結果。有機催化劑的研究從此蓬勃發展。利斯特與麥克米倫兩人因此獲得 2021 年諾貝爾化學獎。

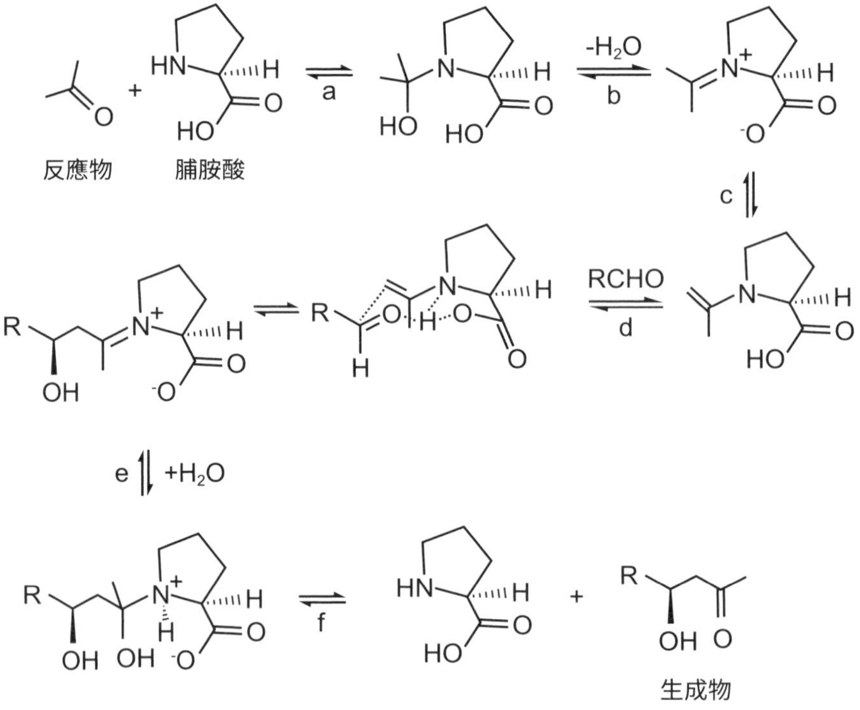

圖 4-13 脯胺酸做為有機催化劑，催化有空間選擇性的有機合成反應。注意反應 a 和反應 d，想想看它們和酶活性中心裡化學反應有何類似之處？

延伸閱讀

1. Daniel E. Koshland Jr. The key-lock theory and the induced fit theory. *Angew. Chem. Inl. Ed. Engl.* 33, 2375-2378; 1994.

2. Dagmar Ringe, Gregory A. Petsko. How enzymes work. *Science* 320, 1428; 2008.

3. Hendrik F. T. Klare, Martin Oestreich. Teaching nature the unnatural. *Science* 354: 970; 2016.

4. Frances H. Arnold. Innovation by evolution: Bringing new chemistry to life (Nobel lecture). *Angew. Chem. Int. Ed.* 58, 14420-14426; 2019.

5. C. Brandon Ogbunugafor. A reflection on 50 years of John Maynard Smith's "protein space". *Genetics* 214, 749-754; 2020.

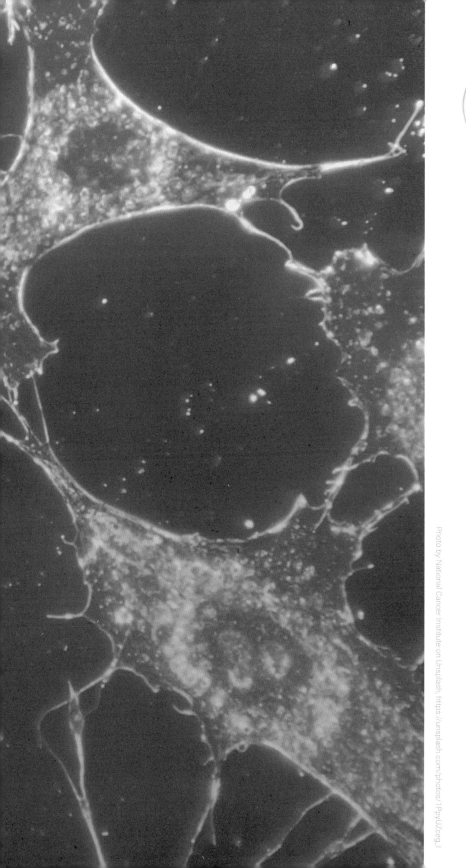

第五堂課

生命的能源政策

Photo by National Cancer Institute on Unsplash https://unsplash.com/photos/1PpyUZceg.l

掌握了化學反應以及細胞使用酶做為催化劑的機制，就可以繼續探討細胞究竟如何進行能量的轉換，還有為什麼要這樣做的理由。

生命需要持續不斷的從食物分子中獲取能量，目的是要利用這些能量來驅動一些化學反應的進行。食物分子中有很多「生命無法直接利用」的化學能，所以細胞必須透過新陳代謝的反應，把這些能量轉換成「生命可以利用」的化學能。這就是這節課要討論的重點。

生物世界中的「能量貨幣」

在生命系統中，有兩個生命可以利用的能量來源相當重要，我們可以把它們視同為一種「能量貨幣」。細胞內要進行不同化學反應所需要的能量，都是由通用的能量貨幣來支付。而通用的能量貨幣則是由外界食物分子中的能量轉換而來，食物分子中儲存的能量好像是一萬美元的鈔票，拿了之後根本無用武之地，必須換成通用的貨幣面額，才能應付日常生活所需。

第一種細胞通用的能量貨幣就是三磷酸腺苷（ATP）。ATP 水解後會得到一個雙磷酸腺苷（ADP）和一個磷酸根（P_i），並釋放出能量（圖 5-1 上）。

由於 ATP 上的磷酸酐鍵（phosphoanhydride bond）斷裂後會釋放能量，有時會形容這個化學鍵是一種「高能鍵」。這其實是個錯誤的觀念，打斷任何化學鍵都需要耗費能量，ATP 上的磷酸酐鍵由於比較不穩定，所以使其斷裂所需的能量較少，而 ATP 水解後的產物磷酸根離子會與水分子結合，釋放出能量，後者釋放的能量相

較前者打斷化學鍵所需為高，因此淨反應才有能量的釋出。

　　細胞會運用 ATP 水解釋放的能量來推動化學反應的道理，在上一堂課中，已經用小明騎腳踏車從山頂下山解釋過了。用這樣的方式，細胞中那些本來不能自動發生的反應，在 ATP 水解產生能量的幫助下就變得可行了（圖 5-1 下）。要注意的是，這裡和以後用到的「能量」一詞，指的都是自由能（能量加上亂度的函數）。

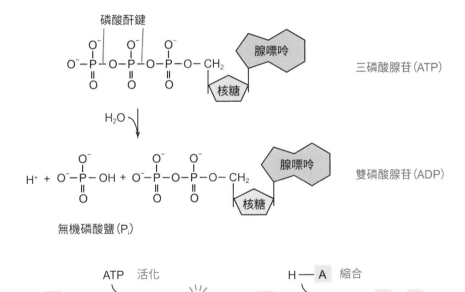

圖 5-1（上）ATP 水解後會打斷磷酸酐鍵變成 ADP 與磷酸根離子，磷酸根離子和水分子結合會釋放能量。（下）在細胞中，ATP 水解來推動化學反應的一種方式是，先使反應物和 ATP 釋出的磷酸根結合，形成不穩定的中間產物，接下來就很容易發生化學鍵的斷裂，促使反應物之間形成新的化學鍵結。

那爲什麼細胞是用 ATP 做爲最常用的能量貨幣，而不是結構相似的 GTP（三磷酸鳥苷）或 CTP（三磷酸胞苷）呢？從化學的觀點來看，其他幾種三磷酸核苷也都攜帶了完全一樣結構的化學鍵。然而在生物學中，這或許只是一次「歷史上的偶然」（historical contingency）造成的結果。也就是說最早需要利用能量的酶，如果結構上比較適合與 ATP 結合，以後就不容易再更換成其他的三磷酸核苷了。所以這個特性從生命誕生之初就被決定，後來所有的生命系統只能繼續專一的使用 ATP 做爲能量貨幣。

細胞中另一個重要的能量貨幣是食物分解釋放的高能量電子，由 NADH（reduced form of nicotinamide adenine dinucleotide）或 $FADH_2$（dihydroflavine-adenine dinucleotide）承載，在細胞中獨自扮演能量貨幣的角色。它可以透過電子轉移，去幫助需要電子參與的氧化還原反應。或是轉換成另一種能量貨幣 ATP。

NADH 承載的高能量電子和 ATP 這兩種能量貨幣有什麼不同？除了一個利用化學鍵的斷裂，一個利用電子的轉移之外，兩者提供的能量大小也不一樣。NADH 內儲存的能量大約是 ATP 的三倍，但是在平常的化學反應中，ATP 提供的能量大小最適中，這是細胞最常使用 ATP 的原因。就好像我們去夜市買東西，一百元鈔票會比兩千元鈔票好用一樣。所以細胞裡的粒線體就有一套非常有效率的機制，把 NADH 承載的高能量電子的能量轉換成 ATP。

這一套能量轉換的機制，可以一直回溯到生命起源，而至今仍存在絕大多數的生物體中。後面我們會作更詳細的介紹。

細胞能量轉換的典範：葡萄糖分解

　　分解葡萄糖是細胞中最常見的代謝反應，葡萄糖完全氧化後會變成二氧化碳和水，根據自由能的計算，此反應產生非常巨大的能量。前面提過，太大的能量在細胞中是無法直接利用的。對這樣的難題，細胞的策略是把葡萄糖分解反應切割成許多步驟，在關鍵步驟中釋放 ATP 或 NADH。於是原本儲存在葡萄糖中的巨額能量，就透過多步驟的糖解反應，有效率的轉變成細胞裡通用的能量貨幣。

　　糖解反應的第一步是活化葡萄糖。讓葡萄糖的結構不穩定，將來才容易打斷它的鍵結，取得葡萄糖分子內部的能量。細胞先使用兩個 ATP，分解它們之後，把磷酸根加到葡萄糖分子上，再讓葡萄糖轉變成果糖-1,6-雙磷酸（fructose-1,6-biphosphate）。此時兩個帶負電的磷酸根互相排斥，分子變得不穩定，最後斷裂形成兩個三碳糖。之後三碳糖被分解的過程中，首先讓 NAD^+ 變成 NADH，接著產生 ATP。

　　總結來說，在糖解反應中，葡萄糖在第一階段先消耗了兩個 ATP 進行活化，接著在第二階段製造了 4 個 ATP 和 2 個 NADH，加上兩個丙酮酸（圖 5-2）。一開始用掉和後來製造出的 ATP 前後抵消，糖解反應最終只得到了 2 個 ATP 可以直接利用。所以糖解反應只釋出了葡萄糖約百分之二的能量，能量轉換效率非常低。

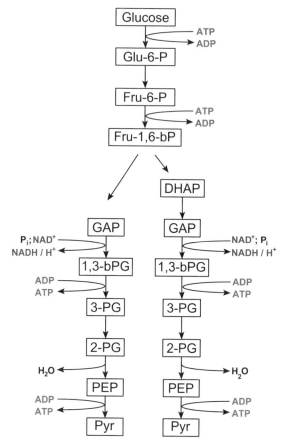

圖 5-2 糖解反應的簡化過程。葡萄糖一開始會先消耗 2 個 ATP 進行活化，接著下一階段製造了 4 個 ATP 與 2 個 NADH，最後變成 2 個丙酮酸，所以糖解反應只產生了 2 個 ATP 的能量。

　　糖解反應結束後，除了 ATP 之外還有兩個可做為能量貨幣的 NADH。同時，最終產物丙酮酸也可以繼續分解得到能量。細胞該如何利用糖解反應的產物繼續進行能量的轉換？生物創造了兩個全新的能量轉換機制，第一個是克氏循環（也稱為三羧酸循環，TCA cycle），丙酮酸會先轉變成乙醯輔酶 A（acetyl co-A），再進入克氏循環，產生 4 個 NADH、1 個 $FADH_2$，和 1 個 ATP（圖 5-3），

把丙酮酸完全分解成二氧化碳。第二個機制是在粒線體中的電子傳遞鏈，把儲存在 NADH 和 $FADH_2$ 中的高能量電子轉換成 ATP。

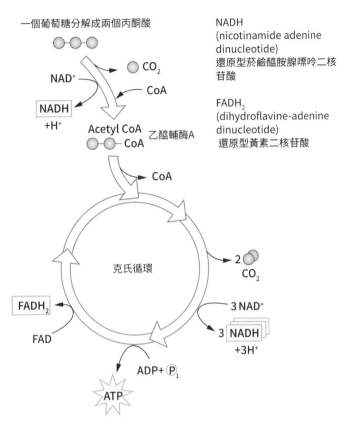

一個葡萄糖分解成兩個丙酮酸

NADH
(nicotinamide adenine dinucleotide)
還原型菸鹼醯胺腺嘌呤二核苷酸

FADH₂
(dihydroflavine-adenine dinucleotide)
還原型黃素二核苷酸

CO_2

NAD^+

NADH
$+H^+$

CoA

Acetyl CoA　乙醯輔酶A
CoA

CoA

克氏循環

2 CO_2

$FADH_2$

FAD

3 NAD^+

3 NADH
$+3H^+$

ADP+℗$_1$

ATP

圖 5-3 丙酮酸先轉變成乙醯輔酶 A 接著進入克氏循環的過程，反應中會形成高能量電子載體 NADH 與 $FADH_2$，和一個 ATP。

化學滲透理論：生物世界能量轉換的聖杯

　　將高能量電子載體的能量轉換成 ATP 的電子傳遞鏈，主要發生在真核生物的粒線體中，因此我們常說粒線體就像是真核生物內的火力發電廠。

在早期研究中，很早就知道 NADH、$FADH_2$ 這一類攜帶高能量電子的分子，會在粒線體中丟掉電子，電子最後被氧接收產生水，同時製造出 ATP。然而其中詳細的過程卻不甚清楚。電子被釋放後，能量究竟如何轉變成 ATP？

生物化學界對這個問題爭吵了將近二十年。1960 年代最普遍的看法是認爲，粒線體中存在某個化合物 X。電子傳遞釋出的能量，會以化學鍵的形式儲存在 X 裡面，跟能量儲存在 ATP 中的道理完全一樣。電子傳遞完成後，化合物 X 會再透過水解的方式把能量轉移到 ATP。

從化學觀點來看，這個推論非常合理，但要證明這件事，最重要的就是把 X 找出來。令人氣餒的是，科學界找了將近二十年，沒有人找到這樣的化合物。因此 X 是否真的存在就令人存疑。

早在大家尋找化合物 X 之前，就曾出現一個非常特別、違反直覺的理論，叫做「化學滲透壓理論」（chemiosmotic theory），最早是 1961 年由英國生化學家彼得·米切爾（Peter Mitchell）提出。他認爲在電子傳遞的過程中，其實伴隨著一個氫離子的轉位（proton translocation），能量其實是以氫離子濃度差的形式儲存在不透水的細胞膜兩側。

這想法對大多數人來說，是個非常難以想像的概念：能量如何能以細胞膜兩邊物質濃度差的形式存在？一開始，這個理論因過於奇特而不被重視，但由於一直找不到化合物 X，許多人開始認真考慮這個理論的真實性，愈來愈多人投入其中進行研究。後來科學家透過細胞實驗證明了此理論的真實性，米切爾也因此獲得 1978 年的諾貝爾化學獎。

如今我們已經熟知電子傳遞鏈的詳細過程，如果去探討電子傳

遞鏈每一步驟的機制，或許非常複雜，但整體的原理其實非常簡單（圖 5-4）。NADH 的電子釋放出來，在粒線體的內膜上，會經過一系列蛋白質像接力賽般的傳遞，最後由氧來接收生成水。在電子傳遞過程中，釋放的能量同時把內膜內側中的氫離子抽送到內膜外側，在內膜兩側形成了氫離子濃度差。

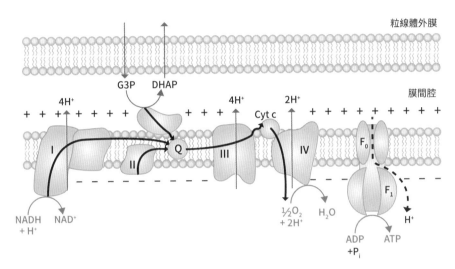

圖 5-4 電子傳遞鏈利用氫離子濃度差產生 ATP 的過程。在粒線體內膜上有數個蛋白質複合體，一開始接收 NADH 提供的高能量電子，接著電子就在這些蛋白質中傳遞（黑色箭頭），最後由氧氣接收變成水分子。傳遞電子的同時，蛋白質就利用電子釋放的能量把氫離子從基質傳送到膜間腔，形成內膜兩邊氫離子的濃度差。膜間腔中的氫離子，再透過 ATP 合成酶回到了膜內，同時轉動酶合成出 ATP。

　　氫離子濃度差是一種位能，除了分子濃度的差別外，還多了一個電位的差別，由於氫離子本身帶正電，氫離子濃度高的地方相對就帶了較多的正電。濃度差加上電位差的驅動下，膜外的氫離子就有很強往膜內移動的傾向。此時粒線體內膜上有一個酶提供了氫離

子流入膜內的閘口，這個酶就是 ATP 合成酶，在氫離子透過它流入膜內時，會帶動酶的作用把 ADP 加上磷酸根合成為 ATP。

這個能量轉換的方式和日月潭明潭水庫儲水發電的原理十分類似。臺灣夜間用電量低，核能電廠發出多餘的電（NADH），就送到日月潭明潭水庫啟動幫浦（電子傳遞鏈），把水庫下游的水打到水庫裡儲存起來（氫離子濃度差等同水庫上下游的水位差）。到了白天用電量高的時候，水庫連接發電機（ATP 合成酶）的閘門打開，水就自動從上游流往下游，儲存在水庫中水的位能，就可從轉動發電機產生電（ATP）供應全臺。

氫離子濃度差儲存的能量在單細胞生物中還有許多不同的用途，合成 ATP 只是其中之一。這個能量還可以用來把環境中有用的分子轉移到細胞內，或是把想要排除的廢物丟到細胞外。另外氫離子濃度差的能量，也可以帶動單細胞生物的鞭毛運動等等。

所以糖解反應產生的丙酮酸，經過克氏循環完全分解，糖解反應和克氏循環產生的高能量電子（NADH）經由有氧呼吸的電子傳遞鏈把能量完全釋出，一共可以得到 38 個 ATP，相較於無氧狀態下的糖解反應，葡萄糖有氧呼吸的能量轉換效率可以接近 40%。

生物世界能量轉換的哲學

接下來一個有趣的問題是：為什麼生物體要用氫離子濃度差的方式來儲存能量？為什麼不用前面提到化合物 X 的概念？這兩種能量儲存的方式有什麼差別？要回答這些問題，就要從一些真實的例子中去思考。

例如，在肌肉細胞中有一個儲存能量的分子叫做磷酸肌酸

（phosphocreatine），因為肌肉運動時需要消耗大量的能量，ATP 可能會來不及供應，所以就選用這個分子來做為能量貨幣。磷酸肌酸能透過標準的耦合反應（coupling reaction），丟掉自己的磷酸根給 ADP，讓它變成 ATP。能夠進行類似反應的分子還有很多，細胞為什麼不用這種受質磷酸化（substrate phosphorylation）的方式來儲存能量後，再將之轉換成 ATP 呢？

　　簡單來說，這是一個化學計量的問題。不同的磷酸化合物在水解時釋放的能量大小不一，如果釋放的能量低於合成 ATP 所需的能量，這類化合物就不能把能量以 ATP 的形式儲存。同樣的，即使一些化合物釋放的能量遠大於這個額度，由於只有一個磷酸根被釋放，所以也只能產生一個 ATP，多餘的能量會變成熱能散失。因此，用受質磷酸化的方式來儲存能量，對生物來說非常不符合經濟原則。

　　另一方面，把一個氫離子從膜內轉移到膜外，大概可以儲存 2 萬焦耳的能量，但合成一個 ATP 需要大約 5 萬焦耳，也就是說至少要轉移三個氫離子才能合成一個 ATP，不過這種能量轉換方式的好處是，一點點能量也不會浪費。

　　就和水庫的道理一樣，無論是一桶水還是二十桶水，送入水庫後水的位能都會完全儲存起來。而轉動發電機所需要的能量是固定的，所以不會有能量浪費的情況。生物利用類似水庫的氫離子濃度差來儲存能量，比用受質磷酸化的方式更合乎經濟效益。

　　在電子傳遞鏈中，氧氣是電子的接收者，氧氣不足時，多餘的電子就沒有人接收，電子傳遞鏈會中止運作，葡萄糖的糖解反應也會停止。為什麼呢？原因很簡單，葡萄糖分解需要 ADP 和 NAD^+ 的參與，其中 ADP 在細胞中的含量很多，因為細胞活動會不斷消

耗 ATP 產生 ADP，所以 ADP 的供應不會中斷。但沒有氧的時候，NADH 就無法經過電子傳遞鏈產生 NAD⁺，NAD⁺ 不足，糖解反應自然就無法繼續。

為了要在氧氣不足時，細胞還能繼續分解葡萄糖，就需要另外一個反應把 NADH 用掉變回 NAD⁺。肌肉細胞的「乳酸發酵」就是這樣的操作：激烈運動後，氧氣供應不足的肌肉細胞，電子傳遞鏈無法運作，NADH 消化不了，NAD⁺ 的供應就成了問題；NAD⁺ 不夠，葡萄糖分解反應就難以持續。肌肉如何解決這樣的難題呢？找一個現成可以被還原的分子，想辦法把 NADH 當成還原劑用掉就是了！

於是糖解反應的產物——丙酮酸就成了最佳候選人，NADH 把丙酮酸還原成乳酸（圖 5-5），得到 NAD⁺ 就能繼續支持葡萄糖分解反應的進行，得到一點 ATP 的供應。乳酸除了讓肌肉感覺酸疼之外毫無用處，在我們身體內還得偏勞肝臟把它變回葡萄糖才能再加利用。

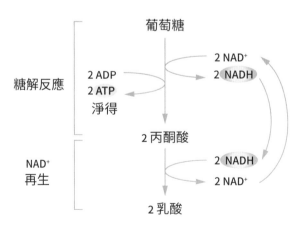

圖 5-5 肌肉缺氧時進行的乳酸發酵。

酵母菌獨特的能量轉換哲學

到這裡一切都說得通，但是高一基礎生物課本出現過一句話：「酵母菌於缺氧時，可行發酵作用，產生二氧化碳和酒精……」（高三選修生物的課本中也有類似的陳述）。

嚴格說來，這句話是不對的！酵母菌會把丙酮酸先丟掉一個二氧化碳變成乙醛（acetylaldehyde），再把乙醛用 NADH 還原成酒精，得到讓糖解反應持續進行的 NAD^+。這和肌肉缺氧時的反應類似。不同的是，酵母菌只要有葡萄糖，縱使在有氧情況下，它也是走酒精發酵這條路，一直到葡萄糖用完為止。

為什麼在有氧情況下，酵母菌會捨棄高效率的有氧呼吸不用，而用酒精發酵分解葡萄糖？每個葡萄糖分子用有氧呼吸完全氧化，可以得到 38 個 ATP，而酒精發酵分解葡萄糖只能得到 2 個 ATP。

這個現象在微生物中倒是常見，稱作「兩期生長曲線」（diauxie）。Diauxie 是法文，早在 1941 年法國科學家賈克‧莫諾（Jacques Monod）就發現這個現象：同時給大腸桿菌兩種不同的糖，細菌不會同時利用它們作食物，而是擇優而食，先選立即可用的葡萄糖。等葡萄糖用完了，才去啟動分解其他糖分子的機制。

像同時給大腸桿菌葡萄糖和乳糖，然後看大腸桿菌的生長曲線，你可以很容易看到細菌一開始只會用葡萄糖快速生長，等葡萄糖用完，生長會停滯一下。等到細菌開始啟動利用乳糖的機制之後，生長曲線才會再次爬升。兩期生長曲線其實反映微生物世界的經濟學：只要現在的食物夠用，就不必多花力氣去作未雨綢繆的準備（這部分在第八堂課中還會再提到）。

酵母菌為什麼在氧氣充足時，依舊進行低產能的無氧呼吸？道

理很簡單，有氧呼吸的產能雖然高，但做起來很麻煩，電子傳遞鏈需要超過一百個蛋白質的參與，製造這些蛋白質非常費力。而葡萄糖是外界環境中自然存在的，不需要酵母菌自己準備。在外界葡萄糖供應充足的情況下，酵母菌根本不會選擇麻煩的有氧呼吸。

就好像你家門口有一排攤販，免費提供一日三餐外加宵夜，這時候你還會想在自己家裡開伙煮飯嗎？生物生存一個基本的原則：能偷懶就偷懶。對單細胞的酵母菌來說，製備有氧呼吸所需的「工具」實在太花力氣了，有免費食物供應時，當然不需要努力工作。

酵母菌這個生存策略背後的機制，現在也有更多的瞭解。當環境中葡萄糖濃度高的時候，會給酵母菌一個訊號，抑制酵母菌有氧呼吸相關蛋白質的基因表現，讓酵母菌專心進行酒精發酵。直到環境中的葡萄糖用完，抑制訊號消失，酵母菌才會重新開始有氧呼吸蛋白質的製備，並以環境中的酒精為原料，進行氧化分解產生能量（圖 5-6）。

大家看到這裡會不會有個疑問，為什麼酵母菌不像肌肉細胞一樣，把丙酮酸還原成乳酸，而是要變成酒精，來支持葡萄糖分解反應的持續進行？

這裡可以從兩方面看出演化的智慧。首先酵母菌在自然界的天敵是細菌，酵母菌分泌的酒精成了最佳的天然殺菌劑；如果酵母菌分泌乳酸，反而會招引乳酸細菌來傷害自己。

另一方面，當葡萄糖耗盡之後，酵母菌很容易就可以轉化先前分泌的酒精成醋酸，進入克式循環與電子傳遞鏈進行有氧呼吸。相對乳酸的利用就困難多了，肌肉細胞產生的乳酸必須送到肝臟，才能轉化成葡萄糖再被利用。

當然生物能量利用的策略變化多端，絕非死板的從一而終。像

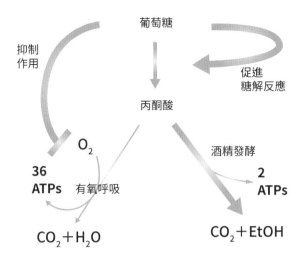

圖 5-6 酵母菌分解葡萄糖形成丙酮酸後，如果環境中葡萄糖供應充足，葡萄糖會抑制酵母菌去準備克氏循環與電子傳遞鏈等有氧呼吸所需要的蛋白質，專心進行酒精發酵。只有當環境中的葡萄糖消耗殆盡時，酵母菌才會開始準備進行有氧呼吸，分解先前製造出的酒精成爲二氧化碳和水，取得能量。

自然界也有些酵母菌在葡萄糖充沛供應時，仍然進行有氧呼吸。爲什麼如此就成了另一個有趣、值得探究的課題。

陽光：生物世界的終極能源

　　生物世界最重要的能量來源是陽光。自營生物可以透過光合作用，將陽光的能量轉換成細胞的通用能量貨幣 ATP 和 NADPH（nicotinamide adenine dinucleoside phosphate）。再利用 ATP 和 NADPH 的能量，把二氧化碳轉化成糖類分子。

　　我們相信光合作用的起源其實非常古老，這是一個簡單的能量轉換過程，藻類與植物擁有的葉綠素（chlorophyll）可以吸收光子的能量，讓分子內低能階的電子激發到高能階，高能量電子進入電

子傳遞鏈，把能量以氫離子濃度差的形式，儲存起來並製造 ATP
和 NADPH。

葉綠素吸收太陽光的能量，激發自己的電子送往電子傳遞鏈
時，葉綠素就少了一個電子，需要一個能提供電子的來源進行補
充。生命最早演化出光合作用時，這個電子來源應該就來自周圍的
環境，像火山口常見的硫化氫，硫化氫提供電子給葉綠素，自己變
成硫。一直到今天我們還能看見類似的反應，許多火山口的細菌會
釋放硫沉積在岩石上。

但硫化氫並不是到處都有，行光合作用的生命必須找到一個更
容易取得的電子提供者。它們最終的選擇就是地球上存量最豐富的
水。由於水當作電子提供者比硫化氫困難許多，生命就需要再發展
出一套機制，幫忙分解水產生氧並提供電子給葉綠素。

葉綠素是地球上吸光效率最佳的分子，它的結構中含有二十多
個共軛雙鍵（conjugated double bond），電子很容易在分子中流動，
也就很容易會被光子的能量所激發（圖 5-7）。

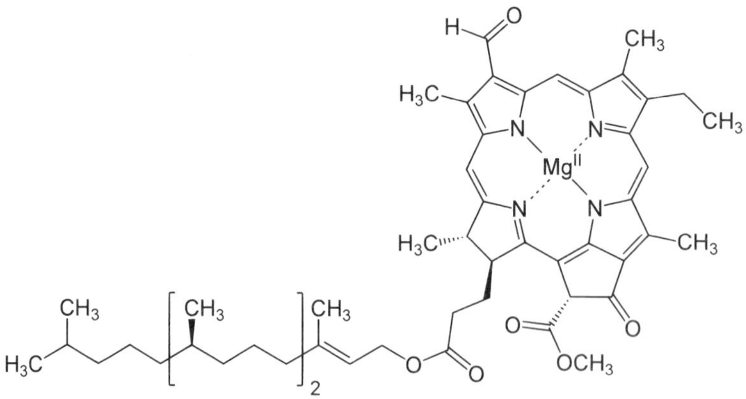

圖 5-7 葉綠素的分子結構有許多共軛雙鍵，很容易發生共振，
讓電子能在分子內流動。

在植物的葉綠體中，激發電子的葉綠素存在於類囊體（thylakoid）膜上的反應中心（reaction center），它外部包裹著一層類似天線的構造，上面也有很多與葉綠素相似的色素分子，能幫忙吸收光子的能量，然後透過共振把能量往反應中心傳送，最後全部交給葉綠素，激發葉綠素的電子（圖 5-8）。

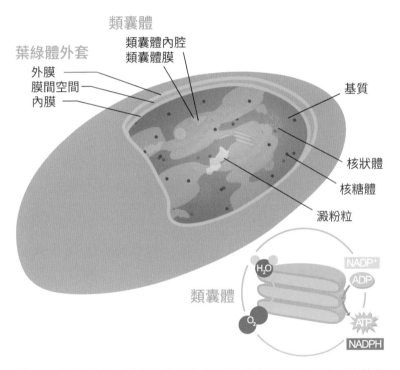

圖 5-8 葉綠體中，陽光的能量先被周圍的色素分子吸收，接著利用共振傳遞到反應中心，最後才由葉綠素接收光能並激發電子。

激發到高能階的電子其實很容易掉回低能階，同時放出熱能，這樣一來細胞沒有得到任何能量。光合作用最精彩的地方就在於，葉綠素的電子被激發之後，立刻會被旁邊的電子接收者帶走，走上電子傳遞鏈的不歸路。葉綠素的電子從被激發到被帶走只需 3 皮秒

（1 皮秒 = 10^{-12} 秒）的時間。

　　化學家一直很希望能合成一些化合物來模擬葉綠素接受光能的過程，現在即使知道葉綠體反應中心的三維結構，卻仍無法瞭解電子為什麼能這麼快被傳遞出去。

　　另外，植物進行光合作用時有 PSI 與 PSII 這兩個不同的光系統（photosystem），兩個系統的共同作用讓能量吸收與轉換的效率提升很多，這兩個光系統是怎麼演化出來的？其中還有很多我們不瞭解的細節。

⦿ Rubisco 酶：光合作用的瓶頸

　　光合作用可以分為光反應與暗反應兩個不同的步驟。光反應就是前面所提到，葉綠素吸收光能產生高能階電子，再轉換能量變成 ATP、NADPH 等細胞的能量貨幣。而光反應產生的這些能量貨幣，最重要的用途就是要在暗反應中，把二氧化碳轉變成葡萄糖。

　　暗反應又稱為「卡爾文循環」（Calvin cycle），從淨反應式中可以看到，6 個二氧化碳，需要 18 個 ATP、12 個 NADPH 和 12 個 H_2O，才能合成出一個葡萄糖分子（$C_6H_{12}O_6$）。詳細的卡爾文循環各個步驟都很複雜，但其中第一個反應是最關鍵的一步：1 個五碳糖（ribulose-1,5-phosphate）加入 1 個二氧化碳變成 2 個三碳糖（3-phosphoglycerate），這是固定二氧化碳的第一步（圖 5-9）。

　　催化這個反應的酶叫做核酮糖-1,5-雙磷酸羧化酶／加氧酶（ribulose-1,5-bisphosphate carboxylase/oxygenase），簡稱 rubisco。這個酶是地球上數量最多的蛋白質。數量最多的意涵，其實代表它酶的活性很低，事實上它是已知催化能力最差的酶，就是因為效率

很差，才需要最多的數量來滿足細胞的需求。

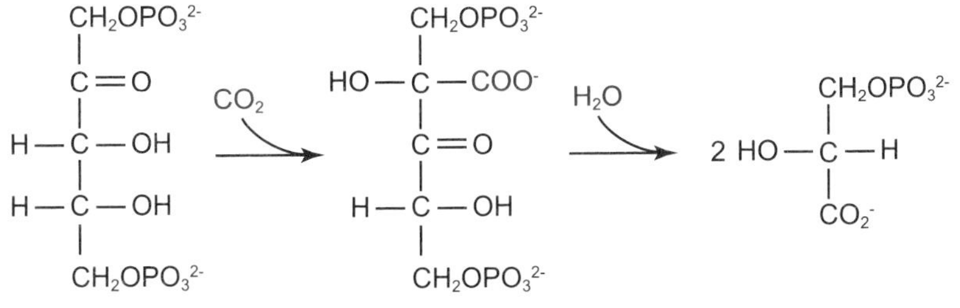

圖 5-9 光合作用碳反應中固定二氧化碳的第一步，五碳糖加上 1 個二氧化碳後變成 2 個三碳糖，此反應由 rubisco 酶來催化。

　　酶的催化能力是以它的轉化數來判斷，也就是一個酶分子一秒鐘內可以轉換多少反應物變成產物。一般酶的轉化數都在幾十萬到千萬之間，但 rubisco 的轉化數只有個位數 3。為什麼 rubisco 的酶轉換效率這麼差？只能說固定二氧化碳的反應實在太困難。

　　即使效率差，我們還是該慶幸有 rubisco 的出現，使得光合作用暗反應能進行，它可能在生物演化過程就只出現過那麼一次，結果就讓生物利用至今，但效率一直無法改善。除了催化效率以外，rubisco 的專一性也很差，無法分辨氧氣和二氧化碳，所以一不小心就會讓五碳糖和氧氣結合產生有害物質，細胞還得想辦法去清除這些有害物質。

　　由於 rubisco 的眾多缺陷，植物也演化出一些對應的策略，像是 C4 植物。為了避免 rubisco 用氧氣產生有害的副產品，就在細胞內部製造一個特殊的隔間，把 rubisco 和外界空氣隔絕，同時把二氧化碳接到一個三碳糖上，形成一個四碳糖（C4 一詞的由來）。細

胞再把這個四碳糖送入 rubisco 的隔間裡，分解釋放出二氧化碳讓
rubisco 利用，進行卡爾文循環。

　　C4 植物為了隔絕暗反應與外界空氣，其實要消耗很多能量，
但它在乾旱或熱帶的環境中又有些生存優勢。關於 C4 植物是如何
演化出來，有很多值得探討的課題。

　　到目前為止，我們提到了很多細胞內轉換能量、進行代謝的機
制，或許可以從所學中總結出三個要點：生命的運作全靠電子、生
命的運作全靠氫離子、生命的運作全靠經濟學！

瓦式效應：癌細胞獨特的能量代謝

　　細胞的能量代謝其實和很多疾病相關，近年來也成為癌症研究
中一個熱門的研究領域。早在上世紀 1920 年代初，德國生化學家
奧托・瓦爾堡（Otto Warburg）就發現癌細胞的能量代謝和正常細胞
不同。瓦爾堡是研究細胞呼吸作用的生化學家，他因發現「呼吸作
用酶的性質與運作方式」於 1931 年獲得諾貝爾生理醫學獎。他在
德國科學界的地位非常崇高，崇高到他向德國政府申請研究經費的
計畫書內容只有七個字：我需要一萬馬克！

　　1923 年，瓦爾堡觀察癌症組織在體外培養，發現培養液很容
易變酸。正常細胞在氧氣缺少時，才會把分解葡萄糖得到的丙酮酸
轉變成乳酸。但瓦爾堡發現癌細胞在氧氣供應無缺時，丙酮酸仍然
轉變成乳酸，而不走克氏循環與電子傳遞鏈的有氧呼吸。這個現象
就被稱為「瓦式效應」（Warburg effect）。

　　癌細胞為什麼要選擇這種沒有效率的反應？瓦爾堡最初認為
可能是癌細胞的粒線體出了問題，所以才不得已要進行乳酸發酵。

1956 年，瓦爾堡將這個發現重新整理後再次發表，認為瓦式效應是癌細胞重要代謝機制的改變，對於癌細胞的形成扮演關鍵的角色，但究竟重要在什麼地方，他並沒有提出更詳細的解釋。

瓦式效應與 PKM2

　　瓦式效應的謎團被發現後，經過了幾十年都沒有明確的解答，但過去二十年研究工具的進步，使我們開始有機會一窺其中的奧祕。一開始科學家注意到癌細胞在分解葡萄糖的反應中，有一個酶和正常細胞的酶不太一樣，這個酶叫做丙酮酸激酶（pyruvate kinase M），負責葡萄糖分解反應最後產生丙酮酸的那一步反應。

　　丙酮酸激酶基因轉錄出的 mRNA，可以依剪接（splicing）方式的不同，作出 PKM1 與 PKM2 兩種不同的丙酮酸激酶（圖 5-10）。兩者催化相同的反應，但 PKM1 的活性比 PKM2 高。成人體內大部分細胞進行葡萄糖分解使用 PKM1，但在胚胎發育時期，胚胎細胞則是用 PKM2。

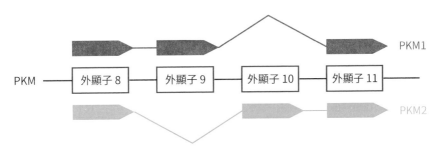

圖 5-10 丙酮酸激酶基因轉錄出的 mRNA 透過不同剪接方式，可以產生 PKM1 和 PKM2 兩種丙酮酸激酶。

　　一個重要問題產生：為什麼癌細胞會和正常胚胎細胞一樣，要用活性低的 PKM2 蛋白來進行葡萄糖分解？

　　PKM2 催化葡萄糖分解反應的最後一步，這個酶活性低，整條反應的流量就會下降。而葡萄糖分解反應的上游還有另一條岔路，這條岔路稱為「磷酸戊糖途徑」（pentose phosphate pathway，PPP）。

　　PPP 會以葡萄糖分解反應第一步的葡萄糖-6-磷酸為原料，走上不同的代謝途徑，最終產生五個碳的核糖（ribose）以及 NADPH。PPP 是細胞製造核糖的唯一途徑，核糖是 RNA 與 DNA 的重要成分，同時反應的另一產物 NADPH 則是脂肪酸合成的重要能量來源。

　　正常胚胎細胞和癌細胞在快速分裂時，都需要大量核糖與脂肪酸的供應，用來合成 DNA、RNA 和細胞膜。因此利用 PKM2 酶降低葡萄糖分解反應的流量，可以提升 PPP 反應途徑的流量，加速核糖與脂肪酸的生產。就像一條水管，如果水管後端變窄堵塞，而水管上方又剛好有一條通路，這時候就會有更多的水從水管上方的通路流過。

　　但癌細胞使用 PKM2 就會讓癌細胞發生瓦式效應嗎？瓦式效應要發生，癌細胞需要增加製造乳酸的酶 LDHA（lactate dehydrogenase A），同時要抑制把丙酮酸變成乙醯輔酶 A 的酶 PDH（pyruvate dehydrogenase）。PKM2 會影響 LDHA 和 PDH 的活性嗎？

　　生物研究經常會帶來意想不到的發現，癌細胞的 PKM2，原先以為它只是個酶，在細胞質中參與葡萄糖分解反應，但後續研究發現它也會出現在細胞核。一個參與葡萄糖分解反應的酶跑到細胞核去做什麼？原來 PKM2 催化的反應是把磷酸烯醇式丙酮酸

（phosphoenolpyruvate，PEP）上的磷酸根接到 ADP 上，產生一個 ATP 和一個丙酮酸。

但當跑到細胞核之後，PKM2 改為扮演蛋白激酶的角色，把 PEP 上的磷酸根，接到一個轉錄因子 STAT3 上，促進 STAT3 的活性，STAT3 透過一個複雜的調控網路，經由致癌基因 c-Myc 和缺氧誘導因子 HIF-1，最終造成 LDHA 活性增加而 PDH 的活性下降，完好解釋了「瓦式效應」發生的分子機制。

所以癌細胞產生瓦式效應真正的原因是，那些致癌基因 c-Myc、STAT3 和缺氧誘導因子 HIF-1 改變了細胞代謝葡萄糖的結果。很多不同的癌細胞都會異常大量表現這些致癌基因，所以不同癌細胞生長時都會呈現瓦式效應不足為奇，但瓦式效應本身反過來對癌細胞有什麼好處？是癌細胞產生的原因？還只是癌細胞產生的結果？一直到今天還沒有定論。

PKM2 的爭議

另外一個在癌細胞代謝領域中引發爭論的議題，就是 PKM2 對癌細胞的產生究竟是不是必要？2008 年《自然》雜誌的一篇論文肯定這個說法。

科學家在小鼠基因體中安裝一個會在乳腺細胞表現致癌基因 Neu 的轉殖基因。小鼠出生不久就得了乳癌。分析乳腺細胞在癌變前後的變化，果然發現正常乳腺細胞只會表現 PKM1，到乳癌形成之後，大部分乳癌組織都表現 PKM2。把不同癌細胞中的 PKM2 基因表現抑制，而用 PKM1 取而代之後，這些癌細胞的生長都變慢了。所以看起來癌細胞出現需要 PKM1／PKM2 的轉換，或是說癌

細胞需要 PKM2 的幫忙才容易形成。

十年後，另外一批科學家想進一步確認，PKM2 在老鼠癌變過程中是否必要，他們在小鼠基因體中動了手腳，讓一組老鼠天生只會表現 PKM1，而另一組老鼠天生只會表現 PKM2。

等這些老鼠長大之後，給予化學致癌物或啟動致癌基因的表現，然後觀察癌症的發生率。如果 PKM2 在老鼠癌變過程中是必要的，那天生只會表現 PKM2 的老鼠，應該比正常老鼠更容易產生癌症，而天生只會表現 PKM1 的老鼠，應該比正常老鼠更不容易產生癌症。

實驗發現與預期結果剛好相反，天生只會表現 PKM1 的老鼠，得到癌症的比例較正常老鼠高；而天生只會表現 PKM2 的老鼠，得到癌症的比例反而較正常老鼠低。作者下了一個結論：PKM1 提供了代謝優勢而促進癌細胞的生長。

PKM2 的反思

難道前面說了半天，關於 PKM2 提供癌細胞生長的好處都是錯的，或者只是實驗室中產生的人為現象（artifact）？

如果依照傳統線性思維的推論，2018 年研究的結論應該沒有問題，那 PKM2 對癌細胞生長的重要性就得打個問號！但如果把生命的特性考慮進去，生命是一個可以自我調適的動態系統，當環境偏離了正常範圍，生命系統會自動調整以求適應偏離的環境，這樣可以推論出一個完全不同的結論。

我們可以想像天生只會表現 PKM2 的老鼠，在胚胎發育時期當然如魚得水，PKM2 緊縮葡萄糖分解的流量，促使部分葡萄糖走

向核糖及 NADPH 的合成，以應付細胞快速分裂之所需。可是過了這個階段，PKM2 要轉換成 PKM1，增加葡萄糖分解的流量，減少核糖及 NADPH 的合成。

但天生只會表現 PKM2 的老鼠不能轉換 PKM1，這時候老鼠該如何應對核糖及 NADPH 不當快速合成的情境？生命永遠會自行找到出路。如果細胞存在某種負迴饋機制，這時就可以發揮作用：緊縮核糖及 NADPH 的合成通路。

一旦緊縮核糖及 NADPH 的合成通路成了常規，細胞在癌變過程中，雖然有 PKM2，但合成通路已經常態性緊縮，無法再放寬來幫助癌細胞之所需。癌細胞在這種老鼠身上，當然就比在正常老鼠身上更不容易形成。

如果你懂這個解釋，那能不能自己進一步去想，天生只會表現 PKM1 的老鼠，得到癌症的比例較正常老鼠為高背後的道理？

延伸閱讀

1. Milton H. Saier, Jr. Peter Mitchell and his chemiosmotic theories. *ASM News* 63: 13-21; 1997.

2. Nick Lane. The furnace within. *New Scientist* 7: 42-45; 2009.

3. Nick Lane. Why are cells powered by proton gradients? *Nature Education* 3: 18; 2010.

4. Carl Malina et al. Adaptations in metabolism and protein translation give rise to the Crabtree effect in yeast. *PNAS* 118: e2112836118; 2021.

5. Andrew M. Intlekofer, Lydia W. S. Finley. Metabolic signatures of cancer cells and stem cells. *Nature Metabolism* 1: 177-188; 2019.

6. Jesse S. S. Novak et al. Dietary interventions as regulators of stem cell behavior in homeostasis and disease. *Gene & Development* 35: 199-211; 2021.

7. Mark S. Sharpley et al. Metabolic plasticity drives development during mammalian embryogenesis. *Developmental Cell* 56, 2329-2347; 2021.

8. 尼克・連恩（Nick Lane）著，林彥綸譯，《能量、性、死亡：粒線體與我們的生命（15 周年新版）》（*Power, Sex, Suicide*: *Mitochondria and the Meaning of Life*），貓頭鷹（2020/11/14）。

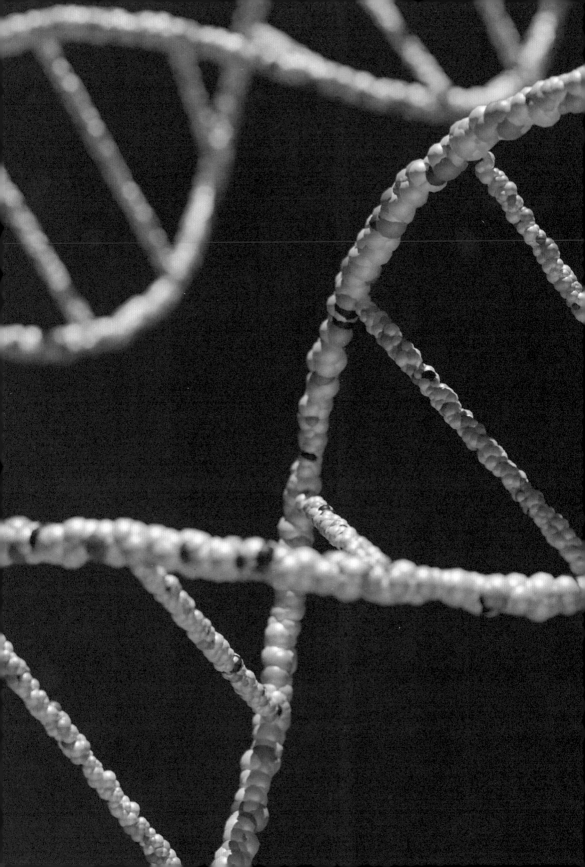

遺傳、基因與分子生物學

Photo by Warren Umoh on Unsplash, https://unsplash.com/photos/qycBqBqWiiY

變異（每一個個體都不完全相同）、遺傳（個體的特徵會忠實的遺傳到下一代）、天擇（環境選擇那些有特定特徵的個體）是生物演化重要的三部曲，但達爾文在寫《物種源始》時其實只提到了變異與天擇這兩個概念。他認為變異是天擇的基礎，天擇則是一種強大的力量，能從眾多變異的個體中篩選出最適應環境的個體，並讓它留下最多的後代。達爾文在談演化時最大的挑戰，就是如何把當時「遺傳」的觀念融入自己的理論。

十九世紀中葉最流行的遺傳理論是「混合遺傳」（blending inheritance），也就是親代的特徵會在子代中以混合的方式出現，像紅花與白花產生粉紅色花的後代。1859年達爾文的《物種源始》出版後，立刻洛陽紙貴風靡一時。但達爾文當時仍然認為遺傳是遵循「混合遺傳」的法則。這一來，天擇理論立刻被愛丁堡大學一位工程學教授弗萊明‧詹金（Fleeming Jenkin）看出破綻。

依照天擇理論，族群中若出現個體帶有適應環境的特殊變異，就可能在天擇的篩選下脫穎而出，但如果「混合遺傳」的理論是對的，這個好的變異很可能在環境尚未改變前，就因為一代傳一代的過程中，混合消失了！詹金的評論1867年在《北英評論》（*North British Review*）刊登。

達爾文完全接受詹金的批評，他甚至在1868年也提出一個新的泛生論（pangenesis），試圖彌補混合遺傳造成的漏洞。他假設父母透過身體細胞所分泌，會攜帶特徵訊息的小顆粒（gemmules），透過血液跑到胚胎，在那裡像細胞一樣分裂，將父母特徵的訊息傳給後代。達爾文的表弟法蘭西斯‧高爾頓（Francis Galton）甚至還設計了實驗，把一隻兔子的血打到另一隻兔子身上，想看看前一隻兔子的特徵，會不會由血液遺傳給第二隻兔子的後代，結果當然是

大失所望。

　　這個難題一直到現代遺傳學之父格雷戈爾．孟德爾（Gregor Mendel）提出「顆粒遺傳理論」（theory of particulate inheritance）後才得到合理的解答。孟德爾的理論假設，決定遺傳特徵的因子好像一顆顆的粒子，從親代傳給子代的過程中，這些粒子不可分割，也不會發生改變。

　　孟德爾自己也察覺到這樣的遺傳理論，在達爾文的演化論中會扮演很重要的角色，是生物演化一個重要的基礎。因此我們現在對演化三個重要概念的建立，其實是二十世紀初，演化生物學家將達爾文的天擇與孟德爾的遺傳結合而成的一個新理論，後來被稱作新達爾文主義（Neo-Darwinism）。

　　孟德爾的遺傳理論來自於他的豌豆實驗，其實他的運氣非常好，因為他選擇研究的豌豆特徵都是由單一基因所決定，孟德爾才能很清楚的歸納出豌豆遺傳的規律。豌豆實驗之後，孟德爾希望他發現的遺傳規律對其他生物也適用。他用山柳菊（hawkweed）作了相同的實驗，結果不但無法重現豌豆實驗的遺傳規律，反而得到相反的結果。這個令人困惑的難題，只有等待後人繼續努力來解答了。

　　1900 年，三位分別來自荷蘭、德國和奧地利的植物學家分別發表研究論文，確認了孟德爾的遺傳理論，從此孟德爾被肯定為現代遺傳學的奠基者。1905 年，英國遺傳學家威廉．貝特森（William Bateson）提出遺傳學（genetics）這個字來指稱遺傳研究的學科領域，同年丹麥學者威廉．約翰森（Wilhelm Johanssen）把攜帶遺傳特徵的粒子稱作「基因」。接下來的問題就是，基因到底是什麼？基因又是如何攜帶遺傳資訊？

任何科學研究都需要一個好的實驗模式，才容易得到明確的結果或是結論。在探究基因是什麼的研究中，就需要有這樣一個扮演關鍵角色的實驗模式。

1928 年，英國細菌學家弗雷德里克·格里菲斯（Frederick Griffith）發現兩種不同的肺炎鏈球菌：表面光滑會致病的 S 細菌，和表面粗糙不會致病的 R 細菌。他把不會致病的 R 細菌和已經加熱殺死的 S 細菌混在一起培養，發現有部分 R 細菌會轉化（transformation）成致病的 S 細菌。表示死掉的 S 細菌中仍有某種物質能改變 R 細菌的遺傳特性，讓它得到致病和表面光滑的特徵（圖 6-1）。

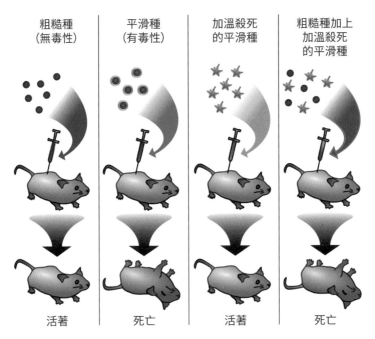

圖 6-1 從 S 細菌萃取物轉化 R 細菌的現象，得知 S 細菌中存在能改變遺傳特徵的物質。

　　這兩種細菌構成了一個很好的實驗系統，去找「基因」到底是什麼！1943 年，美國科學家奧斯瓦爾德‧阿佛來（Oscar Avery）把 S 細菌打破，萃取出 DNA，發現 DNA 有轉化 R 細菌的能力，再用分解蛋白質、RNA、DNA 或脂質的消化酶去處理他的 DNA 樣本，確立有轉化 R 細菌能力的是樣本中的 DNA，而不是其他物質。這個實驗奠定了生物學上一個重要的概念：細胞中攜帶遺傳資訊的分子不是蛋白質，而是 DNA。

　　之後的研究方向就非常明確：如果 DNA 攜帶遺傳資訊，那它的結構到底是什麼？1953 年，華生與克里克合作，從 X 光繞射圖樣以及模型建構，提出 DNA 雙螺旋結構的模型。這個模型顯示 DNA 可以用鹼基序列攜帶遺傳資訊。此外，DNA 是透過 AT 和 GC 的鹼基配對，形成了雙股螺旋的結構。

　　華生和克里克提出 DNA 複製的過程中，雙股的 DNA 會分開，分別以其中一股 DNA 作模板，依照模板的鹼基序列合成出一股新的鹼基序列互補的 DNA。在細胞中是否真是如此複製 DNA？首要之務就是在細胞中要能找到用 DNA 作模板、合成出新 DNA 的酶，來進行生化的研究。

　　美國史丹佛大學的生化系教授阿瑟‧孔伯（Arthur Komberg）當時就決定要去尋找細胞中這個酶。他萃取出大腸桿菌的蛋白質，加一點 DNA 和製造 DNA 的原料：四種核苷，和能量貨幣 ATP 等等。接下來觀察在試管中會不會有新的 DNA 合成。結果在這樣的條件下，試管中確實產生了新的 DNA，表示 DNA 複製的酶確實存在，孔伯教授 1956 年發表了 DNA 聚合酶的研究結果，1959 年就得到了諾貝爾獎。

　　複製 DNA 的酶稱為 DNA 聚合酶（DNA polymerase）。這個酶

在合成 DNA 時有幾個特性，首先它需要一段引子（primer），也就是 DNA 聚合酶無法從零開始，而必須要用小段 DNA 或 RNA 為引子，合成延伸引子的 DNA。細胞中 DNA 複製的引子是 RNA，但在某些病毒中會使用蛋白質作 DNA 複製的引子。

DNA 聚合酶另一個特性是 DNA 合成只能從五端（5′）往三端（3′）進行。因為酶的活性中心有特定的三維空間結構，DNA 模板、引子與做為原料的核苷只能以特定方式在活性中心相遇發生反應。

因為 DNA 合成有方向性，雙股 DNA 在複製時，有一股 DNA 就必然只能一小段、一小段不連續的合成，這些不連續的小片段稱為「岡崎片段」（Okazaki fragments）（圖 6-2）。

接著英國科學家約翰‧凱恩斯（John Cairns）做了一個有名的實驗，他利用放射性同位素去標記新合成的 DNA，證明大腸桿菌的 DNA 是一個環狀的分子，而 DNA 複製是從一個起點開始向兩頭延伸。接著他就想到一個問題：細胞裡 DNA 的複製真的是由孔伯發現的酶在負責嗎？

他的疑惑有幾點：第一，大腸桿菌 DNA 的總長度約四百萬個鹼基對，而細菌二十分鐘分裂一次，所以 DNA 聚合酶每秒鐘至少要合成一千六百個核苷才行，但孔伯發現的 DNA 聚合酶每秒鐘只能合成四十個核苷。其次，大腸桿菌的環狀 DNA 上只有兩個複製的起始端點，理論上只需要幾個酶就夠了，但是孔伯發現的酶在一個細胞中大概有四百多個。

最後，DNA 複製是連續的，表示 DNA 聚合酶在 DNA 上，應該是不斷的進行延長反應，但孔伯發現的酶每合成出二十五至五十個鹼基後，就會從 DNA 模板上掉下來，之後才又再黏回去，這樣上上下下的運作模式，不像是細胞中複製 DNA 的酶應有的作為。

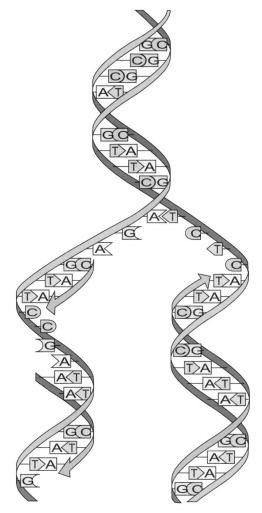

圖 6-2 由於 DNA 的合成具有從 5′ 到 3′ 的方向性，DNA 雙股中其中一股可以一路順暢的從頭合成到尾，稱為「領先股」(leading strand)，而另一股則必須透過不連續的合成岡崎片段來完成複製，稱為「延遲股」(lagging strand)。

　　要怎麼去證明孔伯的 DNA 聚合酶在細胞中不負責 DNA 的複製？DNA 複製對細胞分裂是絕對必要，如果孔伯的酶在細胞中不負責 DNA 的複製，那就應該可以找到一個沒有孔伯酶活性，但依

然活得很好的細胞。

　　問題是怎麼去找？首先我們不確定這個疑問是否真的成立，如果孔伯酶在細胞裡的確負責 DNA 複製，那就不可能直接找到孔伯酶的突變種。如果不是，那又該怎麼找出這個孔伯酶的突變種？

　　唯一的策略就是亂槍打鳥、以量取勝！凱恩斯實驗室的助理寶拉（Paula）被說服來進行這個實驗。她先隨機讓大腸桿菌發生突變，再一一檢查每一個菌株中孔伯酶的活性，結果這樣隨機篩選了 3,478 個菌株，居然真的找到了一個菌株，活得很好但孔伯酶的活性極低。為了感謝寶拉的貢獻，凱恩斯就將此突變株命名為「polA」。

　　這個實驗證明少了孔伯酶，細胞還是可以生長分裂，表示細胞裡真正負責 DNA 複製的應該不是孔伯酶，而是另有其人。這項研究結果發表於 1969 年。

　　如果孔伯發現的 DNA 聚合酶不負責 DNA 複製，那它在細胞裡做什麼？後來的研究知道，孔伯發現的酶是負責 DNA 修復（repair）的酶。DNA 常會受到環境中的紫外線，或是一些化學試劑的傷害產生損傷。孔伯酶不只能合成也有分解 DNA 的能力，可以在 DNA 受損的位置，先分解掉部分受傷的 DNA，再重新合成出正確序列的 DNA。

　　凱恩斯實驗室雖然找到了沒有孔伯酶的大腸桿菌，但這些突變菌種因為沒有 DNA 修復的機制，對環境的紫外線很敏感，受到一點點紫外線照射、DNA 受損之後無法修復就很容易死亡。

　　到了 1970 年代，分子生物學的研究闡明了基因解碼（decoding）的基本過程：遺傳密碼儲存在 DNA，先經過轉錄成RNA，再經過轉譯成蛋白質（圖 6-3）。DNA 上的遺傳密碼經過轉

錄與轉譯作出特定胺基酸排序的蛋白質，這個過程現在稱作「基因表現」（gene expression）。

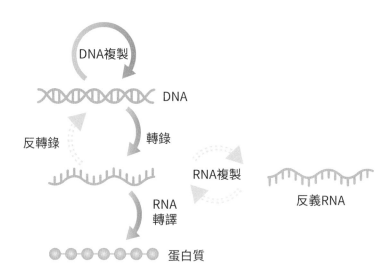

圖 6-3 分子生物學中心法則：DNA 是攜帶遺傳密碼的分子，DNA 會透過轉錄變成 RNA，RNA 再透過轉譯作出蛋白質。另外 RNA 可以透過反轉錄酶作出 DNA。有些以 RNA 為基因體的病毒，像新冠病毒，可以用自備的酶以 RNA 為模板複製出 RNA。

RNA 合成酶與基因轉錄

DNA 轉錄出 RNA 也需要酶的幫助，這個酶就是 RNA 聚合酶（RNA polymerase）。

發現 RNA 聚合酶的實驗跟孔伯發現 DNA 合成酶的過程非常類似，也是在試管中加入大腸桿菌的蛋白萃取物，放入 DNA 當模板以及製造 RNA 的核苷酸原料，其中 ATP 以放射性同位素標記，觀察最後是否能作出攜帶放射性同位素的 RNA。結果確實發現有作出帶放射性同位素的 RNA，代表在這些蛋白萃取物中，確實存

在某種酶能以 DNA 做為模板合成出 RNA。

RNA 聚合酶催化的反應跟 DNA 聚合酶非常類似，都是以單股 DNA 為模板，依鹼基配對的規則合成出與 DNA 鹼基序列互補的 RNA。但結構上，這兩種酶完全不同，表示兩者在演化上沒有前後的關係。

為了純化出這個特定的 RNA 聚合酶，科學家用管柱層析法將大腸桿菌的蛋白萃取物分離出不同的成分，發現有兩種蛋白質，各自都沒有合成 RNA 的能力，但加在一起就有很高合成 RNA 的活性。這表示 RNA 的合成可能不是由單一個酶在負責，至少需要兩種蛋白質的合作。

原來大腸桿菌負責 RNA 合成的酶可分為兩個部分，一個是具有 RNA 合成活性的「核心酶」（core enzyme），它能延長（elongation）RNA 的合成，但不具有獨自開啟（initiation）基因轉錄的能力。核心酶由五個蛋白質次單元（2α, β, β' and ω subunit）組成，它必須和 σ 因子結合形成「全酶」（holoenzyme）後，才能獨立完成整個轉錄的過程。

現在知道 σ 因子與 RNA 聚合酶組成全酶時，σ 因子的三維結構會發生改變，蛋白質分開變成兩個相連的區塊，分別辨識 DNA 上特定的序列，帶領 RNA 聚合酶到這段特定的 DNA 序列開始進行轉錄。σ 因子可辨識的 DNA 序列位於基因前方的啟動子（promoter）序列。σ 因子就像是 RNA 聚合酶的領航員，它引導 RNA 聚合酶到正確的 DNA 啟動子上，開始進行轉錄合成 RNA（圖 6-4）。大腸桿菌的基因有很多不同類型的啟動子，代表細胞內會有多種不同的 σ 因子，可以在不同的情況下帶領 RNA 聚合酶去表現不同的基因。

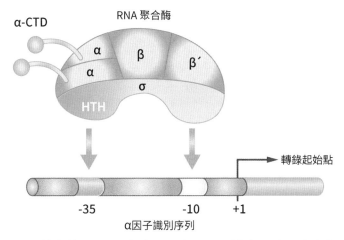

圖 6-4 細菌中的 RNA 聚合酶必須與 σ 因子結合形成全酶之後，才具有坐落到正確的 DNA 啟動子上開始進行轉錄的能力，ω 次單元只有 91 個胺基酸，在此沒有顯示出。

　　真核生物中也有與細菌類似的轉錄機制。同樣透過試管的合成實驗，發現真核生物有三種 RNA 聚合酶分別負責轉錄不同的基因。這些 RNA 聚合酶進行轉錄時，也需要各種不同因子的配合。

　　由於真核生物的基因數目很多，各種基因之間的調控變得非常複雜，要啟動特定基因的轉錄，需要很多起始因子（initiation factor）到那個基因的啟動子附近事先部署，完成這一步之後才會有另一些蛋白質去把 RNA 聚合酶帶過來，讓它坐落到正確的啟動子轉錄起始位置，進行 RNA 的合成（圖 6-5）。

　　目前不同物種 RNA 聚合酶的三維空間結構已經知曉，比對結果發現古菌與真核生物的 RNA 聚合酶相似之處，比它與細菌的 RNA 聚合酶相似之處更多，表示真核生物和古菌在演化上的親緣關係比較接近。

　　經過完整對比後，更發現組成細菌 RNA 聚合酶的四個蛋白質

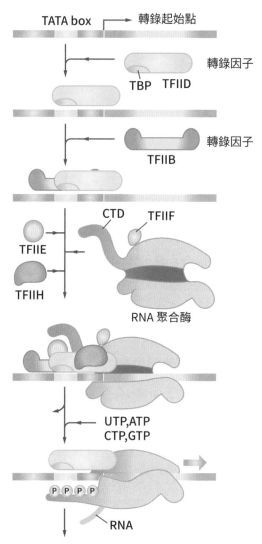

圖 6-5 真核生物轉錄起始的過程，先有多個起始因子（TFIID、TFIIB 等）在啟動子附近進行布置，接著特定蛋白質（TFIIF）把 RNA 聚合酶帶過來，正確坐好後才開始轉錄。

次單元，在古菌與真核生物的 RNA 聚合酶中也有類似的結構，表示它們可能是 RNA 合成酶演化的核心，從最原始的 LUCA 誕生時就存在了。後來的演化中，古菌和真核生物則創造出更多協助轉錄起始的蛋白因子，而細菌則走上另一條演化的道路，以致少了這些古菌與真核生物共有的轉錄機制。

真核生物中，基因轉錄會從一個特定的起始點（start site of transcription）開始，而 RNA 聚合酶結合 DNA 的位置是起始點前面的啟動子序列，啟動子序列上頭還會包含一些能讓轉錄因子辨認的特定鹼基序列，轉錄因子就像細菌的 σ 因子，指揮 RNA 聚合酶到正確的 DNA 位置進行轉錄。

mRNA 轉錄出來後，其實不單單只有攜帶能轉譯成蛋白質的鹼基序列。mRNA 上負責蛋白質轉譯的部分稱為「編碼序列」（coding sequence），在這段序列前後分別有「5′非轉譯區」（5′ UTR）與「3′非轉譯區」（3′ UTR），各自會形成複雜的二級結構，能吸引不同的蛋白質與之結合。

這些結構的功能除了調控轉譯的進行之外，也會幫助 mRNA 在細胞內的定位（subcellular localization）。mRNA 的兩端，5′會有端帽（cap）的結構，3′則是多聚腺苷酸的長鏈（poly A tail），可以控制 RNA 的穩定性（圖 6-6）。

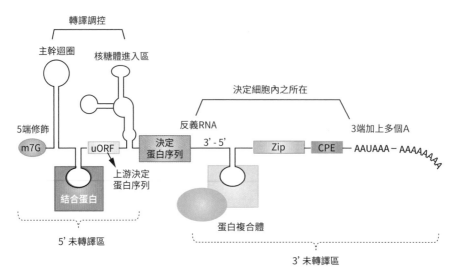

圖 6-6 真核生物 mRNA 的構造除了決定蛋白質胺基酸序列的編碼區以外，在 5'與 3'各有非轉譯區會形成二級結構或是與蛋白質結合，頭尾分別有端帽與多聚腺苷酸長鏈，這些構造具有調控後續轉譯、決定 RNA 的細胞內定位與穩定性的功能。

● DNA 聚合酶、RNA 聚合酶與 RNA 病毒

　　現在知道 DNA 的複製與轉錄是由不同的聚合酶在執行，比較這兩種酶的特性可以發現許多有趣的差異。

　　首先兩者合成 DNA 或 RNA 的速度不同，DNA 複製的速度比轉錄快，並且細菌的 DNA 複製速率是真核生物的十倍。真核生物 DNA 複製速率慢，而基因體又比細菌大很多，所以真核生物 DNA 上有很多個複製起始點（replication origin），能讓多個 DNA 聚合酶在不同位置同時進行複製。

　　另外，複製 DNA 與轉錄 RNA 產生錯誤的機率也不同，DNA 複製有校對修正的功能，所以錯誤率很小（十億分之一），相對轉錄 RNA 沒有校對修正，錯誤率就高很多（萬分之一到十萬分之

一）。

生物體中的核酸聚合酶其實遠比我們想像的複雜。原核細菌中以 DNA 為模板複製 DNA 的聚合酶，前面提過兩種，一是孔伯發現能進行 DNA 修復的聚合酶，另一則是在細胞裡真正負責 DNA 複製的聚合酶，除此之外細菌至少還有另外三種不同的 DNA 聚合酶，分別參與不同情況下 DNA 的修補過程。在真核生物中，則至少有十五種以上不同的 DNA 聚合酶，這些發現都提醒我們，要確保 DNA 複製的快速與準確是件極為複雜的工作。

而以 DNA 為模板轉錄 RNA 的聚合酶相對就比較單純，因為複製 DNA 絕對不能出錯。任何 DNA 上出現錯誤都要立刻修正，以確定傳給後代細胞的遺傳資訊完全正確。但 RNA 聚合酶以 DNA 為模板轉錄出大量的 RNA 是用來轉譯蛋白質的，偶爾出點錯也無傷大雅，不會影響後代細胞，所以不必大費周章仔細校對產品有無錯誤。

有些病毒用 RNA 來儲存遺傳資訊，當病毒複製的時候，病毒自己就配備了以 RNA 為模板、可複製 RNA 的聚合酶（RNA dependent RNA polymerase），來作出 RNA 完成病毒的複製。病毒的 RNA 聚合酶缺乏校正修復的功能，複製 RNA 時犯錯率極高，所以產生的後代會有很多變異種，引起世紀大流行 Covid-19 的 SARS-CoV-2 病毒就是這樣的 RNA 病毒。我們可以把 SARS-CoV-2 很容易產生變異種，看成是這些病毒對抗疫苗、抗病毒藥物的一種求生對策。

另外還有些病毒也是用 RNA 做為基因體，但病毒帶了一種反轉錄酶（reverse transcriptase），用病毒 RNA 為模板反轉錄出 DNA，然後病毒的 DNA 會插入宿主細胞的基因體中。平時與宿主

細胞相安無事，但病毒 DNA 三不五時會轉錄出病毒 RNA，恢復病毒的本性，在細胞裡大肆複製，再釋出到外面感染更多細胞。

這種病毒叫做反轉錄病毒（retrovirus），最有名的反轉錄病毒就是會感染淋巴細胞，破壞宿主免疫力的愛滋病毒。由於愛滋病毒或 SARS-CoV-2 必須依賴病毒自己的 RNA 聚合酶，或是反轉錄酶才能複製自己，而正常細胞沒有這些酶，所以找出能抑制這些病毒酶活性的化合物，就成了最佳抗病毒藥物的候選人。

當然，病毒會不斷產生變異種來逃命。所以人與病毒的抗爭不能全靠抗病毒藥物，還得仰賴疫苗、公共衛生的配合。

真核生物的不連續基因

1960 年代建立的分子生物學中心法則是：遺傳資訊儲存在 DNA，轉錄出 mRNA，mRNA 再轉譯出蛋白質。所以 DNA 和 mRNA 的鹼基序列與蛋白質的胺基酸序列應該是無缺口的一一對應。

早期研究細菌的 DNA／RNA／蛋白質三者遺傳資訊間的對應關係，也印證了這個預測。但到了 1977 年，科學家將腺病毒（adenovirus）的 mRNA 與對應的 DNA 進行雜交（hybridize），原本期待看到 RNA 與 DNA 能完全配對，形成雙股的 DNA／RNA 複合體。但在電子顯微鏡下卻看到一些沒有配對的環狀結構出現，這是第一次發現 mRNA 的遺傳資訊在 DNA 上呈現不連續的分布。

後來發現不只是病毒，絕大多數真核生物的 mRNA 和 DNA 上的遺傳資訊並非完全對應。換言之，mRNA 上的編碼序列是來自 DNA 上不連續的片段，這些能與 mRNA 對應到的 DNA 序列稱為

「外顯子」（exon），mRNA 上沒有的部分則是「內含子」（intron）。外顯子與內含子交互出現的結構，就是現在所知真核生物中基因最常見的表現形式（圖 6-7）。

所以，真核生物從 DNA 轉錄出 RNA 之後，還需要進行很複雜的剪裁修飾：在 5'加上端帽、3'加上 poly A，並且把內含子的序列用剪接機制去除，之後才會變成真正的 mRNA，送到細胞質中轉譯出蛋白質。美國分子生物學家菲利普・夏普（Phillip A. Sharp）和理察・羅伯茨（Richard Roberts）也因為同時發現這個「分裂基因」（split gene）的現象，共同得到了 1993 年的諾貝爾生理醫學獎。

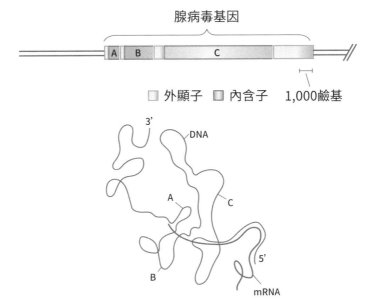

圖 6-7 將病毒的 RNA 與 DNA 進行混合配對後，發現許多沒有配對到的環狀結構出現（下），後來得知 DNA 上的基因是由外顯子與內含子交互排列而成的（上），只有外顯子的部分會留在成熟的 mRNA（紅色）上。

　　真核生物把基因分割成外顯子與內含子，而轉錄出來的 RNA 又要透過 RNA 剪接的機制除掉內含子後，才能轉譯蛋白質。真核生物為什麼會演化出這一套與原核生物完全不同的基因結構和表現方式呢？

　　從演化的角度來看，剪接可以去除基因體中跳躍基因的干擾，同時這樣的基因體結構與處理方式，提供一個意想不到的好處，就是一個基因可以透過不同的選擇式剪接（alternative splicing），拼接出不同外顯子排列組合的 mRNA，轉譯出不同胺基酸序列的蛋白質。上節課提到癌細胞把 PKM1 轉換成 PKM2 就是一個很好的例子。

　　瞭解基因表現的過程後，就知道基因表現的調控可以發生在哪些不同的層次。對基因表現的探索，我們通常會問，這個基因會作出什麼樣的蛋白質？基因在染色體上的位置？在什麼時機這個基因要表現？最重要的問題是這個基因要表現出多少蛋白質？基因表現的調控可以在轉錄的層次，決定要轉錄出多少 mRNA，或是影響轉錄後 mRNA 的穩定度；另外也可以發生在轉譯的層次，控制轉譯出蛋白質的量，或是轉譯後蛋白質的穩定度等等。

分子生物學典範的修正

　　分子生物學的典範告訴我們，蛋白質的胺基酸序列是由 DNA 攜帶的遺傳密碼所決定。胺基酸長鏈作出後，蛋白質還要經過摺疊形成特定的三維空間結構。1972 年的諾貝爾獎得主克里斯蒂安·安芬森（Christian B. Anfinsen）證實，蛋白質的三級結構主要是由一級結構的胺基酸序列所決定。

安芬森將一個蛋白質放在高濃度的尿素溶液中，讓蛋白質發生變性（denature），變回沒有固定結構的胺基酸長鏈，之後再慢慢把導致蛋白質變性的尿素透析移除，發現蛋白質又再次重新摺疊出正確的三級結構，因此決定蛋白質三級結構最主要的因素就是它本身的胺基酸序列。

分子生物學的典範還告訴我們，只有 DNA 和 RNA 可以攜帶遺傳資訊，而蛋白質不能攜帶遺傳資訊，所以過去在探討生物特徵的遺傳機制時，只會考慮 DNA 或 RNA，絕對不會想到蛋白質。但在生物世界經常會發現一些出乎大家意料之外的驚奇。

1957 年美國醫生丹尼爾‧蓋杜謝克（Daniel Gajdusek）在新幾內亞的原住民村落中，發現許多人都得了一種叫做庫魯（Kuru，土著語言搖晃的意思）的病。這是一種神經退化性疾病，症狀包括：顫抖、手足扭曲、不自主發笑等等。這些病人無藥可治，死亡率百分之百，並且只發生在某幾個特定的村落中。所以懷疑是一種新的傳染病。

後來發現，這些發病率高的村落都有食人的習俗，特別是食用死去親屬遺體的腦。因此蓋杜謝克認為這些遺體的腦中，可能含有某種未知、但發作非常緩慢的病毒，導致食用這些腦的人，等了很長一段時間後才發病。

為了證實這個假說，他把病人的腦萃取液注射到黑猩猩腦中，等了二十個月發現黑猩猩也出現庫魯病的症狀。早在三十年代，就有人報告有種家族性的神經退化性疾病，叫做庫賈氏病（Creutzfeldt-Jakob Disease），同樣也找不出傳染的病源。

蓋杜謝克想到有沒有可能庫賈氏病和庫魯病類似，也是由於某種未知，但發作非常緩慢的病毒導致。他用庫賈氏病人的腦萃取液

注射到黑猩猩腦中，這次只等了十三個月，黑猩猩就出現庫賈氏病的症狀。

因為發現這個未知的病毒，會引發人類神經退化性疾病，蓋杜謝克和發現人類 B 型肝炎病毒的巴魯克‧布隆伯格（Baruch Blumberg）共同獲得 1976 年的諾貝爾生理醫學獎。但和人類 B 型肝炎病毒不同，蓋杜謝克發現的這個未知病毒非常奇特：傳統偵測病毒或破壞病毒的方法對它完全無效，甚至找不到會致病的 DNA 或 RNA。

為什麼一個會致病的病毒卻找不到 DNA 或 RNA？1972 年加州大學舊金山分校的年輕住院醫師史坦利‧布魯希納（Stanley Prusiner），面對一位在他照顧下兩個月死亡的庫賈氏病人，決心要找出這個致病的元凶。由於庫賈氏病極為罕見，布魯希納決定找一個容易取得研究材料的動物模式。

除了人類的庫魯病之外，英國蘇格蘭地區發現有一些山羊與綿羊也會得到類似庫魯類的神經退化性疾病，叫做羊搔癢症（scrapie）。羊搔癢症也找不出任何感染源，但蓋杜謝克早在 1963 年就證實，把得了羊搔癢症羊隻的腦萃取液注射到小鼠的腦中，小鼠四到五個月就得到類似羊搔癢症的腦部病變，感染源就存在於這些得病羊隻的腦中，要知道感染源究竟是什麼，就非得把它 100% 純化出來，才能得到答案。

一開始布魯希納所有周圍的師友都勸他，不要選這個耗時、費力又不確定有成果的研究主題。布魯希納一開始也不敢用這個主題申請研究經費，但他從未放棄，只得在其他研究計畫經費的支持下，企圖純化出會誘發羊搔癢症的病原體。到了 1982 年，布魯希納正式宣布他純化出羊搔癢症的病原體，是個分子量約三萬道爾頓

的蛋白。他把它命名為「普里昂蛋白」（prion protein，PrP），名稱來自「致病性蛋白顆粒」（proteinaceous infectious particle）。

　　布魯希納因此提出一個理論，解釋普里昂蛋白如何像病毒般感染正常動物而致病。普里昂蛋白在自然情況下，雖然都有同樣的胺基酸序列，卻能摺疊出兩種不同的立體結構的蛋白（PrP^{C} 與 PrP^{Sc}）（圖 6-8）。

　　當病變結構的蛋白（PrP^{Sc}）和正常結構的蛋白（PrP^{C}）碰到一起時，PrP^{Sc} 蛋白會誘導正常的 PrP^{C} 蛋白結構轉變成會造成病變的 PrP^{Sc} 蛋白。當神經細胞中所有的 PrP^{C} 蛋白都轉變成 PrP^{Sc} 蛋白後，PrP^{Sc} 蛋白很容易聚集在一起，形成固態的澱粉樣蛋白（amyloid），促成細胞的死亡造成腦部的病變。

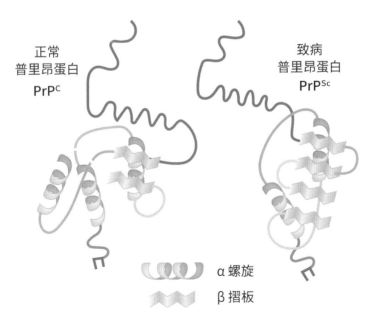

圖 6-8 普里昂蛋白兩種不同的三級結構 PrP^{C} 與 PrP^{Sc}。

布魯希納的「普里昂蛋白致病理論」提出之後，受到特別是病毒學家的反對。但他繼續又作出會辨認普里昂蛋白的抗體；決定普里昂蛋白的胺基酸序列；分離出普里昂蛋白的 mRNA 和 DNA；最後把小鼠普里昂蛋白的基因破壞，小鼠就對羊搔癢症的腦萃取液完全沒有反應。

這些實驗都證明了羊騷癢症確實是一種由蛋白質所引發的傳染病，所以普里昂蛋白的立體結構可以視同為一種遺傳資訊，由一個細胞遺傳到子代細胞，改變細胞的性狀。

這個發現使得分子生物學的典範必須有所修正：蛋白質也可能攜帶遺傳資訊，而可以把這個遺傳資訊傳給後代細胞。布魯希納因為這個重大發現得到 1997 年的諾貝爾獎。

後續我們也知道，像是 1987 年在英國被發現，造成 177 人死亡，超過四百萬頭牛被撲殺的狂牛症，也是由普里昂蛋白所引發。若非布魯希納的研究，我們很難想像狂牛症要蔓延多久，才會找到正確的病因，並及時發展出有效的偵測及防治的方法。

最後的問題是正常結構的普里昂蛋白在細胞中扮演什麼角色？傳統的做法是把小鼠的普里昂蛋白基因破壞，再來看小鼠的發育是否正常。結果發現普里昂蛋白基因被破壞的小鼠，除了神經軸突上的髓鞘形成有些問題外，並沒有什麼嚴重病症出現。當然這不代表小鼠在自然界生存完全不需要普里昂蛋白，也許只是我們沒有找到適當測試的條件罷了。

另一方面酵母菌的研究，發現酵母菌也有類似的普里昂蛋白，而且數目還不少（> 50）。一個特定普里昂蛋白的表現，可以讓酵母菌得到一個應付特定環境壓力（高溫、乾旱、高鹽等等）的能力。

重要的是，把這種酵母菌的蛋白質抽取出來，送入一般酵母菌中，一般酵母菌也因此得到同樣應付特定環境壓力的能力。所以普里昂蛋白的確可以扮演 DNA 攜帶遺傳資訊的角色（圖 6-9）。

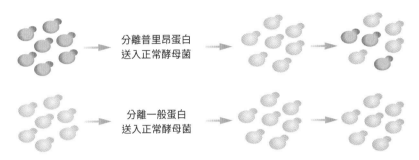

圖 6-9 普里昂蛋白誘導酵母菌（黃色）產生應付特定環境壓力的能力，能透過蛋白質傳給一般正常的酵母菌（灰色）。

月光族蛋白：蛋白質如何兼營副業

我們過去都認為一個基因對應一個蛋白質，而一個蛋白質應該只有一種功能。這個想法在近年來也受到挑戰。1981 年，科學家發現，拿培養過 T 細胞的培養液去培養前骨髓細胞（promyelocyte）HL-60，會促使 HL-60 細胞分化成巨噬細胞。表示 T 細胞在培養時會分泌出一些特殊的蛋白質，能誘導 HL-60 細胞的分化。

這是一個很有商機的研究，因為若能找出這種蛋白質，就可以用人為的方式，去誘導一些免疫細胞的分化。要找出這個蛋白質的方式也很簡單，就是把 T 細胞的培養液蒐集起來，進行蛋白質的分離與純化，在其中尋找能夠誘導巨噬細胞分化的確切因子。

經過十五年的努力，這個蛋白質終於在 1996 年被純化出來，也知道了它的基因全貌和胺基酸序列，取名為「神經白細胞素」

（neuroleukin），並發現它和一個糖解反應中的「葡萄糖磷酸異構酶」（phosphoglucose isomerase）非常相似，後來證明這兩個東西其實就是同一個蛋白質。原本被認為只在細胞內催化糖解反應中一個步驟的酶，其實還有在細胞外誘導巨噬細胞分化的功能。

於是蛋白質可以「兼差」（moonlighting）的概念就出現了。同一個蛋白質為什麼能做兩件完全不同的事？現在知道有些蛋白質是巨大的分子，可以同時擁有多個不同的結構域（domain），不同的結構域當然就可能會執行不同的功能、催化不同的反應。

譬如烏頭酸酶（aconitase），最為人熟知的功能是在有氧呼吸克氏循環中負責催化檸檬酸。烏頭酸酶的酶中心其實有一個鐵硫簇（Fe-S cluster）的結構，當細胞裡面缺乏鐵離子時，鐵硫簇結構就會消失，整個酶的構型也就發生改變，變成一種會與特定 mRNA 序列結合的蛋白。之後烏頭酸酶會結合到帶有鐵回應元件序列（iron-response element，IRE）的 mRNA 上，抑制儲鐵蛋白（ferritin）的合成，以增加細胞中自由的鐵離子。另外增加運鐵蛋白受體（transferrin receptor）mRNA 的穩定性，促進運鐵蛋白受體的合成，提升從細胞外吸收運鐵蛋白的效率，以增加細胞中的鐵離子（圖6-10）。

近來也發現愈來愈多的蛋白質可能擁有不只一項功能，這也再次提醒我們，生物學的理論永遠都可能存在例外。

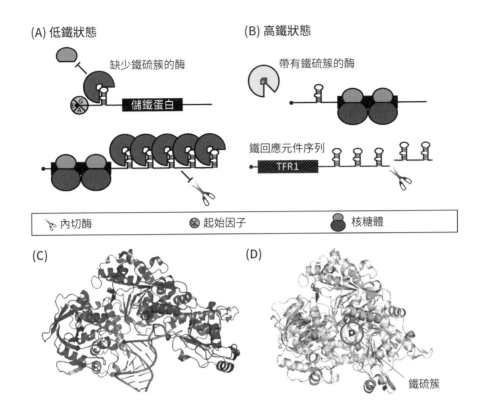

圖 6-10 在克氏循環中有催化作用的烏頭酸酶內部含有鐵硫簇（紅點）的結構（D），當細胞缺乏鐵離子時，鐵硫簇消失，酶構型改變，成為 RNA 結合蛋白（C），會結合到帶有 IRE 序列的 mRNA 上，抑制儲鐵蛋白的合成（A、B），以增加細胞中自由的鐵離子。同時增加運鐵蛋白受體 mRNA 的穩定性，促進運鐵蛋白受體的合成，提升從細胞外吸收運鐵蛋白的效率，以增加細胞中的鐵離子（A、B）。

延伸閱讀

1. Francis Crick. Central dogma of molecular biology. *Nature* 227: 561-4; 1970.

2. Zachary B. Hancock et al. Neo-Darwinism still haunts evolutionary theory: A modern perspective on Charlesworth, Lande, and Slatkin (1982). *Evolution* 75: 1244-1255; 2021.

3. Zachary H. Harvey et al. Protein-based inheritance: Epigenetics beyond the chromosome. *Molecular Cell* 69: 195-202; 2018.

4. Zachary H. Harvey et al. A prion epigenetic switch establishes an active chromatin state. *Cell* 180: 1-13; 2020.

5. Alfredo Castello et al. Metabolic enzymes enjoying new partnerships as RNA-binding proteins. *Trends in Endocrinology & Metabolism* 26: 746-757; 2015.

6. Shelley D. Copley. An evolutionary perspective on protein moonlighting. *Biochemical Society Transactions* 42, 1684-1691; 2014.

7. Constance J. Jeffery. Protein moonlighting: What is it, and why is it important? *Phil. Trans. R. Soc. B* 373: 20160523; 2017.

8. 陳文盛著，《孟德爾之夢：基因的百年歷史》，遠流（2017/10/1）。

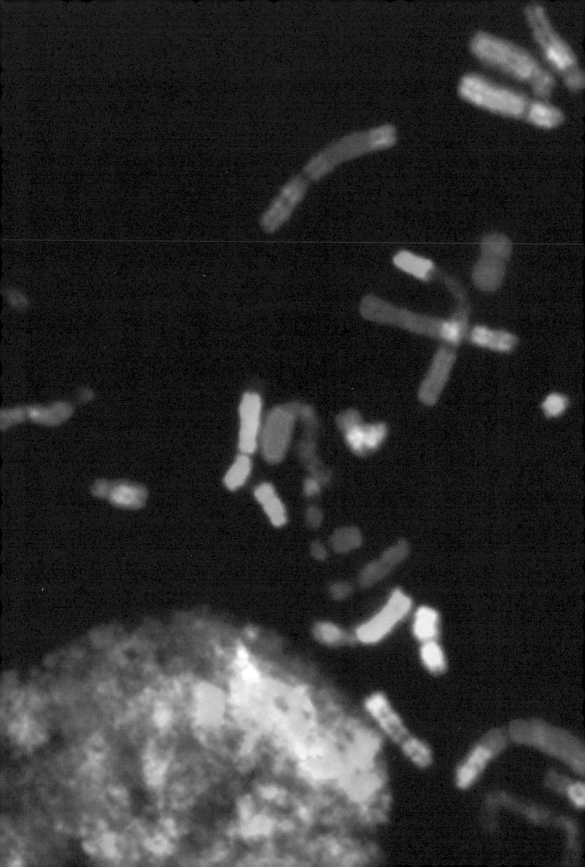

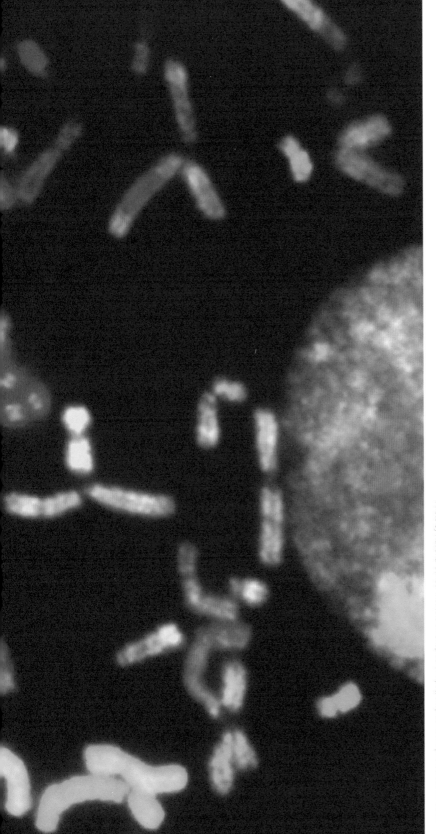

Photo by National Cancer Institute on Unsplash, https://unsplash.com/photos/J28Nn-CDbII

第七堂課

基因體與染色體

染色體與基因體

基因體就是一個生物體全部 DNA 所攜帶的遺傳資訊。人類基因體包括 22 對體染色體，1 對性染色體與粒線體 DNA，總共大約有 30 億個鹼基對序列。真核生物組成染色體的基本單元是由大約 140 個鹼基對長的 DNA，纏繞在 8 個組蛋白形成的核小體（nucleosome）上，兩個核小體間隔的 DNA 長度大約 80 個鹼基對。所以染色體拉開後，就像一串珍珠項鍊，這串項鍊再經過一層層的摺疊、壓縮，最後變成棒狀的有絲分裂中期（metaphase）染色體（圖 7-1）。

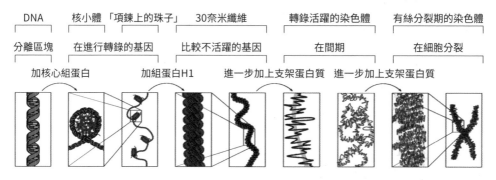

圖 7-1 染色體的組成是由 DNA 纏繞組蛋白先形成核小體，再經過一層層的壓縮，最後才形成了棒狀的有絲分裂中期染色體。

真核生物的染色體中央有著絲點（centromere）的構造，著絲點把染色體分成長臂（long arm）與短臂（short arm）兩個部分。在有絲分裂時，細胞兩極的中心體（centrosome）放出微小管與著絲點結合，然後中心體逐步縮短微小管，便可將染色體平均分配到兩個子代細胞。

　　除此之外，染色體兩端還有端粒（telomere）的構造。染色體只有在細胞進行分裂時才會出現，平時 DNA 和組蛋白是形成鬆散的網狀染色質（chromatin）。在有絲分裂期間，染色質聚集起反覆摺疊壓縮形成條狀的染色體，可以在顯微鏡下觀察到。

　　在有絲分裂中期，可以用特殊的染劑去標示染色體，能觀察到每條染色體上淺色和深色不同的帶狀紋路（banding pattern）（圖7-2）。淺色帶代表此處的染色質包裹得比較鬆散，酶或其他蛋白質比較容易接觸到此處的 DNA。因此在 DNA 複製時淺色帶會比較早開始複製，同時此處的 RNA 轉錄也比較活躍，所以大部分基因都會坐落在這個區域。

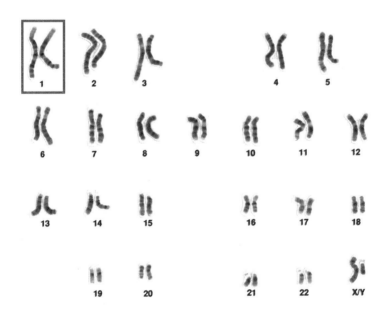

圖 7-2 人類的 23 對染色體以及染色體的結構：以中間的著絲點爲界分成長臂與短臂，兩端有端粒的結構，經染色後呈現出帶狀紋路，代表染色質纏繞的緊密程度。染色體以長短來編號，1 號染色體最長。

相對深色帶的染色質纏繞得非常緊密，基因轉錄的活動比較少，也比較晚才開始複製。染色體上的基因呈直線排列，以人類17號染色體爲例，總共有723個能作出蛋白質的基因序列，有將近一半是集中在某一條帶狀紋路上。

將不同生物的基因體拿來比較，從單細胞的大腸桿菌、酵母菌到多細胞的線蟲（*C. elegans*）、果蠅、阿拉伯芥、人。大致上可以看出，愈複雜的生物，基因體愈大。但這個關係在生物界並沒有被嚴格遵守，像線蟲的基因體只有1億個鹼基對，而小麥的基因體高達170億個鹼基對。

那人類基因體的30億個鹼基序列究竟包含了多少基因呢？一般認爲基因就是決定製造特定蛋白質的DNA鹼基序列，那人類基因體中約有1.5%的鹼基序列，可以決定大約2萬個蛋白質（基因）。這裡當然不包含mRNA選擇式剪接所創造出多樣的蛋白質。那剩下98.5%的DNA序列又有什麼特殊功能呢？

首先，它們可能是基因中沒有實際對應胺基酸的內含子；mRNA轉錄出來後，其中的內含子中必須被剪裁分解掉，mRNA才能進行轉譯。另外是一些重複序列（repeated sequence），扮演染色體結構的角色，像染色體的端粒與著絲點。還有基因體中許多DNA序列是用來製造非編碼RNA（non-coding RNA），包含tRNA（transfer RNA）、rRNA（ribosome RNA）、snRNA（small nuclear RNA）。snRNA會參與蛋白質轉譯和mRNA的剪接。

人類基因體大約44%的鹼基序列來自各式各樣的跳躍基因。不過絕大多數跳躍基因的鹼基序列都只是演化遺留下來的痕跡，沒有任何功能，常被稱作基因體中的垃圾。但有非常少（< 0.05%）的跳躍基因仍然保持活躍。這些在基因體中仍然保持活動的跳躍基

因，對人類的演化及健康都有深遠的影響，這點以後會再談到。

剩下來一個有趣的問題，就是人類基因體中所謂的垃圾 DNA 真的沒有任何功能嗎？這時候又得再回來討論一下，什麼樣的 DNA 序列可以被稱作基因？

基因的觀念是從生物外在表徵的變化而來。基因產生突變會使生物表徵改變，但是生物表徵的改變，一定需要蛋白質胺基酸序列發生改變嗎？

1990 年代初，知道有一個叫 Lin-4 的基因突變會改變線蟲的發育，找出 Lin-4 基因、決定了它的鹼基序列後，發現這段鹼基序列中存在很多中止轉譯的密碼序列，所以不會轉譯出任何蛋白質。沒有作出蛋白質的鹼基序列，怎麼影響線蟲的發育呢？

原來 Lin-4 基因會轉錄出一段 RNA，這段 RNA 經過處理後，會抑制另外一個 Lin-14 mRNA 的轉譯。而 Lin-14 蛋白質決定線蟲特定的發育階段。正常情況 Lin-14 完成了線蟲特定的發育階段後，就啟動 Lin-4 基因來抑制 Lin-14 的表現，讓線蟲得以進入下一個發育階段。Lin-4 基因突變，無法抑制 Lin-14，那線蟲只能重複 Lin-14 控制的那個發育過程，無法進入下一個發育階段。所以基因的觀念開始放寬，基因也可以是作出調控 RNA 的鹼基序列。

那基因可不可以是一段什麼都不作的鹼基序列呢？如果這一段鹼基序列會和特定的蛋白質結合，形成特定的結構，而這個結構又會和特定染色體作用，影響那段染色體附近基因的表現。當這段鹼基序列發生改變，影響和特定蛋白質結合的能力，進而改變特定染色體和附近基因的表現，導致生物外在表徵的變化。那我們把這段鹼基序列稱作基因又有何不可？

分子生物學的進展已經讓我們在染色體上，找到許多具有以上

特徵的鹼基序列。因為這些鹼基序列的發現是由基因調控而非生物表徵的變化下手，所以就沒有把它們稱作基因，而叫做「增強子」（enhancer）、「抑制子」（silencer）、「隔絕子」（insulator）等等，其實把這些基因調控序列視同基因亦無不可。

跳躍基因與細胞核

原核生物（例如細菌）的基因體絕大多是環狀的 DNA，而且沒有細胞核的構造。但包含人類在內的真核生物的基因體，則大多以線形染色體的形式存在，除了在有絲分裂期間，染色體全部都留在細胞核中。

真核生物基因體的兩大特徵：線形染色體與細胞核究竟是怎麼來的？現在的推測很可能是當初細菌與古菌共生之後，細菌的跳躍基因會對古菌的基因體造成傷害，古菌為了避免這些傷害而演化出的結構。

染色體負責攜帶遺傳資訊，所以應該非常穩定，中間怎麼會出現一段會跳來跳去的基因？第一個發現跳躍基因的科學家是芭芭拉・麥克林托克（Barbara McClintock）。她在 1940 年代發現，玉米的染色體根據不同的品種在減數分裂時會出現斷裂的現象，並且斷裂的位置很固定。但當不同品種的玉米交配時，後代染色體的斷裂位置就會發生改變。麥克林托克為了解釋這個在顯微鏡下觀察到的現象，提出了跳躍基因的假說。

她將染色體上一段特定的位點（loci）稱為「Ds」，代表解離子（dissociator），Ds 位點附近的 DNA 在減數分裂時很容易發生斷裂。但如果擁有 Ds 位點的玉米和另一個品種的玉米交配，而另一品種

玉米的染色體有一個基因叫做「Ac」，代表活化子（activator）。Ac會作出蛋白作用到 Ds 位點，導致 Ds 位點的 DNA 從染色體中跳出來，再插到其他染色體中，造成那個染色體容易斷裂。

Ds 位點的 DNA 從原來的染色體中跳出來，若插到其他染色體的基因裡面，會破壞那個基因的序列。但 Ac 又可以讓 Ds 再從那個基因中跳出來。Ds 一旦跳出來，原先被破壞的基因就會恢復原狀。如果那個基因決定了玉米粒表皮的顏色，我們就會看到一個玉米棒上，每粒玉米上顏色的圖樣都不盡相同（圖 7-3）。

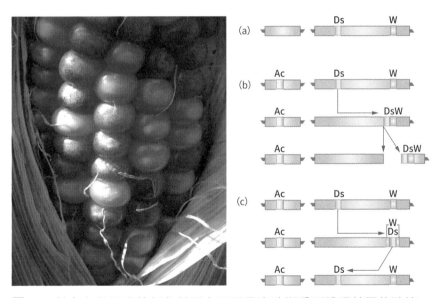

圖 7-3（左）每粒玉米的顏色基因在不同發育時期受到跳躍基因的破壞。（右 b）當 Ac 位點活化時就能促使 Ds DNA 發生跳躍，若跳躍插入製造色素的 W 基因中，玉米粒的顏色就會改變。（右 c）Ac 也可以讓 Ds 從那個原先插入的基因中跳出來。Ds 一旦跳出來，原先被破壞基因就恢復原狀。

麥克林托克認為玉米染色體中存在著一些受調控、會四處跳躍的 DNA 片段，對當時科學家來說，是個難以置信的想法。所以

很少人認同她的理論。但到了 1970 年代研究細菌時，也發現基因會跳躍的現象，並且對基因如何跳躍的機制有了更多的瞭解，「跳躍 DNA」的概念才慢慢的被接受。後續發現這類型的 DNA，其實普遍存在於從細菌到人類各種生物的基因體中。麥克林托克終於在 1983 年得到諾貝爾生理醫學獎。跳躍 DNA 也就正式命名為轉位子（transposon）或轉位元件（transposable elements，TE）。

轉位子在基因體的演化中扮演很重要的角色。簡單的說它們就是一段喜歡在基因體中跑來跑去的 DNA 片段。從細胞的角度來看，它們沒有任何重要的功能，就像是住在基因體中的寄生蟲。所以轉位子是一種典型的自私基因，存在目的就是為了不斷複製自己，對宿主細胞沒有什麼好處。這樣的 DNA 序列可能在生命起源時就一起出現了，它的存在沒有什麼特別的目的，只是順勢借用了生命產生過程中那些 DNA 複製、轉錄與轉譯的機器來完成自己的複製罷了。

一般將轉位子分成兩大類：第一型與第二型。第二型轉位子比較好理解，就是一段會在基因體中跳來跳去的 DNA。而第一型跳躍基因又稱為反轉錄轉位子（retrotransposon），也是會四處亂跳的 DNA，但是它要複製自己前，必須先轉錄成 RNA，再經過反轉錄酶變回 DNA 後，才能再隨機插回宿主的基因體中。

目前被研究最徹底的轉位子是細菌的轉位子。細菌的第二型轉位子通常只攜帶一個轉位酶（transposase）的基因，而所有第二型轉位子 DNA 的兩端，都有特定鹼基序列的重複片段。這些片段頭尾的鹼基序列是反向而互補，稱為反向重複序列（inverted repeat sequence），也稱為回文序列。所以轉位酶會認識轉位子兩端的重複序列，把轉位子兩端抓在一起，讓頭尾序列互補配對形成了一個

迴圈，轉位酶就在鹼基序列重合的地方把 DNA 切斷，讓轉位子從宿主的基因體中釋放。

　　轉位子脫離 DNA 後，原來斷裂的 DNA 可以再重新接回去，好像什麼事都沒發生過。而形成環狀的轉位子，就可以去尋找宿主基因體中其他位置的特定鹼基序列，由轉位酶辨識後切開，然後把自己再插回去（圖 7-4）。

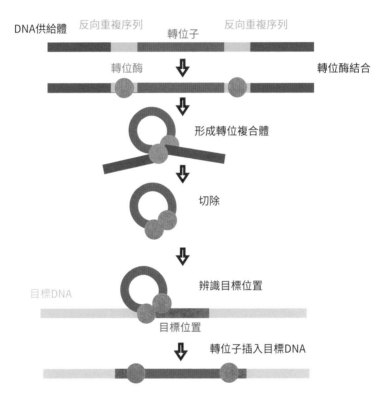

圖 7-4 轉位子在染色體上移動的過程。轉位子本身的鹼基序列能作出轉位酶（紫色），同時頭尾帶有反向互補的重複鹼基序列（綠色）。轉位酶（橙色）辨認出這些重複鹼基序列後，把兩端抓在一起，使轉位子形成一個環狀構造然後把它剪下來，留下的缺口能再修補回原狀。接著轉位酶就帶著環狀轉位子，去尋找染色體中其他位置上的這段特定鹼基序列，切開後再把轉位子插回去。

所以第二型轉位子在基因體中主要移動的機制，就好像電腦用的「Ctrl+X」與「Ctrl+V」，把轉位子「剪下」再「貼上」而已。除了轉位酶的基因之外，有些轉位子還會攜帶抗藥性基因，所以當它經過質體或噬菌體的媒介，在不同細菌間跳躍時，會散布抗藥性的特徵。

而第一型反轉錄轉位子移動的過程就非常不同，這種轉位子的兩端也有特定鹼基序列的重複片段，稱為「末端長重複序列」（long terminal repeat，LTR）。這個 LTR 序列同時有很強的啟動子活性，很容易結合 RNA 聚合酶開始轉錄，作出來的 RNA 可以製造出反轉錄酶。透過反轉錄酶把 RNA 再變回新的 DNA，插到基因體的不同位置（圖 7-5）。

比較兩種類型轉位子的移動方式，可以發現反轉錄轉位子對宿主基因體的危害性較大，因為它是透過轉錄成 RNA 進行跳躍，

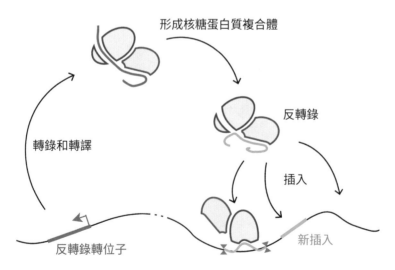

圖 7-5 第一型轉位子是透過轉錄與反轉錄的步驟，先複製自己再進行跳躍。紅色片段是反轉錄轉位子 RNA；綠色片段是反轉錄轉位子互補 DNA。

原本的 DNA 序列並沒有消失。所以它能不斷的複製自己並跳到染色體各處。如果沒有限制，這些 DNA 片段在染色體中就會愈來愈多，在演化過程中，細胞必須發展出一些策略，來抑制反轉錄跳躍基因的散布。

線性染色體與端粒

另外，絕大多數細菌的 DNA 都是環形，但真核生物的染色體卻都是線條形。為什麼細菌的環形 DNA 會演化出真核生物的線條形染色體？

最簡單的猜測是當細菌與古菌共生後，細菌的轉位子插入古菌的環形 DNA，使得原本環狀 DNA 產生斷裂。斷裂後的 DNA 如果不能重新接回原狀，線形 DNA 複製時就會碰到一個端點缺失的難題。

原來 DNA 聚合酶只能從一小段 RNA 引子開始，單方向從 5′ 端往 3′ 端的方向合成 DNA。當雙股 DNA 打開後，想像其中一條單股 DNA 的端點起頭處，必須先合成一小段對應的 RNA 引子，然後 DNA 聚合酶由引子開始從 5′ 往 3′ 依 DNA 模板合成新的 DNA。之後 RNA 引子會被分解掉，引子對應的 DNA 模板就無法複製，空置的單股 DNA 很容易被分解，造成儲存資訊的流失。這個難題該怎麼解決？

1978 年，美國科學家伊莉莎白·布雷克本（Elizabeth Blackburn）發現，一種單細胞真核生物四膜蟲（Tetrahymena）的染色體端點是一段重複「TTGGGG」多次的 DNA。這段重複的 DNA 序列片段擺到酵母菌的線形質體的端點，居然也能保護線形質體在

酵母菌裡不會很快被分解掉。因為它們會形成一個特別的G-四聯體（G-quadruplex）結構，阻擋DNA分解酶的侵襲。

如果染色體DNA的端點都可以額外加上這段DNA序列，那麼這段DNA不僅可以保護原有染色體的DNA端點，同時還可以做為RNA引子的模板，讓DNA聚合酶完整複製所有的基因資訊，解決了DNA端點複製的難題。

隨後科學家證明從原生生物到動植物的染色體末端，都有類似多G重複序列的DNA存在。這些重複的DNA序列本身不攜帶基因資訊，但會形成染色體端點上被稱為端粒的結構。接下來的問題就是：這段重複的DNA序列是怎麼樣來的？

1984年，加州大學舊金山分校的布雷克本教授和她的學生卡蘿‧格雷德（Carol Greider）把人工合成四膜蟲重複的「TTGGGG」DNA片段加上四膜蟲萃取物，經過一段時間後發現，原先的DNA片段被重複的加上不同數目的TTGGGG而變得愈來愈長！這個結果顯示四膜蟲萃取物中存在一種酶，可以直接在TTGGGG DNA片段上重複合成相同序列的DNA。因此把這個新發現的酶命名為端粒酶（telomerase）。

接著格雷德與布雷克本發現端粒酶是由RNA和蛋白質共同組成，其中RNA分子有一段鹼基序列是「CCCCAA」，正好和TTGGGG互補，可以當作後者複製的模板，而端粒酶的蛋白質部分則具有反轉錄酶的活性，依RNA的CCCCAA序列反轉錄出重複的TTGGGG。這個過程可以反覆進行，於是染色體端點的端粒結構就會增長，以抵消每次DNA複製時端點DNA的縮短（圖7-6）。

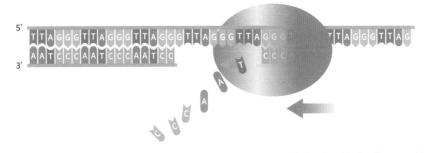

圖 7-6 端粒酶（綠色）利用配對 RNA 為模板，反轉錄延長染色體 DNA 端點上單股 DNA 的長度，之後端粒酶（綠色）上的 RNA 可以向右移動（綠色箭頭），找到新的配對 DNA，重複反轉錄延長染色體 DNA 端點上單股 DNA 的長度。在延長的單股 DNA 上便有足夠空間合成引子，再讓 DNA 合成酶（紫色）補足單股 DNA 的空缺（紫色箭頭）。

因此，很可能是當古菌環狀基因體被細菌的轉位子插入打斷之後，斷裂的 DNA 端點上結合了一些反轉錄酶和 RNA 片段，在端點上增加了一些來自 RNA 序列的 DNA，就形成了「端粒」的前身（圖 7-6）。而反轉錄酶和 RNA 片段結合形成最原始的端粒酶。布雷克本、她的學生格雷德以及傑克・索斯塔克（Jack Szostak）三位美國科學家因端粒與端粒酶的發現及研究，榮獲 2009 年的諾貝爾生理醫學獎。

胚胎發育時細胞裡端粒酶的活性很高，所以染色體端粒的長度不會因細胞快速分裂而變短。但成人之後，正常細胞中端粒酶的活性變得很低，因此染色體的端粒長度會隨著細胞分裂而縮短，這表示人類的細胞可能會利用染色體的端粒長度「計算」自己老化的速度。當端粒縮短到某個長度時，細胞便會啟動老化程式而停止生長。

另一方面，科學家又發現許多癌細胞的端粒酶活性都很高。表示癌細胞為了不斷增生，需要端粒酶活性來維持端粒的長度避免老化！

人類基因體中的跳躍基因

人類基因體中差不多有一半的序列都跟轉位子有關，其中一部分是反轉錄轉位子，最常見的有 L1 及 Alu 這兩種，但它們兩側的 LTR 序列嚴重損壞，已經失去了跳躍的能力。當然，還是有極少數轉位子仍有跳躍能力，會隨機的發生跳躍。這些轉位子如果剛好跳到重要基因中間，就可能破壞這些基因而導致疾病。

在人類基因體中最著名的轉位子就是 Alu 元件（Alu element）。

Alu 元件全長只有三百多個鹼基對，但在人類染色體中出現的次數卻高達百萬之多。取名為 Alu 是因為在這三百多個鹼基對中，有一段特定序列能被限制酶 Alu-I 辨認。

Alu 元件只出現在靈長目包含人類與黑猩猩等的基因體中，表示在演化過程中 Alu 跳入靈長目基因體的時間相對很晚。大約百分之十的人類基因體是 Alu 序列，而且隨機散布在基因體各處。Alu 元件之所以會有一百萬個拷貝，就因為它是反轉錄轉位子，在基因體中能快速增加自身數目，因此細胞需要擬定策略來抑制它的無限制跳躍。

目前為止，我們相信 Alu 元件跳進靈長目基因體中後，就沒有再離開過，而基因體也沒有辦法將它們完全清除。因此 Alu 元件就像人類基因體中的活化石，記錄了人類基因體過去長時間的演化歷程。

Alu 元件的三百多個鹼基序列中，含有一個能讓細胞 RNA 聚合酶附著的轉錄啟動子，因此 Alu 元件可以被轉錄成 RNA，但可能是過去發生過多次突變，造成反轉錄酶基因序列的失落，即使有 RNA 也無法再變回 DNA，重新插入基因體中，因此 Alu 元件本身沒有能力在基因體中跳躍。

既是如此，它又怎麼能在基因體中複製高達一百萬次呢？原來 Alu 元件自己缺乏反轉錄酶，但它仍然可以借用別人的反轉錄酶來完成跳躍。人類基因體中還有一個反轉錄轉位子 L1，L1 在人類基因體中大約有五十萬個拷貝，占了大約百分之十七的序列。

絕大多數的 L1 基因都已經損壞到沒有任何活動力，但有大約一百個拷貝的 L1 仍然有在基因體中跳躍的能力。目前有 124 種人類遺傳疾病源自 L1 插入重要基因所致。

　　活躍的 L1 擁有反轉錄酶的基因序列，它作出的反轉錄酶原則上只會結合在自己的 L1 RNA 上，但偶爾也會作用到細胞中其他的 RNA，例如 Alu RNA。

　　Alu 元件本身可以轉錄出 RNA，此時若 DNA 特定序列上被切出一個單股的小裂口，Alu 的 RNA 就可以利用 poly A 的部分和裂口上的 TTTT 序列配對結合，L1 的反轉錄酶就可以用 Alu 的 RNA 為模板作出 Alu DNA，於是 Alu 元件就又可以插回到基因體中了（圖 7-7）。

　　當然細胞不會放任 Alu 元件任意在基因體中跳躍，所以雖然 Alu 元件有一百萬個複製序列，但實際在細胞中發生跳躍的情況還是非常罕見。

　　我們可以將 Alu 視為依附於 L1 的轉位子，必須藉由 L1 的幫助才能執行跳躍。而 L1 是過去細胞被反轉錄病毒感染後遺留下的痕跡，也是一個能讓我們瞭解細胞演化過程的活化石。

　　至今仍然會有 Alu 元件在基因體中跳躍，只是機率很低，大概每兩百個新生兒中會出現一次。大部分 Alu 元件跳躍後是插入了基因體中的非編碼區域（non-coding region），因此對細胞沒有什麼影響。但極少數情況下，Alu 元件還是可能會插到重要基因中，導致疾病的產生。例如 Alu 插入 Nf-1 基因後引發的神經纖維瘤症（neurofibromatosis），或是插入 Tpa（tissue plasminogen activator）、Ace（angiotensin converter enzyme）基因中造成心臟相關的疾病。

　　人類基因體中還有一個特有的 PV92 位點，是 16 號染色體上特定位置的一個 Alu 元件。PV92 是人類演化很晚期才發生的事件，現今人類族群中只有一部分人才有 PV92，因此可以當作一個追蹤

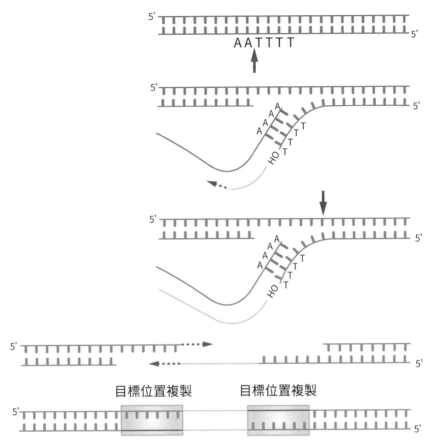

圖 7-7 Alu 元件在基因體中跳躍的過程。當 DNA 上特定序列出現小裂口時，Alu 的 RNA 就有機會結合上來，此時 L1 的反轉錄酶就能以 Alu 的 RNA 為模板作出 DNA，Alu 元件就可以重新插入基因體中。

人類演化進程的生物標記。

Alu 元件過去都被認為是寄生在人類基因體中一段沒有什麼功能的 DNA。但分析人類基因體中決定蛋白質的基因序列，竟然發現有些基因外顯子和 Alu 元件的序列十分類似。

可能是 Alu 元件在演化過程中不小心跳到基因的內含子，接下來的突變使得 Alu 元件兩端，出現可以被 RNA 剪裁機器辨認的序

列，於是被誤認為正規的外顯子而混進 mRNA 中，如果這段 RNA 序列沒有出現轉譯終止密碼子（stop codon），這個 Alu 元件就順利成為一個決定蛋白胺基酸序列的基因外顯子了（圖 7-8）。現在確定有 11 個人類蛋白質中，含有來自 Alu 元件序列所決定的胺基酸序列，其長短不一：從最短的 8 個到最長的 46 個胺基酸。

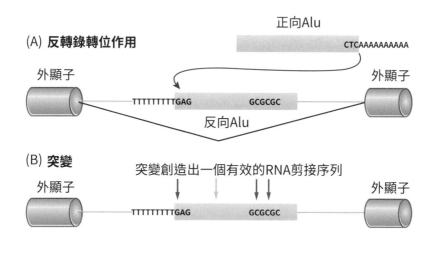

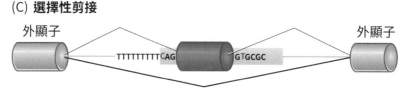

圖 7-8 Alu 元件成為基因外顯子的三步曲：（A）跳到基因的內含子；（B）突變產生可被 RNA 剪裁機器辨認的序列；（C）剪裁後成為決定蛋白胺基酸序列的基因外顯子。

如果 Alu 元件跳到基因的啟動子附近，是否可以影響啟動子的活性？或者甚至可以扮演增強子的角色？最近的研究顯示，這些問題的答案可能都是肯定的。所以過去認為基因體中的跳躍基因是垃

圾，現在必須再重新評估它們在基因體演化過程中扮演的角色，以及對我們身體健康的影響。

染色體的基本單元：核小體

核小體是構成真核生物染色體的基本單元，由雙股 DNA 纏繞在八個組蛋白的核心顆粒上所構成。DNA 的磷酸帶負電，組蛋白上有很多帶正電的鹼性胺基酸（離胺酸〔lysine〕與精胺酸〔arginine〕），能藉由正負電相吸而和 DNA 結合在一起。有趣的是，核小體的每個組蛋白都會伸出一條外露的胺基酸長鏈，做為接受外界訊號的天線。

DNA 要進行複製或轉錄時，核小體的結構會鬆開，讓 DNA 暴露出來。但複製或轉錄結束後，DNA 又很快重新跟組蛋白纏繞起來，呈現一個動態的結合。染色體上有些 DNA 片段和組蛋白纏繞得非常緊密，稱為異染色質（heterochromatin），這個區域的基因比較不容易被轉錄；相對的，容易被轉錄的基因的 DNA 和組蛋白就包裹得比較鬆散，稱為真染色質（euchromatin）。在基因編碼區前方會有啟動子序列，轉錄因子引導 RNA 聚合酶坐落在此，並從轉錄起始點（transcription starting site，TSS）開始進行轉錄。

在啟動子上游則可能有增強子、沉默子這些負責調控啟動子活性的 DNA 片段，這些 DNA 片段上結合了特定的轉錄因子，可以透過讓 DNA 形成迴圈的方式，與啟動子上的轉錄因子作用，影響啟動子的活性，增強或是抑制基因的轉錄。

另外在基因下游還有絕緣子的 DNA 片段，透過結合的蛋白形成特殊的結構，用來限制增強子的作用範圍，讓增強子不會越過這

個界線，影響到其他區域中基因的表現（圖 7-9）。

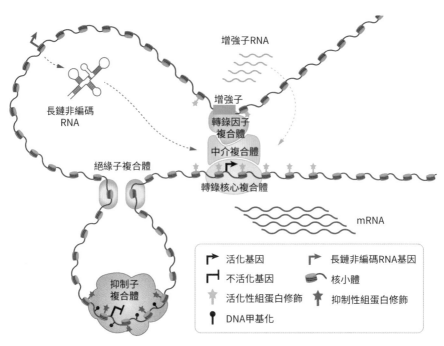

圖 7-9 DNA 纏繞著組蛋白形成了染色質，纏繞緊密的地方為異染色質，不容易複製或轉錄。要轉錄時，組蛋白和 DNA 的纏繞會鬆開，讓 DNA 暴露出來，在轉錄因子（TF）的幫助下引導 RNA 聚合酶（core transcription machinery）坐到啟動子處，開始從轉錄起始點（TSS）進行 mRNA 合成。在啟動子上游也會有負責調控基因表現的增強子透過蛋白複合體和啟動子連結，增強轉錄的效率。下游處則有限制強化子作用範圍的絕緣子。

表觀遺傳學與 DNA 甲基化

接下來的一個問題是：細胞所有的遺傳資訊，真的都只完全登錄在 DNA 的 ATGC 序列上嗎？答案是 No！

「表觀遺傳學」（epigenetics）就是研究那些沒有記錄在 DNA 的 ATGC 序列上，但確實可以被遺傳的遺傳資訊。這些可以被遺傳的

遺傳資訊如果不是記錄在 DNA 的鹼基序列，那會記錄在哪裡呢？基本上這一類型的遺傳資訊會以兩種形式存在，一個是 DNA 上鹼基的化學修飾，一個是核小體上組蛋白的化學修飾。

真核 DNA 鹼基序列最常見的化學修飾，就是胞嘧啶（C）的甲基化（cytosine methylation）。有趣的是脊椎動物基因體中 60 至 90% 的甲基化胞嘧啶，都發生在 CpG 的 C 上。CpG 有什麼特別之處？

CpG 在 DNA 序列中出現的機會應該約有十六分之一，但脊椎動物基因體中 CpG 出現的頻率只有百分之一，而且 CpG 在基因體中的分布也極不平均，大多集中在基因啟動子附近，被稱作 CpG 小區（CpG island）。這一來 CpG 小區的 C 是否甲基化，就多了一層生物調控的可能了。

現在知道，一個正在積極表現的基因，它基因啟動子附近的 CpG 小區的 C 大多沒有甲基化，而在完全分化的肝細胞或神經細胞中，那些被緊密關閉的基因啟動子附近，CpG 小區的 C 大多被高度甲基化。

所以 CpG 小區的甲基化成了基因調控的一個開關。像癌細胞就利用甲基化「抑癌基因」（tumor suppressor gene）啟動子附近的 CpG 小區，使抑癌基因無法表現，而達成自己可以不斷增生的目的。

為什麼非基因啟動子附近 CpG 出現的頻率那麼低？現在推測可能是 DNA 上的胞嘧啶容易丟掉一個胺基（deamination）變成尿嘧啶（Uracil），DNA 修補機器立刻認出尿嘧啶非 DNA 族類，而把它修復回胞嘧啶。但甲基化的胞嘧啶丟掉胺基，變成 DNA 上正常的胸腺嘧啶（T），DNA 修補機器無法辨認，C 就變成了 T 遺傳下去，

長期演化過程中 CpG 漸漸從基因體中變得愈來愈少了。

另一方面，這個會改變基因表現的 CpG 甲基化，可以從上一代忠實的遺傳到下一代。原來在 DNA 複製時，新合成 DNA 上的胞嘧啶一開始沒有甲基化的修飾，但細胞中會有負責維持甲基化的酶（maintenance methylase），能夠按照模版 DNA 上甲基化的模式，在新的 DNA 上作出一模一樣的甲基化修飾。

基因體上胞嘧啶的甲基化抑制基因表現，還有一個很特別的例子就是「基因銘印」（genomic imprinting）。

有性生殖的生物，體細胞中除了 X 和 Y 染色體上的基因外，其他所有基因都有兩套：一套來自父親、一套來自母親。在體細胞中通常這兩套基因會同時表現。但有非常少數的基因，有的只有來自父親的基因會表現，而來自母親的基因完全靜默；也有的只表現來自母親的基因，而來自父親的基因完全靜默。這個現象稱為基因銘印。

在體細胞中這就好像，其中一方的基因被塗抹上一層記號，而被塗抹上記號的基因會完全靜默，只讓沒有記號的基因表現。而塗抹在基因上的記號在細胞分裂時，會非常忠實的遺傳到子代細胞。目前大概有四十多個基因有基因銘印的現象。

基因銘印是透過了 DNA 甲基化修飾而使特定來自父方或母方基因表現靜默。像老鼠的第二型類胰島素生長因子 IGF2（insulin-like growth factor 2）就是母親的基因被銘印不表現，而 IGF2 受體則是父親的基因被銘印不表現。IGF2 是刺激細胞生長分裂的生長因子；而 IGF2 受體是會和 IGF2 結合，抑制 IGF2 活性的蛋白。

為什麼胚胎發育時，細胞的 IGF2 是由父親的基因負責生產，而抑制 IGF2 活性的蛋白卻是由母親的基因負責？這種選擇性的基

因銘印是怎麼演化出來的？

　　有一個叫「親子衝突」（parent-offspring conflict）的理論對基因銘印提供了很好的解釋。以老鼠為例，母鼠一次會生出好幾胎的後代，但這些後代不一定都來自同一個父親，於是來自不同父親的胚胎在母鼠子宮內就會彼此競爭，生長較快的胚胎才擁有優勢，所以來自父親的 IGF2 基因就一定要表現。但母鼠不希望來自不同父親的後代在子宮內競爭，長得太快，所以抑制 IGF2 活性的 IGF2 受體就由母親的基因負責。

　　透過這種表觀遺傳的調控，讓母親與子代在懷孕期間的衝突降到最低。這個理論對單一懷胎的生物也同樣適用。

表觀遺傳學與組蛋白密碼

　　除了 DNA 甲基化之外，表觀遺傳學另一個調控基因表現的方式就是核小體上組蛋白的化學修飾，或者也有人稱之為組蛋白密碼（histone code）。組蛋白修飾的種類非常多樣，包含了乙醯化（acetylation）、甲基化（methylation）、磷酸化（phosphorylation）與泛蛋白化（ubiquitination）等等。

　　前面提過八個組蛋白會聚在一起形成核小體的核心和 DNA 結合，但每個組蛋白都有一條胺基酸長鏈露在核小體外面，上面的離胺酸和精胺酸就會被加上這些修飾的官能基。重要的是，這些組蛋白上的修飾是可逆而且一直在變動，因此可以產生非常豐富多樣的調控訊號（圖 7-10）。

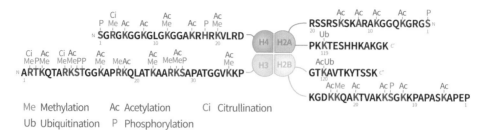

Me Methylation　　　Ac Acetylation　　　Ci Citrullination
Ub Ubiquitination　　P Phosphorylation

圖 7-10 組蛋白上不同的化學修飾代表著特定的訊號，會影響基因的表現。H2A、H2B、H3、H4 爲不同組蛋白，各自伸出的胺基酸長鏈上會被加上不同的官能基修飾。K：lysine（離胺酸）、R：arginine（精胺酸）、S：serine（絲胺酸）、T：tyrosine（酪胺酸）。Me：甲基化、Ac：乙醯化、Ci：瓜氨酸化、Ub：泛蛋白化、P：磷酸化。

　　以離胺酸爲例，它的支鏈尾端可以加上一個大的乙醯，或是加上一到三個小的甲基。

　　不同修飾對核小體上 DNA 的基因表現會有不同的影響。換句話說，可以把這些化學修飾看成是在核小體的組蛋白上插了很多不同的旗幟，這些不同旗幟的組合，會影響組蛋白和 DNA 纏繞的緊密程度，同時也決定了此處的基因表現的強弱。基因要轉錄時核小體就要鬆開一點，相對的要抑制基因表現時核小體就要纏緊一點（圖 7-11）。

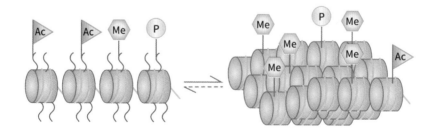

圖 7-11 組蛋白密碼決定了核小體纏繞緊密的程度，決定了真染色質和異染色質的結構。

　　要瞭解組蛋白化學修飾的密碼如何運作，只要掌握三個重要的觀念：撰寫者（writer）、識讀者（reader）、移除者（eraser）。撰寫者負責在組蛋白上添加修飾的官能基；識讀者負責判讀組蛋白密碼的含意，並幫助特定的蛋白質複合體過來改變染色質結構的鬆緊程度；移除者則負責移除修飾的官能基，方便未來環境改變後可能會寫上不同新的密碼。

　　染色體在演化過程中其實還可以發生很多其他結構上的變化，有時候某些基因會被刪除，但也有某些基因在演化過程中，會複製出額外數目不等的拷貝。現在知道每個人身上某些基因的套數可能會不一樣，稱為基因的「拷貝數變異」（copy number variation，CNV）。有一個研究分析了 270 人的基因體，找到 1,447 個有 CNV 的基因，CNV 目前也是讓我們瞭解基因影響個人體質的重要參考。

　　一個很有趣的研究發現，CNV 可能和不同人種的體質有關。測量不同地區人們唾液澱粉酶的基因拷貝數，發現世界上的不同人種，由於飲食習慣的差異，唾液澱粉酶基因的拷貝數也不同。飲食中澱粉類比較多的人種，唾液澱粉酶基因的拷貝數就比打獵食肉的人種來得多。這反映了一個演化上的篩選過程，如果吃的食物有比較多澱粉，同時體內澱粉酶的拷貝數也較多，就有消化能力比較好的生存優勢。由此可知，基因的拷貝數也在物種演化的過程中扮演了重要的角色。

延伸閱讀

1. Manus M. Patten et al. Regulatory links between imprinted genes: Evolutionary predictions and consequences. *Proc. R. Soc. B* 283: 20152760; 2016.

2. Ling-Ling Chen, Li Yang. ALUternative regulation for gene expression. *Trends Cell Biol.* 27: 480-490; 2017.

3. C. David Allis. Pursuing the secrets of histone proteins: An amazing journey with a remarkable supporting cast. *Cell* 175: 1-4; 2018.

4. Jerry W. Shay, Woodring E. Wright. Telomeres and telomerase: Three decades of progress. *Nat Rev Genet.* 20: 299-309; 2019.

5. Maria J. Aristizabal. Biological embedding of experience: A primer on epigenetics. *PNAS* 117: 23261-23269; 2020.

6. Anna D. Senft, Todd S. Macfarlan. Transposable elements shape the evolution of mammalian development. *Nat Rev Genet.* 22: 691-711; 2021.

7. 馬特·瑞德利（Matt Ridley）著，蔡承志、許優優譯，《23對染色體》（*Genome: the Autobiography of a species in 23 Chapters*），商周（2021/11/06）。

第八堂課

基因表現的調控

https://commons.wikimedia.org/wiki/File:Dolly_the_Sheep,_National_Museum_of_Scotland.jpg, Sgerbic, CC BY-SA 4.0, via Wikimedia Commons

基因調控與胚胎發育

我們的身體大約由三兆個細胞組成，這些細胞可以區分出兩百種左右不同結構功能的細胞。一顆受精卵有條不紊的分化（differentiation）出如此多樣不同的細胞型態，背後主導的當然就是受精卵中來自父母的基因體或是遺傳程式。是什麼機制讓那一套遺傳程式，指揮受精卵的發育而能分化出兩百多種不同的人體細胞？

所有細胞都必須進行像轉錄、轉譯、能量代謝等等生存所必須的基本活動，所以負責這些活動的基因叫做管家基因（housekeeping gene），不論哪一種細胞都會表現。但另一方面，與肝臟結構功能相關的基因就只會在肝細胞，而不會在神經細胞表現，反之亦然。

一個有趣的問題來了：在受精卵發育分化出肝細胞的過程中，那些在神經細胞表現的基因是根本被刪除掉了？或只是用表觀遺傳的修飾，讓它們靜默存封起來？

1960 年代初英國科學家約翰・格登爵士（Sir John Gurdon）利用非洲爪蛙（xenopus），作了一系列非常重要的實驗。他將爪蛙小腸表皮細胞的細胞核取出，注射到一顆去掉細胞核的爪蛙卵中，再刺激這個卵分裂，最後居然可以發育出一隻完整的爪蛙（圖 8-1）。

這個結果表示，完全分化的小腸表皮細胞所攜帶的遺傳程式仍然完整無缺，細胞只是選擇性開啟一組特定的基因，使自己成為小腸表皮細胞，而讓其他不相干的基因靜默存封。但如果分化細胞的細胞核所攜帶的遺傳程式，回到一個適當的環境（卵的細胞質），原先靜默存封的基因會再重新啟動，讓細胞核被紫外線破壞的卵子，搖身一變成為受精卵，重新發育出一隻手足無缺的爪蛙。

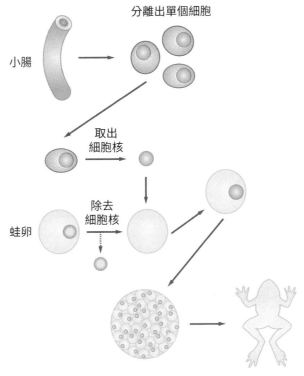

分離出單個細胞

小腸

取出
細胞核

除去
細胞核

蛙卵

圖 8-1 格登爵士的細胞核移植實驗，將體細胞的細胞核移植到
去核的卵子，最後依然有能力發育成完整的個體。

　　非洲爪蛙分化的小腸表皮細胞仍然攜帶完整的遺傳程式是生物
界的特例嗎？1997 年利用相同原理和技術誕生的桃莉羊，告訴我
們分化的細胞仍然帶有完整的遺傳程式應該是生物界的通則。2006
年日本科學家山中伸彌（Shinya Yamanaka）更進一步在試管中證
明，給完全分化的老鼠細胞四種特定的轉錄因子，也可以誘導它成
為具有多種發育潛能的幹細胞（induced pluripotent stem cell）。格登
爵士和山中伸彌教授也因此一起獲得了 2012 年的諾貝爾生理醫學
獎。

　　細胞的基因表現是怎麼被調控的？基因調控可以發生在很多不

同的層次。過去的討論多半著重在轉錄的層次，也就是細胞如何去調控基因轉錄的次數。除了轉錄之外，還有一些其他層次的調控也同樣重要，像是轉錄出的 mRNA 可以透過選擇式剪接，產生不同外顯子組合的 mRNA。

另外，mRNA 的穩定性也可以被調控，如果這個 mRNA 的產物對細胞很重要，它就會比較穩定，不容易被分解；而有些應對緊急情況或特殊環境產生的 mRNA，只需要在短暫的時間內被使用，它可能就比較不穩定，當外界刺激消失，這個 mRNA 不再需要，就很快會被分解掉。

蛋白質轉譯也是基因表現調控的一個機制，主要是針對轉譯起始（translation initiation）的調控。除此之外還有對蛋白質本身的調控，包括調節蛋白質的穩定性來控制它在細胞內的數量，或是對蛋白質加上化學修飾（磷酸化、乙醯化、甲基化等等）來改變蛋白質的結構與功能。這些化學修飾通常都是可逆的，官能基可以被加上也可以被移除。

細胞另外也會對蛋白質做一些不可回復的修飾，像是有些蛋白剛被轉譯出來時沒有活性，在需要時會有特殊的蛋白水解酶將這些蛋白切斷，產生具有活性的蛋白質。

大腸桿菌的「乳糖操縱組」怎麼被發現？

第一個探討基因調控的研究模式是大腸桿菌的「乳糖操縱組」（lactose operon/lac operon），同時也是分子生物學發展中一個重要的里程碑。1941 年法國巴斯德研究院（Institut Pasteur）的賈克·莫諾發現大腸桿菌同時用兩種不同醣類培養時會出現一個奇特的

生長現象。當他用葡萄糖（glucose）加上甘露糖（mannose）或果糖（fructose）培養大腸桿菌時，細菌的生長曲線呈現平滑穩定的上升，但當他用葡萄糖和一些特定糖類，像半乳糖（galactose）或是木糖（xylose），就會呈現出兩個階段的生長曲線，稱為「雙期生長」（diauxic growth）（圖 8-2）。

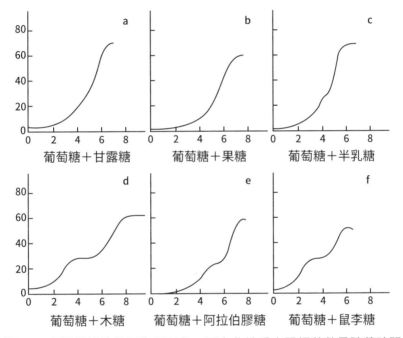

圖 8-2 大腸桿菌的雙期生長現象。圖中曲線爲大腸桿菌數量隨著時間增加的生長曲線，用葡萄糖加上一些特定醣類培養大腸桿菌時，生長曲線會呈現兩階段的情況，顯示中間會有一段生長停滯的時期。

　　怎麼解釋這個現象？其中一個猜想是：葡萄糖是細菌最喜歡利用的養分來源，當葡萄糖和一個細菌不太喜歡的醣類一起存在時，細菌當然優先選擇用葡萄糖，只有當葡萄糖用完後，才會勉強再想辦法去使用另一種醣類。

所以細菌利用葡萄糖完成第一階段的生長，之後曲線會出現一個停止增長的持平期，此時細菌就要準備工具，使自己具備利用別種醣類的能力，然後細菌才能利用別種醣類繼續生長。顯然細菌對果糖或甘露糖完全不挑剔，不需要任何準備就可以使用，所以不會有雙期生長曲線。

莫諾二次大戰中參加法國地下反抗軍，戰爭結束後回到巴斯德研究院繼續探討雙期生長現象背後的原因。他選擇用葡萄糖與乳糖來培養大腸桿菌，想確認在生長曲線呈現水平時，大腸桿菌是否真的在準備乳糖代謝所需要的工具？細胞代謝乳糖的第一步需要半乳糖苷酶（b-galactosidase），這個酶會把乳糖切成葡萄糖與半乳糖，之後細菌才能利用這兩個單糖轉換成養分與能量。

因此莫諾測量雙期生長時大腸桿菌中半乳糖苷酶的活性，發現有葡萄糖存在時，酶的活性很低，代表此時細菌基本上無法利用乳糖。等到葡萄糖用完後，生長呈現水平，半乳糖苷酶的活性才開始被誘導出來，之後細菌才能把乳糖當作食物回復生長（圖 8-3）。

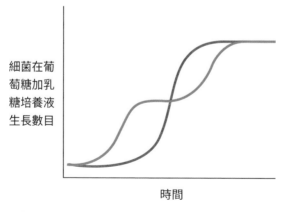

圖 8-3 以葡萄糖加乳糖培養大腸桿菌，細菌呈現雙期生長的生長曲線（綠線），而細菌半乳糖苷酶酶的活性，在細菌生長停滯時才會大幅增加（紅線）。

　　莫諾用這個實驗證明了細菌會因為環境中特定的養分，被誘導去製造可以利用這個養分的酶。

　　接下來有兩個問題：一、細菌因為環境中有乳糖存在，才被誘導製造出分解乳糖的酶，那麼乳糖是如何誘導細菌表現半乳糖苷酶？二、如果乳糖確實能促使半乳糖苷酶的表現，為什麼一開始同時有葡萄糖和乳糖時，這個機制為什麼沒有被啟動？

　　顯然可能是葡萄糖的存在抑制了半乳糖苷酶的表現。1950 年另一位年輕人方斯華・賈可布（François Jacob）加入了莫諾的團隊，在往後十多年裡，莫諾和賈可布的研究便專注於這兩個重要的問題。

「乳糖操縱組」的抑制因子與誘導物

　　莫諾和賈可布主要用到遺傳學的方法，來尋找有哪些基因參與了乳糖誘導細菌半乳糖苷酶的表現。其原理就是：當一個基因發生突變，就會產生一個特定的表現型。換句話說，如果看到生物出現了新的表現型，就可以推論這個新的表現型是和某個基因的變異有關。

　　莫諾已經知道細菌基因體上有三個依序排列的基因與乳糖代謝有關，其中 lacZ 表現半乳糖苷酶，lacY 負責把乳糖送進細胞，和 lacA 表現一個與乳糖代謝有關的轉乙醯酶（transacetylase）。這三個基因受到乳糖誘導的表現同進同出，表示它們三人一體，共同受到一個誘導開關的控制。

　　莫諾手上有兩個菌種，一是三個基因都正常（+）的野生型，必須加入誘導物（inducer）IPTG（乳糖的相似物，可以誘導 lacZ

表現，但本身不會被分解）後，*lacZ* 才會表現，表示誘導能力正常（z^+i^+）的細菌。另一個是 *lacZ* 壞掉了，同時也喪失了誘導能力的突變種（z^-i^-）：沒有誘導物存在，但 *lacY* 和 *lacA* 仍然持續表現。能不能用這兩個菌種去找出這個負責誘導 *lacZ* 表現的基因？

賈可布過去和他的指導教授安德列・利沃夫（André Lwoff）利用細菌接合（conjugation）的技術，研究潛伏在細菌中的病毒如何被誘導現身。莫諾、賈可布和一位來自美國的休假教授亞瑟・帕迪（Arthur Pardee）就想到，能不能用細菌接合的技術來尋找負責誘導 *lacZ* 表現的基因？

原來細菌也有雌雄之分，當雄細菌碰到雌細菌後會緊密接合，然後雄細菌就會開始複製 DNA，並透過接合處的管道把複製的 DNA 一點一點送入雌細菌，雌細菌最後會把雄細菌的 DNA 重組到自己的 DNA 裡。但在重組之前，有些 DNA 片段在雌細菌中就會有兩套：一套自己的和一套來自雄細菌。

他們讓 z^+i^+ 的雄細菌和 z^-i^- 的雌細菌接合，然後測量接合雌細菌中半乳糖苷酶（*lacZ*）的活性。一開始接合雌細菌中測不到酶活性，但隨著愈來愈多雄細菌 DNA 的進入，雌細菌中酶的活性開始出現，但到了兩小時左右達到水平不再增加。這時候如果加入誘導物，酶活性又會開始持續增加，表示失去誘導能力的雌細菌，因為獲得了雄細菌一段 DNA，而又恢復了誘導能力。

所以賦予雌細菌誘導能力的基因 *lacI* 距離 *lacZ* 不遠，約在 *lacZ* 之後兩小時進入雌細菌。而 *lacI* 的產物在沒有誘導物存在時，應該會抑制 *lacZ* 基因的表現，是基因表現的抑制因子（repressor），而誘導物的作用就是讓 *lacI* 的抑制作用失效（圖8-4）。

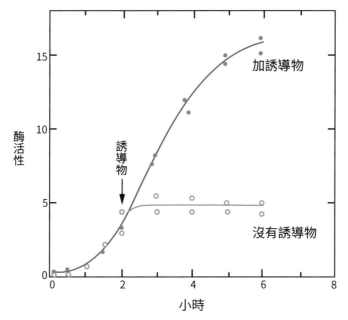

圖 8-4 經典的睡衣實驗。橫坐標是雌細菌接合雄細菌的時間,縱坐標是雌細菌中半乳糖苷酶(*lacZ*)的活性。接合雄細菌後 2 小時加入誘導物。

　　這篇經典的論文發表在 1959 年的《分子生物學雜誌》(*Journal of Molecular Biology*),被認為是基因調控研究的一個里程碑。圈內人把三位作者 Pardee、Jacob 和 Monod 前兩個字母合起來,戲稱為睡衣論文(PaJaMo paper)。

　　為了更進一步瞭解 *lacI* 如何抑制基因表現,他們把 *lacZ* 基因壞掉但誘導能力正常的細菌($i^+z^-a^+$),和 *lacI* 基因壞掉以致 *lacZ* 持續表現的細菌($i^-z^+a^+$)接合。當 *lacI*⁺ 進入 *lacZ* 持續表現的細菌($i^-z^+a^+$)中,*lacZ* 立刻就回復到能正常被誘導的狀態,代表 *lacI* 能作出一個蛋白去抑制不同的 DNA 片段上的 *lacZ* 基因表現,所以正常的 *lacI* 能克服不同 DNA 片段上突變 *lacI*($i^+ \rightarrow i^-$)的缺失。這種機制被稱為「異側作用」(action in *trans*)。

「乳糖操縱組」的操縱子

除了 *lacI* 基因外，他們還找到了另一個大腸桿菌的突變種 *lacO*，這個 *lacO* 的突變也會讓 *lacZ* 持續表現。基因轉移的實驗發現 *lacO* 突變的細菌，若送入一段 i⁺o⁺z⁻ 的 DNA 片段，細菌仍然持續表現 *lacZ* 基因，表示額外送一個好的 *lacO*，沒有辦法使另一條 DNA 上 *lacZ* 的表現回復到能正常被誘導的狀態。

所以 *lacO* 是一個「同側作用」（action in *cis*）的基因，坐落在 *lacZ* 附近，但它只是一段單純的 DNA 序列，不是藉由製造任何蛋白來抑制 *lacZ* 的表現，*lacO* 就被命名為「操縱子」（operator）。

如今對這一段「乳糖操縱組」已經有了相當完整的認識。在操縱組中總共有三個和乳糖代謝相關的酶（*lacZ*、*lacY*、*lacA*）基因，連續排列在 DNA 上，共同使用一個啟動子，轉錄出的 mRNA 可以作出三種不同的蛋白質（即多順反子 RNA，polycistronic RNA）。而 *lacI* 基因序列則位於三個基因的啟動子前方，會單獨轉錄轉譯出一個蛋白來抑制基因表現。另外還有一段重要的 DNA 序列，在 1960 年代從來沒人想過或知曉它的存在，那就是 *lacO* 操縱子序列。

現在知道，操縱子位於啟動子序列後方，是一段不會製造任何產物的 DNA 序列，它的作用是和 *lacI* 製造出的抑制因子結合。當抑制因子結合在操縱子上時，就會阻擋結合在啟動子上的 RNA 聚合酶，進行基因的轉錄。

總結來說，當環境中沒有誘導物乳糖存在時，抑制因子會結合在操縱子上，後面的基因就不會被轉錄表現。但是當誘導物出現後，誘導物會和抑制因子結合，使抑制因子失去和操縱子結合的能力，然後從操縱子上掉下來，整段基因就開始轉錄，製造出代謝乳

糖的酶（圖 8-5）。

　　莫諾和雅各布在 1961 年一起發表了乳糖操縱組的回顧性論文
（Genetic Regulatory Mechanisms in the Synthesis of Proteins），從長
達三十頁的論文中，可以看出兩位科學家在對基因轉錄調控從一無
所知的情況下，如何一步一腳印的尋找細菌突變株，從表現型與基
因型的對應中提出假說，接著又設計實驗證明基因的功能與作用的
過程。這兩人 1965 年和他們在巴斯德研究院的大老闆利沃夫一起
得到諾貝爾生理醫學獎。

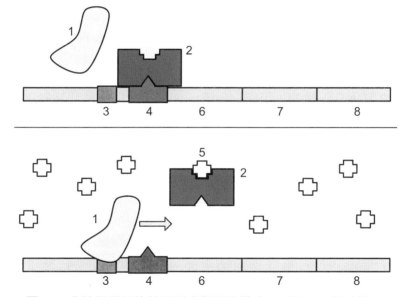

圖 8-5 乳糖操縱組的基因形式與運作模式。1 是 RNA 聚合酶；
2 是 *lacI* 的產物：抑制因子；3 是啟動子；4 是操縱子；5 是誘
導物；6 是 *lacZ* 基因；7 是 *lacY* 基因；8 是 *lacA* 基因。

乳糖操縱組的活化因子與葡萄糖

莫諾和雅各布的研究都集中在探討 *lacI* 如何抑制乳糖代謝基因的表現，以及乳糖如何誘導這段基因恢復表現。但是環境中如果同時有葡萄糖與乳糖存在時，乳糖代謝基因仍然不會表現，表示葡萄糖本身也可能給細胞一個抑制的訊號，不用透過 *lacI* 就直接可以阻止乳糖操縱組的基因表現。

接下來我們來看看葡萄糖怎麼抑制乳糖操縱組的啟動。前面提到當環境中有葡萄糖存在時，即使有乳糖也沒辦法誘導操縱組的基因表現，因此葡萄糖對代謝相關基因的調控應該有某種更高層面的影響。現在把葡萄糖的這個效應稱為「分解代謝物的抑制作用」（catabolite repression），簡單的說，給予細菌乳糖後，半乳糖苷酶的活性就會立刻增加，但中途只要一加入葡萄糖，酶活性就馬上停止增長，也就是酶蛋白的製造立刻停止。

葡萄糖如何讓酶立刻停止產出？最直接的方式當然是終止酶基因的轉錄，讓它不再產生 mRNA。而半乳糖苷酶的 mRNA 非常不穩定，如果沒有持續進行轉錄，作出來的 mRNA 很快會被分解掉，因此當葡萄糖一旦中止轉錄，酶活性立刻就會持平不再增加。

葡萄糖如何抑制乳糖操縱組的表現呢？現在教科書上都是說，環境中沒有葡萄糖存在，細胞會產生環單磷酸腺苷（cyclic adenosine monophosphate，c-AMP），c-AMP 和活化蛋白（catabolite activator protein，CAP）結合後坐到啟動子上，使啟動子的轉錄效率提高（圖 8-6）。

換句話說，乳糖操縱組除了 *lacI* 基因編碼的抑制蛋白外，還需要一個活化蛋白來啟動轉錄，而這個活化蛋白只有在環境中沒有葡

萄糖時才會有活性。若有葡萄糖存在，製造 c-AMP 的酶活性就會被抑制，使 c-AMP 量下降，活化蛋白的活性也就跟著下降。因此在乳糖操縱組中，就有負責抑制和活化兩方面的調控機制，這是基因調控中最重要的兩個概念了。

不過後來也有人發現乳糖操縱組受葡萄糖抑制時，細胞中 c-AMP 的濃度仍然很高，可以啟動乳糖操縱組。加上一些其他實驗，誕生了另一派理論，認為葡萄糖的抑制作用不是降低 c-AMP，而是它的代謝物會抑制輸送乳糖進入細菌的通道，使乳糖操縱組無法啟動。

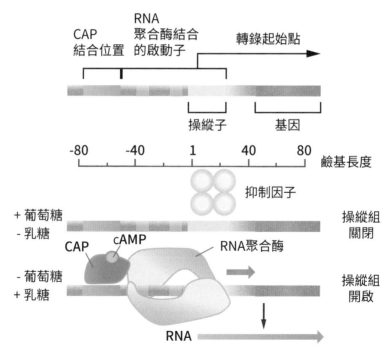

圖 8-6 葡萄糖對乳糖操縱組基因表現的影響。細胞內沒有葡萄糖時，會產生出 c-AMP 的訊號分子，c-AMP 與 CAP 蛋白結合後，會促進這段基因的轉錄，此時抑制因子同時被乳糖帶離操縱子的話，後面的基因就能開始轉錄。相對的在有葡萄糖時，製造 c-AMP 的酶受到抑制，c-AMP 訊號不會出現，活化蛋白就沒有活性，這段基因也就無法順利完成轉錄。

為什麼需要三個操縱子？

　　我們現在知道乳糖操縱組上啟動子後面操縱子的序列不只一個，而是三個！三個操縱子個別都可以和抑制因子結合。如果把操縱子序列一個個破壞，少了任何一個操縱子，基因表現的抑制效果都會下降。破壞兩個操縱子，抑制效果下降得更厲害。所以要有效抑制乳糖操縱組的表現，三個操縱子的存在是必要的。

　　那為什麼需要三個操縱子來抑制乳糖操縱組上的基因表現呢？原來 *lacI* 不是單一個蛋白在作用，而是四個 *lacI* 蛋白形成四聚體（tetramer）來發揮功能。兩個 *lacI* 蛋白能和一個操縱子序列結合，四聚體就可以同時結合兩個操縱子。

　　為什麼抑制因子要形成四聚體，而不是二聚體（dimer）？首先要知道的是，細胞中蛋白質與 DNA 之間的結合是可逆的，結合之後也可以再脫離。結合的穩定度取決於兩者間的親和力。四聚體的特點就是能同時抓住一段 DNA 上的兩段操縱子，所以即使有一邊的抑制蛋白和操縱子分開，另一邊的抑制因子仍然還抓著這條DNA 上另一個操縱子，重新再結合回來的機會很大。所以四聚體的抑制蛋白結合兩個操縱子可以形成非常穩定的路障，讓啟動子上的 RNA 聚合酶無法通過，而達到有效抑制基因表現的目的（圖8-7）。

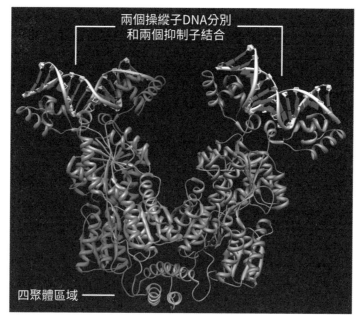

圖 8-7 乳糖操縱組的抑制因子會形成四聚體，能同時把兩段操縱子抓住，降低抑制因子從操縱子上脫離的機率，因此提升抑制基因表現的效率。

　　我們真的完全掌握乳糖操縱組的運作原理了嗎？其實不然！仍然有許多有趣的問題值得繼續探索。下面列出三個有趣的問題供大家參考：

　　一、在細菌中真正誘導乳糖操縱組基因表現的不是乳糖，而是乳糖經由半乳糖苷酶轉化的異乳糖（allolactose）。演化上為什麼選異乳糖而非直接用乳糖為誘導物？這裡也碰到另外一個「雞生蛋還是蛋生雞」的兩難。沒有誘導物，乳糖操縱組基因不會啟動；而乳糖操縱組基因不啟動，異乳糖從何而來？

　　二、另一個「雞生蛋還是蛋生雞」的兩難是乳糖輸送蛋白（lactose permease，由 *lacY* 基因編碼）。乳糖必須借重乳糖輸送蛋白才能進入細胞，而 *lacY* 必須由細胞內的乳糖來誘導。當然，問

題還包括細胞需要幾個乳糖輸送蛋白才能形成正迴饋調控（positive feedback control）？

三、如果使用誘導物的濃度只足夠誘導乳糖操縱組基因表現最大量的 50%，那到底是每個細胞都表現了 50% 的量？還是有的細胞表現了 100% 的量，而有的只表現 0%？

真核生物基因調控的基本原理

真核生物的基因調控和原核生物相似，也有負責活化與抑制基因轉錄的蛋白因子及 DNA 序列，當然實際情況更為複雜。每一個基因都會有一個核心啟動子（core promoter），除了 RNA 聚合酶外，啟動子上還有非常多種不同的轉錄因子（transcription factor）來協助 RNA 聚合酶的轉錄。

這些轉錄因子的活性本身也會受到離基因本體很遠的強化子或沉默子的影響。因為 DNA 本身很容易彎折，結合在增強子或沉默子序列上的蛋白，可以和啟動子上的轉錄因子形成非常複雜的蛋白複合體來調控起始轉錄的效率（圖 8-8）。

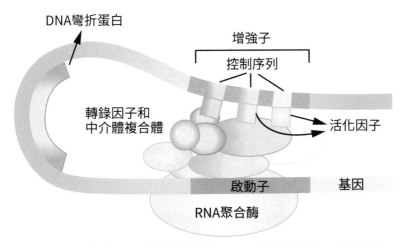

圖 8-8 真核生物中的基因轉錄調控，在核心啟動子上會有 RNA 聚合酶和非常多協助它的轉錄因子。另外還會和遠處增強子或沉默子 DNA 序列上的活化蛋白或抑制蛋白，形成一個複雜的蛋白複合體來影響基因的轉錄。

　　雖然 RNA 聚合酶是實際執行轉錄的酶，但轉錄因子才是真正控制轉錄要不要發生的蛋白。很多轉錄因子都有可以辨認特定 DNA 序列的結構區，能和那段 DNA 序列結合。DNA 是雙股螺旋的結構，鹼基被包圍在中間，因此許多 DNA 結合蛋白（DNA-binding protein）就會有兩段螺旋中間有個轉角的結構（helix-turn-helix (HTH) motif）。在一個螺旋後轉了 150 到 200 度的角再接上另一個螺旋，這樣的構造能讓蛋白剛好可以塞進 DNA 雙股螺旋的溝槽（groove）中（圖 8-9）。

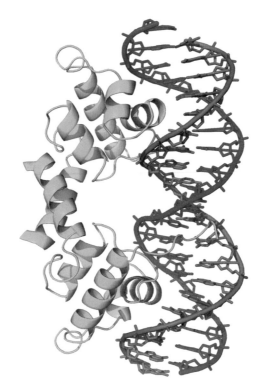

圖 8-9 能與 DNA 結合的蛋白質（綠色）上會有螺旋－轉角－螺旋的特定結構，這樣的構造能讓蛋白質剛好插入 DNA 雙股螺旋（紅色和藍色）的溝槽之間。

　　轉錄因子是控制基因轉錄啟動的開關，而轉錄因子本身也受到非常多不同類型的調控（圖 8-10）。舉幾個例子：轉錄因子可以藉由增加自己基因的表現，來促進受它控制基因的轉錄；有些轉錄因子製造出來時沒有活性，但是和一些配體（ligand），像是荷爾蒙結合之後才會開始有活性；或是透過蛋白磷酸化的修飾變得有活性。有些轉錄因子自己不能和 DNA 直接結合，但可以與其他的 DNA 結合蛋白連結，一起調控轉錄。

　　有些轉錄因子正常情況下會和一個抑制蛋白結合在一起，在

特定環境下抑制蛋白會被磷酸化因而和轉錄因子脫離，轉錄因子的活性就會增加，或者轉錄因子和抑制蛋白結合留在細胞質中，特定情況下抑制蛋白離開後，轉錄因子就可以進入細胞核去調控基因表現。

　　還有一些轉錄因子製造出來後會待在細胞膜上，必須在特定情況下經過酶切割，切下來的部分才會進到細胞核去發揮作用。

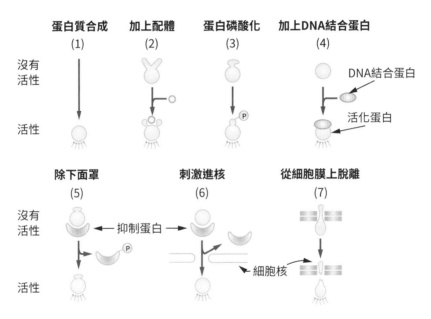

圖 8-10 細胞內轉錄因子被調控的各種機制。

　　在乳糖操縱組中，抑制因子的作用是結合在操縱子上，阻擋 RNA 聚合酶的去路，抑制因子也可以和活化因子競爭同一段 DNA 序列，讓活化因子無法和 DNA 結合，進而促進基因的轉錄。

　　另外，抑制因子也可以結合在活化因子附近的位置，與活化因子結合，形成蛋白複合體，使活化因子無法影響 RNA 聚合酶的活

性。再來，抑制因子也可以結合在離基因較遠的沉默子序列上，經由 DNA 的彎折把抑制因子帶到啟動子附近，影響 RNA 聚合酶的活性（圖 8-11）。

（A）競爭DNA結合

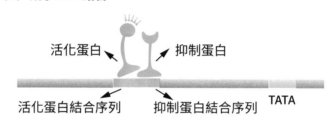

（B）遮掩活化作用蛋白

（C）直接與轉錄因子作用

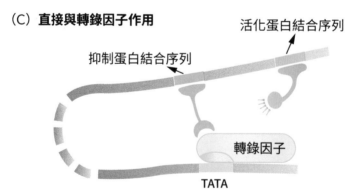

圖 8-11 抑制蛋白影響活化蛋白的作用與調控基因轉錄的機制。

基因表現調控的革命：RNA 干擾

除了蛋白之外，RNA 在基因表現的調控上也扮演重要的角色。1980 年代，科學家就想能不能用人為的方式，讓細胞的一個特定基因失去功能，最簡單的做法就是，把細胞裡那個特定基因的 mRNA 分解或是不讓它轉譯。

怎麼才能達成這個目標呢？最初的嘗試就是用人工合成一小段 RNA，上面的鹼基序列跟目標的 mRNA 序列互補，這一小段 RNA 就可以和特定的 mRNA 形成雙股 RNA，使得這個 mRNA 無法進行轉譯。這段可以和 mRNA 序列互補的 RNA 稱為「反義 RNA」（antisense RNA）。現在仍然有許多生技公司專門在合成這些反義 RNA，想把這些反義 RNA 開發成治療疾病的藥物。

1990 年代中期，美國史丹佛大學的安德魯．法厄（Andrew Fire）教授研究一個控制線蟲肌肉收縮的基因 *unc-22*，發現直接注射合成的 *unc-22* 反義 RNA 到線蟲體內，線蟲就會抽搐無法移動。表示線蟲體內細胞可以吸收反義 RNA，讓細胞裡 *unc-22* 的 mRNA 和反義 RNA 配對而無法作出蛋白質。

為了要確定實驗所看到的結果的確是因為 *unc-22* 的反義 RNA 所致，他另外注射合成的 *unc-22*「同義 RNA」（sense RNA）做為對照組。按理說「同義 RNA」的序列和 mRNA 一樣，應該不會影響 mRNA 功能。但出乎意料之外，注射「同義 RNA」同樣會使線蟲抽搐無法移動。

這一來表示整個實驗的構想出了錯。法厄教授當然不會就此罷休，努力想找出背後可能的原因。他們檢查合成 RNA 的純度，發現合成的 RNA 不純，於是努力純化 RNA 後再重複相同的實驗，

結果更是讓人困惑：純化的同義或反義 RNA 注射到線蟲體內，線蟲完全無動於衷；但把純化的同義和反義 RNA 先混合，再注射到線蟲體內，線蟲完全癱瘓！

原來同義和反義 RNA 結合成的雙股 RNA 片段，才是最有效抑制基因表現的成分。這是第一次發現，特定序列的雙股 RNA 能非常有效抑制含有那個特定序列的基因表現。之後就把這個現象稱為「RNA 干擾」（RNA interference）。

雙股 RNA 擁有抑制特定基因表現的能力，下一步就要探討這個現象背後的作用機制。問題好像是把一個東西送到黑盒子裡，之後看到黑盒子出現某種反應，面對這樣的現象，科學家有兩種不同的研究策略。

一是把黑盒子拆開，分析黑盒子哪些組成會和送入的東西反應？反應後又怎麼讓黑盒子發生反應？所有研究都在試管中進行，這是生物化學的研究策略。另外一種研究策略是讓黑盒子發生突變，然後找出送入東西後不會發生反應的變種黑盒子，再去分析黑盒子中哪些基因發生了突變，這是遺傳學的研究策略。

當時另一位研究 RNA 干擾現象的克雷格・梅洛（Craig Mello）教授就決定，利用線蟲來找有什麼樣的基因可能參與雙股 RNA 誘發 RNA 干擾的現象。

他利用雙股 RNA 去抑制一個控制胚胎發育的 *pos-1* 基因的表現，*pos-1* 基因表現被抑制後，正常線蟲就會懷上一堆死胎，沒有任何幼蟲可以孵化出來。這時候就很容易看到，在 *pos-1* 雙股 RNA 進行 RNA 干擾時，有哪些線蟲突變種會孵化出正常的幼蟲。結合了無數遺傳學、分子生物學和生物化學的研究，我們現在終於對整個 RNA 干擾的過程有了更清楚的認識。

　　當一條長的雙股 RNA 進入細胞，在細胞質就會被 Dicer 這個蛋白質切割成 19 至 22 個鹼基長度的雙股 RNA，這小段雙股 RNA 再和 RISC（RNA-induced silencing complex）蛋白複合體結合，在複合體中雙股 RNA 裡的同義股 RNA 會被切除，RISC 蛋白複合體帶著剩下的反義 RNA，在細胞質中尋找可以配對的 mRNA，配對之後 RISC 就會把那個被反義 RNA 配對的 mRNA 分解掉（圖8-12）。

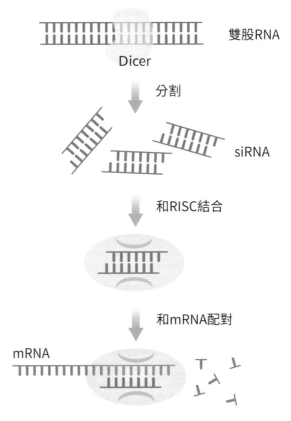

圖 8-12　RNA 干擾的過程：雙股 RNA 經過 Dicer 切割變成小片段，之後與 RISC 結合形成複合體，接著其中同義股 RNA 會被清除，RISC 帶著剩下的反義 RNA，去尋找可以配對的 mRNA，配對之後 RISC 中的蛋白就會把那一段 mRNA 分解掉，達到抑制基因表現的作用。

之後帶著反義 RNA 的 RISC 蛋白複合體，還會不斷的去尋找、分解下一個 mRNA。RNA 干擾的技術可以讓科學家非常容易的去抑制任何細胞中任何特定基因的表現。在分子生物學研究方法上是一個革命性的突破，也讓法厄與梅洛兩人在 2006 年得到了諾貝爾生理醫學獎。

微小 RNA：自然界中的干擾 RNA

RNA 干擾現象的發現，立刻引發出一個更有生物學意義的問題：細胞裡為什麼會有像 Dicer 或 RISC 複合體的存在？它們當然不是為了讓科學家能作 RNA 干擾的研究而存在，它們平時在細胞中所為何事？細胞平時也有 RNA 干擾的調控機制嗎？對象是誰？

這些問題立刻勾起了對過去一些研究發現的回憶。1980 年代初就發現一些線蟲的基因突變會影響發育，像是 lin-14 失去功能會加速胚胎的發育，讓線蟲略過第一階段的幼蟲期（larva 1），直接從第二幼蟲期（larva 2）開始發育。而 lin-14 活性增強的突變種，則讓線蟲的發育變慢。代表 lin-14 基因原來的作用是針對特定的發育階段，像是踩煞車那樣抑制線蟲的發育。

有趣的是，另外找到一個叫 lin-4 基因的突變種也會使發育變慢，而 lin-4 基因突變造成發育變慢的表徵和 lin-14 活性增強的突變種非常相似。由於 lin-14 和 lin-4 都會影響線蟲相同的發育階段，不禁讓人想到，兩個基因之間有沒有任何關聯？

果不其然，後續的研究發現 lin-4 基因突變後，lin-14 的蛋白會增加。表示 lin-4 的產物會抑制 lin-14 的基因表現，這解釋了為什麼 lin-4 基因突變會使發育變慢，但 lin-4 怎麼抑制 lin-14 的基因表

現呢？

　　深入研究後發現，*lin-4* 能轉錄出一段 RNA，但這段 RNA 很短，而且帶了很多轉譯中止密碼，所以應該不能轉譯出任何蛋白，那 *lin-4* RNA 怎麼去抑制 *lin-14* 的基因表現呢？

　　詳細比對 RNA 序列後發現，*lin-4* 會作出兩段長度為 61 和 22 個核苷酸的 RNA，22 個核苷酸的 RNA 是從 61 個核苷酸 RNA 切割出來的。另外一個重要的發現是，這 22 個核苷酸 RNA 的部分序列，居然和 *lin-14* mRNA 3′端不轉譯區段（3′ UTR）上的序列有些雷同。而且外加 *lin-4* RNA 會抑制 *lin-14* mRNA 的轉譯。

　　這個前所未見的基因調控機制，1993 年由維克托・安布羅斯（Victor Ambros）和加里・魯夫昆（Gary Ruvkun）兩個研究團隊同時發現。但論文提出之後沒有受到太多注意，因為 *lin-4/lin-14* 這對基因只存在於線蟲，而老鼠或人類基因體中完全沒有類似的序列存在，所以被認為是線蟲獨自演化出的一個特殊調控機制。

　　這個情況到了 2000 年才峰迴路轉，魯夫昆團隊找到另一個控制線蟲發育的基因 *let-7*。和 *lin-4* 的作用類似，*let-7* 壞掉了會使線蟲從第四幼蟲期（larva 4）發育到成蟲的過程變得很慢。*let-7* 也只會作出一個長度為 21 個核苷酸的 RNA，而這段 RNA 的序列，和它所負面調控的 *lin-41* mRNA 3′ UTR 上的序列也有些類似。所以 *let-7* 可能利用和 *lin-4* 類似的機制，用小段 RNA 透過和目標基因 *lin-41* mRNA 3′ UTR 上的序列配對，達成抑制基因表現的作用。

　　更重要的發現是，*let-7* 基因序列從果蠅到人類基因體中都有，不僅如此，各個不同物種基因體中還有更多 20 到 25 個核苷酸長的 RNA 被找出來，顯示這是生物世界中一個新的基因調控機制。2001 年大家就把這群有調控角色的 RNA 命名為微小 RNA （microRNA，簡稱 miRNA）。

miRNA 參與基因調控的機制，和前面提到的 RNA 干擾非常類似。一開始從基因體中轉錄出來的是 miRNA 的前身，叫做 pri-miRNA。pri-miRNA 會自行摺疊出一個單股 RNA 的圓弧，接著一段雙股柱狀的 RNA 結構（stem loop）。

這樣結構的 pri-miRNA 在細胞核裡經過被一個叫 Drosha 的蛋白複合體剪裁，變成 pre-miRNA 後送到細胞質。在細胞質中經過 Dicer 切割，變成 19 至 21 個核苷酸長度的雙股 RNA，然後搭載到 RISC 蛋白複合體上，最後成為成熟的 miRNA（mature miRNA）（圖 8-13）。

RISC 帶著 miRNA 去尋找可以部分配對的 mRNA，配對上就把 mRNA 分解，或是抑制 mRNA 的轉譯（圖 8-14）。

目前我們知道 miRNA 有一些共同的特徵：是小段不會製造蛋白質的單股 RNA、長度只有 19 至 22 個鹼基對、會抑制能和自己部分配對的 mRNA 的轉譯、一個 miRNA 可以配對多種不同的 mRNA。一個 mRNA 也可以和好幾種不同的 miRNA 配對，而達到最大的調控效果。

目前在人類基因體中發現了約 2,300 種 miRNA，數量還在持續增加中。哺乳動物中有約 30% 的基因轉譯都受到 miRNA 的調控。另外有些 miRNA 序列在演化過程中幾乎完全沒有改變過（highly conserved），在線蟲、果蠅、人類中都能找到序列完全相同的 miRNA。miRNA 在基因體中幾乎無所不在，有的 miRNA 自己就是一個典型的基因，會先轉錄出 RNA 前身，再經過剪裁成為 miRNA；另一方面 miRNA 序列也可能出現在其他基因的內含子或外顯子中。由那些基因轉錄出來的 RNA，經過相同的機制處理成

為 miRNA。

　　到今天還有人認為 2006 年諾貝爾生理醫學獎，只給發現 RNA
干擾的法厄與梅洛兩人，而沒含括 miRNA 的發現是個缺憾。

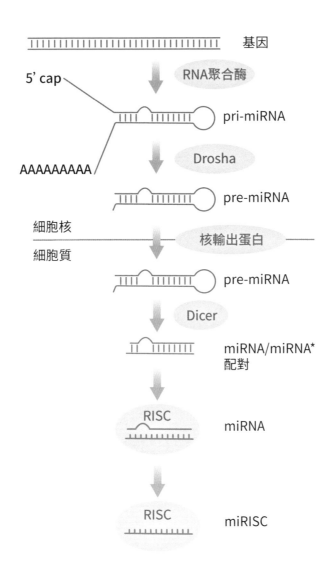

圖 8-13 pri-miRNA 轉錄出來後會經過一系列的剪裁處理、運送、
結合，最後成為細胞質中成熟的 miRNA。

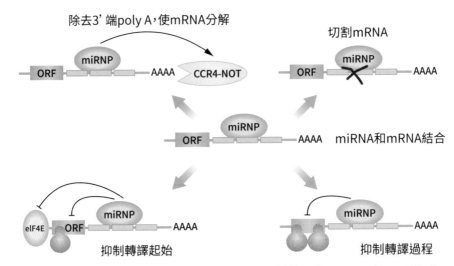

圖 8-14 RISC 蛋白帶著 miRNA 找到可以配對的目標 mRNA 後，可能會直接把 mRNA 分解掉，或引來別的蛋白質抑制 mRNA 的轉譯，用多種方式來抑制基因的表現。

長鏈非編碼 RNA 與基因調控

　　除了 miRNA 外，人類基因體中還有很多沒有編碼胺基酸序列，但是能被轉錄出 RNA 的 DNA 序列，從這些 DNA 轉錄出的 RNA 非常長，被稱為「長鏈非編碼 RNA」（long noncoding RNAs，lncRNAs）。

　　長鏈非編碼 RNA 因為能形成複雜的三級結構，可以跟各種不同的分子包括 DNA、RNA 和蛋白質結合，所以它影響基因調控的方式非常多樣（圖 8-15）。

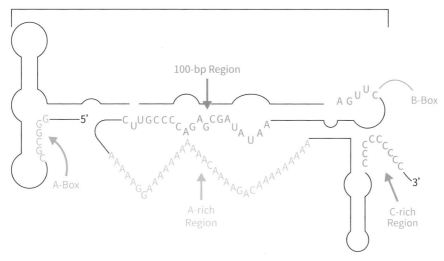

圖 8-15 腦細胞質中的長鏈非編碼 RNA（BC200）會和很多轉譯因子結合，影響蛋白質的轉譯效率。

　　譬如說它可以扮演嚮導的角色，把活化因子帶到適當的啟動子附近；也可以扮演團隊召集人的角色，把不同的活化因子集合在一起；也可以當煞車，把重要的調控因子抽離；或是呼朋引伴把染色體某個區域完全封鎖；另外可以扮演 miRNA 海綿的角色，吸附 miRNA 不讓 miRNA 發揮功能；它還可以增加 DNA 複合體、蛋白質或是 RNA 的穩定性；它也參與了 RNA 剪裁的調控。當然這個表列還正在持續增加中。

　　基因調控另外一個新的發展方向，就是細胞核內染色質的區域化。23 對染色質並不是隨意分布在細胞核裡，而是像一個規畫好的城市，分門別類、不同染色質的區塊會明確安置在細胞核特定的區域。像保持基因表現靜默的染色質大多鎖定在細胞核的周邊，而基因正活躍表現的染色質，則多坐落在細胞核內部（圖 8-16）。

　　當然，靜默的染色質要開始活躍時，它就會從細胞核的周邊移

動到細胞核中間。長鏈非編碼 RNA 對染色質在細胞核內動態分布的調控可能扮演重要的角色。其中一個例子就是 Xist 基因與 X 染色質的失活（inactivation）。

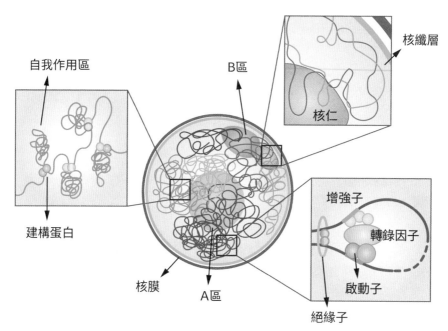

圖 8-16 細胞核內的基因體就像規畫好的城市一樣，根據基因參與生物個體時空結構的形成或活動而被明確分類後安置在特定的位置。染色體透過和核膜上的核纖層（lamina-associating domains，LADs）或是和核仁（nucleolus）結合（nucleolar-associating domains，NADs）固定自己在細胞核中的位置。

X 染色體的失活與基因表現的均衡

女性擁有兩條 X 染色體，而男性只有一條，為了取得基因表現劑量（gene dosage）的平衡，女性必須要讓其中一條 X 染色體失去活性（X chromosome inactivation）。兩條 X 染色體中哪一條會被

抑制失活是隨機發生的，這個特性在三色貓的膚色上看得最清楚。

由於貓的毛色是由 X 染色體上的基因決定，當黑貓和橘貓交配，雌性的子代會得到一黑一橘兩種 X 染色體，由於早期胚胎細胞會隨機讓其中一條 X 染色體失活，到了成貓就會呈現兩種不同毛色區塊混雜的情況。

這個 X 染色體隨機失活的現象，也可以讓我們瞭解一些 X 染色體上基因突變，為什麼會使有的女性得病，而有的卻完全正常。或是同樣得病的女性，但嚴重程度卻有很大的差異。

另外我們也可以想像一種情況，一個受精卵中兩條 X 染色體，分別帶了一個正常和一個突變的基因。胚胎發育時兩個相鄰的細胞，一個細胞讓帶有突變基因的 X 染色體失活，一個卻讓帶有正常基因的 X 染色體失活。這兩個細胞在後續發育中就有不同的生長優勢，最後出生個體就可能會產生不同的健康狀況。

X 染色體是否失活是由染色體上一個特殊的區域在決定。這段區域稱為 X 染色體失活中心（X chromosome inactivation center，XIC），如果 XIC 裡的基因被啟動轉錄，XIC 所在的 X 染色體就會失去活性，是一種同側作用。

控制染色體失活最重要的基因是 Xist 基因。Xist 基因轉錄出的 RNA 長達一萬七千個核苷酸（17kb），但不會轉譯出蛋白質。Xist RNA 會包裹住製造出自己的染色體，而 Xist RNA 同時也會和許多蛋白結合，把這些蛋白帶到染色體上做組蛋白的化學修飾。在失活的 X 染色體上可以看到很多 H2A 組蛋白接了泛素（ubiquitin）或是 H3 組蛋白加上了甲基等等，這些修飾都讓 X 染色體能進一步纏繞，呈現非常緊密的染色體結構而使基因無法表現。

現在對 X 染色體失活的調控機制還沒有完全瞭解。譬如說透

納氏症（Turner syndrome）的女性只有一個 X 染色體（XO），這個 X 染色體當然不能失活！但克萊恩費特氏症（Klinefelter syndrome）的男性會帶兩個 X 染色體（XXY），這時候有一個 X 染色體必須失活。有的女性病患（三 X 染色體症候群，X trisomy）細胞中有三個 X 染色體（XXX），細胞則會很明確的讓兩個 X 染色體失活！細胞怎麼知道細胞核中有幾條 X 染色體（如何計數），而需要讓幾條失活（如何選擇）？

另外 Xist 基因轉錄出的 Xist RNA，去執行染色體失活的功能，要如何確保另一條 X 染色體上的 Xist 基因不會同時啟動轉錄？

現在知道，另一條 X 染色體會轉錄出一條稱為 TACT 的 RNA，TACT RNA 會像 Xist RNA 一樣包住、保護沒有失活的那條 X 染色體。但 TACT 基因只在靈長類動物才有，那顯然沒有 TACT 基因的老鼠，就必須演化出其他的保險機制才行。

事實上從演化的觀點，為什麼 X 染色體一定要失活才能達到染色體的平衡？另外討論 X 染色體失活時，都忘了為什麼單個 X 染色體不需要和雙套的體染色體保持基因表現劑量的平衡？

早在 1967 年大野乾（Susumu Ohno）教授就認為，如果單套 X 染色體和雙套體染色體間的基因表現劑量要平衡，X 染色體的基因表現必須提升兩倍才行，這對只有單套 X 染色體的雄性沒有問題，但帶雙套 X 染色體的雌性就必須再讓一套 X 染色體失活。這個假說在果蠅身上有另外的解讀：雄果蠅只有一套，而雌果蠅有兩套 X 染色體，所以雄果蠅演化出讓他的單套 X 染色體，在細胞中的基因表現提升兩倍，但雌果蠅兩套 X 染色體基因表現維持正常，因此不必進行任何染色體的失活，同樣可以達到基因表現均衡的狀態（圖 8-17）。

	線蟲		果蠅		老鼠	
	♂	♀	♂	♀	♂	♀
染色體	AA X0	AA XX	AA XY	AA XX	AA XY	AA XX
補償機制		下降50%	上升2倍			失活
X/A比例	0.5	0.5	1	1	0.5	0.5

（X：性染色體；A：體染色體）

圖 8-17 X 染色體保持基因表現均衡的演化策略。

　　另一方面，在線蟲身上可以看到完全不同的演化策略，來保持
X 與體染色體基因表現的均衡。雄線蟲有一套，而雌線蟲有兩套 X
染色體，線蟲的策略是讓雌線蟲 X 染色體的基因表現下降 50%。
所以不用染色體失活，仍然可以達到同樣的目的。這三種策略：增
強、下降和失活，在人類胚胎發育不同的階段，都被證明有用來達
成 X 染色體基因表現的精準平衡。

　　另外值得一提的是，X 染色體的失活並不代表整條染色體上所
有的基因都不表現。以老鼠為例，X 染色體失活之後，仍然有少許
基因持續在失活的 X 染色體上表現，這些不受失活影響的基因，
在不同細胞中的表現情況也不一樣。這個現象在生物學上的意義目
前還不是很瞭解。所以關於 X 染色體失活或保持活性的調控過程，
還有很多未知的事物在等著被發現。

　　最後我們可以來總結一下細胞中 RNA 的功能，除了傳統的核
糖體 RNA、轉移 RNA 和訊息 RNA 外，有些 RNA 也和蛋白質一
樣可以催化化學反應。RNA 可以扮演類似蛋白質受體的角色，偵
測環境中營養分子的濃度，並控制基因的表現。

　　從 RNA 干擾和 miRNA 中可以知道 RNA 會影響 mRNA 的穩

定性及轉譯效率，和一些活化或抑制基因表現的蛋白有類似的角色。而長鏈非編碼 RNA 則可以控制細胞核內整體的基因分布以及影響染色質的結構，和組蛋白密碼的功能非常相似。

從這些比較中可以讓我們瞭解，生命起源時 RNA 確實有能力扮演 DNA 和蛋白質的角色，形成一個「RNA 的生命世界」，只是本身穩定性不高，或是工作效率不太好，所以後來 RNA 的部分角色才漸漸被 DNA 及蛋白質取代。

延伸閱讀

1. John Gurdon. Nuclear reprogramming in eggs. *Nature Medicine* 15: 1141-1144; 2009.

2. Alexander Gann. Jacob and Monod: From operons to EvoDevo. *Current Biology* 20, R718-R723; 2010.

3. Jon Beckwith. The operon as paradigm: Normal science and the beginning of biological complexity. *J. Mol. Biol.* 409, 7-13; 2011.

4. R. Tjian. Molecular machines that control genes. *Scientific American* 272: 54-61; 1995.

5. Lucy W. Barrett et al. Regulation of eukaryotic gene expression by the untranslated gene regions and other non-coding elements. *Cell. Mol. Life Sci.* 69: 3613-3634; 2012.

6. Benjamin L. Allen, Dylan J. Taatjes. The mediator complex: A central integrator of transcription. *Nature Review on Molecular Cell Biology* 16: 155-166; 2015.

7. Hiten D. Madhani. The frustrated gene: Origins of eukaryotic gene expression. *Cell* 155: 744-749; 2013.

8. M Felicia Basilicata, Claudia Isabelle Keller Valsecchi. The good, the bad, and the ugly: Evolutionary and pathological aspects of gene dosage alterations. *PLoS Genet* 17: e1009906; 2021.

9. 珍妮佛・道納（Jennifer A. Doudna）、山繆爾・史騰伯格（Samuel H. Sternberg）著，王惟芬譯，《基因編輯大革命：CRISPR 如何改寫基因密碼、掌控演化、影響生命的未來》（*A*

Crack in Creation: Gene Editing and the Unthinkable Power to Control Evolution），天下文化（2018/05/31）。

Photo by Birger Strahl on Unsplash. https://unsplash.com/photos/gincW4qodb0

第九堂課

自私基因與性擇

生物界中的個體、族群到不同物種群集在一起，形成多樣的生態系，彼此間的關係錯綜複雜。表面看起來，「競爭」似乎是生物間無法避免的宿命，從單細胞到複雜的人類社會，可以看到個體、族群到不同物種間激烈的競爭。食物、交配權、陽光與水等等都是爭奪的對象，但我們依然可以發現許多生物間合作或是利他的行為。該怎麼從演化的觀點來解釋這些合作或利他行為的產生？

互惠利他和投機客

生物選擇短期合作的原因很容易理解，像是野生的狼群或母獅們會合作狩獵，因為這樣可以增加狩獵成功的機會，而成果立即可見並可共同分享。但如果合作所預期的回報眼前看不到，而長期的等待還未必一定能得到回報，那生物為什麼還會演化出這種「互惠利他」（reciprocal altruism）的行為？

舉例來說，吸血蝙蝠願意把吸到的血和同胞分享，我們會覺得吸血蝙蝠今天幫助了同胞，它當然期待自己未來若有需要，也會受到同胞的幫助。但這個假設要成立，所有的吸血蝙蝠都必須具備這種互惠利他的天性才行。但吸血蝙蝠族群中會不會出現白吃白喝的揩油者呢？這是個讓演化生物學家頭痛的問題。

互利互惠看似好處很多，卻並非生物世界中的常態，因為無論在哪裡，都會出現只等著拿好處卻不願付出的投機份子。在第三堂課中討論多細胞生物起源時提到的黏菌，就是一個很好的例子，一群黏菌在遇到惡劣環境時會互相聚集在一起，此時有部分黏菌會選擇自殺，讓自己的軀殼形成支柱，把其他黏菌形成的孢子抬舉到空中，有機會被風吹到適合生存的環境。但黏菌族群中永遠會有一些

不願意犧牲自己的投機客（cheater），只想成為可以存活的孢子，而不願意成全同伴。演化該怎麼處理這種投機客？

簡單來說，投機客會出現一定是發生了某些基因的突變，使它無法做出犧牲自己的行為。但是這些基因多半擁有多重功能，除了引導自殺的行為外，還可能負責一些其他重要的生理功能。所以此處得了便宜，在他處必然要付出代價。

這些基因的突變，使得投機客在正常環境中的生長繁殖，或是應對環境的能力反而不及野生種。有研究發現投機客的確會比野生種產生更多的孢子，但投機客產生的孢子比較小，所以最後存活的比例反不及野生種。

其實最簡單的解釋是：投機客如果沒有任何缺陷，它在族群中的比例就會愈來愈高，到最後碰到惡劣環境，沒有人要犧牲自己成為支柱，結果就是大家都活不成，造成整個族群的滅絕。

完美利他主義與親屬選擇

生物世界中還有一些長期使演化生物學家感到困惑的現象，像「完美利他主義」是怎麼演化出來的？譬如說，蜜蜂會保護巢穴而犧牲自己去攻擊入侵者，而工蟻會完全放棄自己繁殖後代的機會，全力幫助蟻后繁殖後代。

1964 年，英國的威廉・漢彌爾頓（William Hamilton）教授結合基因遺傳與數學的思維，提出「親屬選擇」（kin selection）的假說。這個全憑思考與想像建構出的理論，發現還真能夠合理的解釋社會性昆蟲利他行為的演化。

自然界中蜜蜂和螞蟻的繁殖過程很特別。大部分有性生殖的

生物，雄性與雌性的體細胞都擁有雙套染色體，經過減數分裂的隨機挑選，形成單套染色體的精子和卵子，兩性交配後精子和卵子結合，重新形成雙套染色體的受精卵。

但蜜蜂和螞蟻這類擁有社會行為的昆蟲，他們的雄性來自未受精的卵子，只有單套染色體。而雄性不經過減數分裂，直接由體細胞分裂產生精子，所以每一個精子都攜帶和父親完全一樣的基因。而雌性則是以正常減數分裂的方式產生卵子。精卵結合產生雌性後代（姊妹），姊妹中只有一個成為蟻后，負責產卵、繁殖後代。其他姊妹全部成為工蟻，為什麼工蟻要犧牲自己不繁殖後代，而只去幫助蟻后？

所有姊妹來自父親那一半的基因完全一樣，而來自母親的基因則有百分之五十的相似度，所以姊妹之間基因的相似度就是百分之七十五。若這些工蟻自己去找雄性交配，其後代母子或母女間的基因相似度也只有百分之五十。

所以姊妹間的基因相似度大於母子／母女的情況下，要延續自身基因的繁衍，幫助姊妹（蟻后）比幫助自己的後代更值得，這就是用「親屬選擇」理論來解釋工蟻利他行為的演化。

自私基因和綠鬍鬚效應的隱喻

英國另一位著名的演化生物學家理查·道金斯（Richard Dawkins）從漢彌爾頓的假說出發，提出了「自私的基因」（the selfish gene）的隱喻，在 1976 年以《自私的基因》為書名出版（圖 9-1 左）。

道金斯認為生物無私的利他行為背後，其實是受到「自私基

因」的操控。母親為何會犧牲自己得到食物的機會去撫育後代？因為後代繼承了和自己相同的基因，讓後代生存繁衍，就是讓自己的基因能夠繼續繁衍存活。於是無私的行為源自於自私的基因，解釋了生物利他舉動的出現（圖 9-1 右）。

圖 9-1（左）道金斯所著之《自私的基因》。（右）母鳥哺育後代看似是無私的個人行為，其實背後是被自私的基因所操控。

說得更極端一點，每一個生物個體只是基因的載體，生物的所有作為只有一個目的，就是為了保存與散布自己擁有的基因（DNA）。

如果基因真的那麼自私，生物就應該只會想幫助和自己攜帶相同基因的個體。問題是怎麼能在眾人中辨識，誰帶了和自身相同的基因？因此自私基因一定要能展現出一些獨特的外顯特徵，能讓其他攜帶自私基因的個體辨識，才能決定要不要去幫忙。

這個想法其實是「親屬選擇」理論的延伸，最早也是由漢彌爾頓教授提出。道金斯接下來給這個想法一個引人矚目的標題：「綠鬍鬚效應」（green-beard effect）。具體的想法就是：自私基因（群）旁邊有一個緊緊跟隨，會表現獨特外顯特徵（綠鬍鬚）的基因。

只要看到綠鬍鬚，八九不離十他一定帶有和自己相同的自私基因（群），也就成了自私基因要幫助的對象（圖 9-2）。

　　一開始「綠鬍鬚效應」只是一個純假設性的理論而已，生物界中真的有這樣的例子存在嗎？1998 年英國《自然》雜誌報告了第一個例子：火蟻中的嗅覺基因 Gp-9。Gp-9 在火蟻族群中存在兩個等位基因（allele）B 與 b，工蟻帶的都是 Bb 的基因型，他們只會幫助同樣攜帶 Bb 基因的蟻后。如果是 BB 基因型的蟻后出現，立刻會被工蟻殺死。

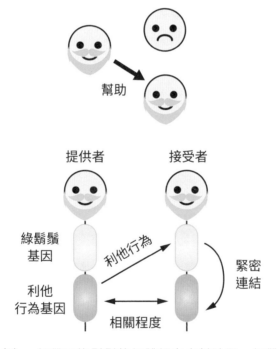

圖 9-2 （A）一個帶了綠鬍鬚的個體傾向去幫助另一個帶了相同綠鬍鬚的個體；（B）綠鬍鬚效應的基因結構：自私基因（藍色）緊緊跟隨一個綠鬍鬚基因（綠色）。

由此可知，BB 的蟻后一定產生了某些讓 Bb 能辨認的訊號，並刺激 Bb 的工蟻去殺死 BB 的蟻后。實驗後發現的確如此，把 Bb 的工蟻在 BB 的蟻后身上摩擦後再放回 Bb 的工蟻群中，這隻可憐的工蟻立刻就被其他的工蟻殺死。如果是和 Bb 蟻后摩擦，則相安無事，完全不會受到攻擊。

為什麼要「有性生殖」？

接受自私基因的觀點後，演化生物學家面對另一個挑戰就是：為什麼「有性生殖」是真核生物主流的繁殖方式？

有性生殖就像一場巨大的賭博，愛爾蘭劇作家蕭伯納（George Bernard Shaw）曾和一名女演員有過一段有趣的對話，女演員非常喜歡蕭伯納，對他說：「如果我們結婚，生下的小孩擁有我的美貌加上你的才智，那該有多好。」蕭伯納回答說：「但萬一生下來的小孩是我的相貌加上妳的才智，那不就糟了？」

1970 年代，美國有些生技公司建立精子銀行，蒐集多位諾貝爾獎得主的精子，期待用這些精子未來進行人工授精。想像生出來的小孩一定也會很聰明。現在知道這種想法完全不可行。在隨機挑選基因的有性生殖中，只想要保留好的並排除平庸的基因，是一件不可能的任務。

達爾文在 1862 年寫的一篇文章中，對有性生殖的存在也提出了疑問：「我們完全不知道有性生殖的原因何在；為何新個體的誕生必須要由兩性生殖細胞的結合來完成？」達爾文自己在結婚前也認真思考過這個問題，甚至寫了一篇文章列出了結婚與不結婚的優缺點：如果結婚，就會有小孩，有點麻煩；另外也需要不斷陪伴在

妻子身旁，一輩子跟一個人在一起，簡直令人難以想像；不結婚的話，很自由，一個人想去哪裡就去哪裡，也不會被迫去拜訪很多親友……。不過深思熟慮後，達爾文還是結婚了，妻子來自英國有名的瓷器公司威治伍德（Wedgwood）家族。

我們現在對有性生殖每一個細節都有相當的瞭解，但為什麼會演化出「性」仍然是個難解的謎團。細菌不需要找伴侶，可以直接長大一分為二；而白楊的幼芽也可以直接長成大樹。如果有這麼簡單而直接的方式繁殖後代，為什麼 99% 的植物、99.9% 的動物仍然用有性生殖繁殖後代？

相較於無性生殖，有性生殖是個麻煩又費時的過程，首先，生殖前必須花費心力尋找交配的對象，而生下來的後代只有一半（女性）有繁殖能力。再來，有性生殖也讓自私基因有機會在族群中散播。最後，人類社會中也存在許多有性生殖帶來的疾病，如梅毒、愛滋病等等。

但有性生殖仍然有許多無性生殖無法取代的優勢。譬如說一個基因發生了壞的突變，無性生殖的個體只能忠實的把這個壞基因傳給後代。如此代代相傳，子孫身上的壞基因就會愈來愈多。但帶了一個壞基因的個體在行有性生殖時，透過減數分裂，只有一半的配子會得到這個壞基因，另一半配子則有正常的基因。這樣就可以讓一些後代不再帶有壞基因了。

相反的，如果有人帶了一個好的基因突變 A，而另一個人帶了另外一個好的基因突變 B。在無性生殖的族群中，A 和 B 絕無可能碰面，演化最後的結果不是 A 就是 B 勝出。但在有性生殖的族群中，透過染色體重組，就可能出現一個人同時保存了 A 和 B 這兩個好基因的突變。

　　簡單的說，有性生殖會提高基因體的多樣性。突變增加的變化數目是加法，而染色體重組增加的變化數目是乘法。

　　德國演化生物學家奧古斯特‧魏斯曼（August Weismann）1904年就提出，在承平時期，有性生殖與無性生殖對物種的繁殖沒有差別。但碰到惡劣環境時，有性生殖的物種因為能快速產生多樣性的後代，就比無性生殖的物種更容易適應惡劣環境的天擇。這個理論聽起來非常合理，但能不能在實驗室中證明呢？到了 2005 年，終於有人用酵母菌來驗證魏斯曼的理論。

　　正常的酵母菌存在雙套體（diploid）與單套體（haploid）兩種不同的個體，像細菌般的生長分裂。雙套體（diploid）的酵母菌碰到惡劣環境，開始休眠並進行減數分裂，產生四個兩種性別（a 和 α）的單套體孢子。環境好轉時孢子就從休眠狀態發芽，成為 a 和 α 兩種單套體的細胞。當 a 和 α 單套體的細胞相遇配對後，會融合成一個雙套體的細胞繼續生長分裂（有性生殖）（圖 9-3）。

　　如果破壞了負責姊妹染色體在減數分裂時分離的基因，這種酵母菌一切正常，但碰到惡劣環境進入休眠時，只會產生雙套體的孢子，環境好轉後孢子發芽，只能成為雙套體的細胞，無法進行有性生殖，只能進行無性生殖。

　　科學家用這兩種酵母菌分別在正常和惡劣環境交替的長期培養之後，再測試這兩種酵母菌適應惡劣環境（高溫和高鹽）的能力，發現能進行有性生殖的酵母菌，在惡劣環境中真的擁有比較高的存活率。完全符合魏斯曼一百多年前提出的理論。

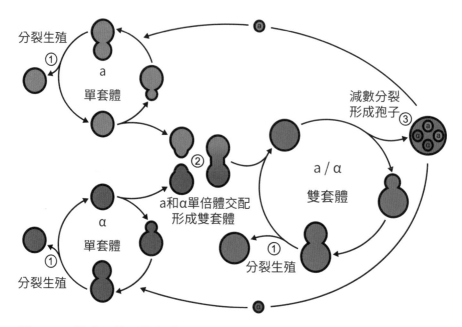

圖 9-3 正常酵母菌以雙套體和單套體存在，分別進行無性生殖①；但碰到惡劣環境就用有性生殖（③＋①＋②）的過程。

　　有性生殖為什麼比無性生殖更容易適應環境的災難？生物遇到艱難的環境時，必須很快創造出新的能力去克服危機。這個工作平時是藉由隨機的基因突變來完成，但基因突變的機率低，緩不濟急。這時候就需要有性生殖，快速而大量增加後代基因的多樣性。因為有性生殖在減數分裂產生配子時，同源染色體配對後染色體會斷裂、互換（crossing over）而重組，這會使配子基因體的多樣性大幅增加（圖 9-4）。

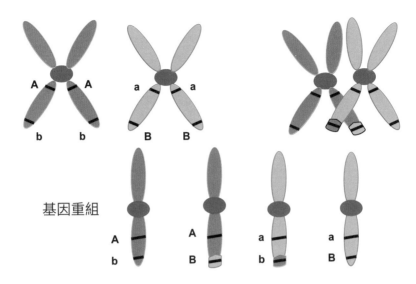

圖 9-4 減數分裂中，同源染色體互相配對發生聯會時，有部分染色體會互換，造成基因重組，增加了配子的基因多樣性。

　　當然有性生殖會讓個體擁有的基因不斷改變，這對生物並非絕對有利，因為好基因在此過程中，也有可能失落。但環境改變很快，好基因在事過境遷之後對個體未必一定是好。況且在沒有天擇的壓力下，有性生殖只是讓好基因在族群中出現的比例降低，它只是備而不用，不會完全消失。災難有朝一日出現，整個族群就不會因為應對不及而全軍覆沒。

　　多細胞生物的有性生殖雖然有這麼多優點，但簡單又省力的孤雌生殖（parthenogenesis）在多細胞生物中仍然可見。孤雌生殖就是雌性動物的卵不需要與精子結合，可以直接發育成新的個體。像雄性小斑紋鞭尾蜥（*C. inornatus*），和雌性西部鞭尾蜥（*C. tigris*）自然雜交後誕生的新墨西哥鞭尾蜥（*Cnemidophorus neomexicanus*），只有雌蜥而沒有雄蜥會生出來，所以雌蜥只能藉孤雌生殖繁殖後代（圖 9-5）。

圖 9-5 中間為孤雌生殖的新墨西哥鞭尾蜥，新墨西哥鞭尾蜥為雄性小斑紋鞭尾蜥（左），和雌性西部鞭尾蜥（右）自然雜交產生的物種。

　　至今我們觀察到的孤雌生殖生物，大多是近一千萬年中演化出來的，而且生存的環境都是長期穩定不變像是沙漠，因為只有在這樣的環境中，無性生殖的好處才會彰顯。

紅皇后假說與軍備競賽

　　生物世界中不同物種間的軍備競賽處處可見，譬如說花豹獵食羚羊，羚羊要逃避被獵食的命運，就必須朝著跑得更快，看得更遠或是有更隱蔽的膚色演化。此時如果花豹不作任何改變，它就可能獵食不到羚羊而餓死。所以花豹也要跑得更快，看得更遠或是有更隱蔽的膚色。

　　如果有一方演化的速度突然加速，使得另一方應對不及，就可能造成某一物種失控的滅絕。但如果雙方演化變異的速度相當，一

場軍備競賽就此展開。但當大家耗盡所能，把自己推向身體結構的
極致，最終的結果仍然是個勢均力敵結局，沒有人能真正占到什麼
上風。

　　1973 年，美國利‧瓦倫（Leigh Valen）教授提出「紅皇后假說」
（Red Queen hypothesis），來解釋這個演化生物學的弔詭。紅皇后
是童話故事《愛麗絲夢遊仙境》（*Alice's Adventures in Wonderland*）
中的角色，愛麗絲在夢境世界中變成了棋子，和紅皇后進行博弈，
紅皇后腳步疾行如風，但走了半天卻還是留在原地，落後的愛麗
絲喘著大氣說：「在我們家鄉，您走得這麼快，肯定早就不知走
到哪去了！」紅皇后說：「那是多慢的國度啊！在這裡你光是費勁
跑，也只能留在原地。如果想到別的地方去，你至少得跑兩倍快才
行！」（圖 9-6）

圖 9-6 紅皇后與愛麗絲的賽跑，必須盡力的不停奔跑才能留在原地，
就如同物種間必須不斷演化，才能彼此競爭相互抗衡。

　　自然界彷彿就是在進行這樣的競賽，一方想盡辦法要消滅另一方，而另一方也同樣的想盡辦法逃生，兩方都花費了大量的心力，但最後還是留在原地，不分輸贏。

　　花豹與羚羊間的軍備競賽是個長期的競爭，背後主要的驅動力是緩慢的基因突變。但如果一個物種像線蟲，突然碰到致病的細菌，它應該怎麼快速產生多樣的後代呢？基因突變顯然緩不濟急，這時候能快速增加基因體多樣性的有性生殖就派上用場了。在線蟲和致病菌之間，線蟲要產生多樣的後代以抵抗致病菌；那致病菌呢？是不是也需要不斷強化自己的致病力？另一個紅皇后式的軍備競賽模式就此形成，我們能不能在實驗室中證實這個軍備競賽的演化過程？

　　要證實一個演化的過程，最困難的地方在於，我們無法找到過去的花豹與羚羊，拿來跟今天的花豹與羚羊作比較，看看它們之間是否真的曾經發生過軍備競賽。2011 年美國科學家利用線蟲為模式，重現了這個軍備競賽的過程。

　　平時 80% 的線蟲是以雌雄同體的方式繁殖後代，也就是說一個線蟲體內會同時產生精子和卵子，然後在體內受精孵化出幼蟲。因為精子和卵子來自同一個蟲，所以它後代的基因多樣性，可能只比完全的無性生殖多一點。但平時線蟲有 20% 以有性生殖的方式繁殖後代，產生雌雄同體和 20% 雄線蟲，雄線蟲可以和雌雄同體的線蟲交配，完成標準的有性生殖，當然就可以產生基因多樣性非常大的後代。

　　實驗設計就是把線蟲和致病菌一起培養，線蟲以吃細菌為生，吃下致病菌的線蟲，大部分會生病死亡，但線蟲仍然有對抗致病菌的先天免疫力，少數免疫力比較強的線蟲仍然可以存活而四處遊

走。經過一段時間後，把仍能遊走存活的線蟲和致病菌分離出來，算是第一回合的交手。

分離線蟲和致病菌的設計很有創意，他們把培養皿劃分為三等分：左邊放線蟲和致病菌；右邊放線蟲的食物菌；中間放抗生素，讓左右兩邊的細菌不會混合。一段時間後，左邊的線蟲被致病菌感染死亡，而仍能遊走存活的線蟲會爬過抗生素，在右邊找到食物就又可以開始繁殖後代，很容易回收。至於致病菌，則是把左邊死亡的線蟲清洗乾淨後打碎，回收蟲體中的致病菌。

接下來把第一回合勝出的線蟲和蟲體中的致病菌，再次用同樣的設計培養，算是第二回合交手，如此重複交手三十回合。每回合勝出的線蟲都測試兩個特徵：行有性生殖的比例有沒有改變？死亡率有沒有改變？

結果非常有趣，一開始的線蟲僅有 20% 行有性生殖。但隨著交手次數愈多，行有性生殖的比例愈高，十五回合之後有性生殖的比例穩定維持在 85 至 90% 之間。而有三十回合歷練的致病菌，對未曾接觸過致病菌的線蟲確實有較高的殺傷力，但對同樣經歷三十回合的線蟲，殺傷力則明顯下降。

最重要的一點是，初始致病菌對線蟲的殺傷力，和三十回合共同歷練後的致病菌與線蟲之間，殺傷力完全相同，沒有增加。

為了確定真的有軍備競賽，另外有一組實驗將一開始的致病菌冷凍起來，然後每一回合勝出的線蟲，都拿同樣的初始致病菌培養，發現在前十回合中有性生殖的線蟲比例很快增加到 80%，但之後每次遇到都是同樣未經交手的致病菌，有性生殖的比例就會慢慢降低，又回復到 20%。如果用不能進行有性生殖的線蟲和致病菌作實驗，發現這些線蟲很快就全部滅絕（圖 9-7）。

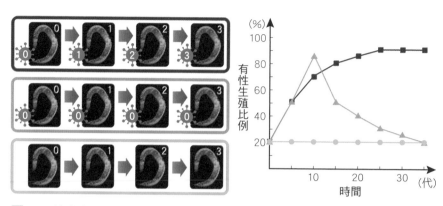

圖 9-7 線蟲與致病菌間軍備競賽的實驗，左圖為實驗組，一組讓線蟲與致病菌持續在環境中共同培養，而另一組每次使用的都是未曾接觸過線蟲的致病菌。右圖為線蟲有性生殖比例和交手回合次數的對應圖，前一組對應深褐色線條，線蟲有性生殖情況逐步增加；後一組對應淺藍色線條，有性生殖一開始會增加，但後期逐步下降。最底下是控制組的線蟲，有性生殖比例穩定維持在 20% 左右。

　　由此可知，有性生殖繁衍出的基因多樣性對線蟲抗拒致病菌是非常重要的手段，同時也印證了紅皇后理論對生物間軍備競賽的預測。

為什麼要有性擇？

　　除了有性生殖之外，達爾文還注意到另一個有趣而令人困惑的現象，就是「性擇」（sexual selection）。最明顯性擇的例子就是公孔雀的尾羽：又大又漂亮。但這樣又大又漂亮的尾羽，對公孔雀的生存沒有任何好處，大尾巴不僅耗費資源，在森林中還會妨礙移動，不利於躲避敵人或是覓食，那這樣的生物特徵為什麼沒有被淘汰呢？

　　我們知道公孔雀的尾羽是為了吸引異性的注意，為了能求得更

多交配的機會，這就是「性別間的選擇」（intersexual selection）。另外也有一種是「性別內的選擇」（intrasexual selection），像是雄鹿的大鹿角，是為了在同性間的競爭中勝出，藉以得到和雌鹿交配的機會。

　　因為性擇而造成兩性身體特徵的差異，稱為「兩性異形」（sexual dimorphisms），從昆蟲到人類都能輕易的觀察到這種現象。

　　為什麼會有性擇？從天擇演化的角度，怎麼解釋這些看似不利生存的兩性特徵（例如孔雀的尾巴）的出現？英國演化生物學家羅納德・費雪（Ronald Fisher）提出了一個想法：一開始孔雀尾巴長一點可能對個體生存有好處，於是公孔雀的尾羽漸漸變長。一旦母孔雀產生青睞長尾公孔雀的基因突變，長尾公孔雀除了生存優勢之外，又多了一項擇偶的優勢，於是長尾的演化勢不可擋，變得愈來愈長。

　　當長尾巴的擇偶優勢不斷增加時，長尾巴對生存產生的壞處也逐漸浮上檯面。接下來公孔雀的尾羽，就要在擇偶的優勢與生存的劣勢中間，達到一個最佳的平衡（圖 9-8）。

　　尾巴長的公孔雀為什麼會得到雌性的青睞？單純是審美觀？顯然不是。雌性會選擇尾巴大的雄性，仍然是一種天擇演化。大尾巴孔雀身體可能比較健康，或是說公孔雀在生存之餘還能保有如此大而無當的身體特徵，一定是個厲害的傢伙。因此公孔雀的尾巴在天擇與性擇的雙重影響下，成為今天又大又長的樣子。

圖 9-8 公孔雀尾巴的長度受到擇偶優勢與生存劣勢中間的雙重影響，達到一個最佳的平衡。

性擇的黑暗面

　　生物世界的有性生殖常常不如我們想像中的羅曼蒂克，而是充滿了暴力與傷害。不僅雄性之間的競爭激烈，會導致彼此的傷害，雄性與雌性交配之間也充滿了算計。例如公果蠅和母果蠅交配後，為了確保母果蠅不會再和其他公果蠅交配，公果蠅會刻意去傷害或影響雌性的生殖能力。

　　有些公果蠅的生殖器上有倒鉤，交配後倒鉤會刺傷母果蠅的生殖器，使母果蠅無法再度交配。有些公果蠅的精液中有一些蛋白（性肽，sex peptide），透過母果蠅生殖器的神經細胞，直通大腦降低母果蠅的性慾，拒絕再次與其他公果蠅交配。另外這些蛋白也會增加產卵和排卵的速度，並改變飲食習慣來配合產卵的需求：處女果蠅喜歡高糖分的食物，而交配後的母果蠅則會選擇高蛋白的食

物。所以母果蠅處在一群爭鬥激烈的公果蠅當中獲得交配的機會，母果蠅的生殖機能也會因此快速老化，而使壽命縮短。

這時候一個有趣的問題出現：如果這群公果蠅是兄弟，他們之間競爭母果蠅交配權的爭鬥還會一樣激烈嗎？對母果蠅的傷害會不會減少？

如果用「親屬選擇」的理論來預測，讓三隻基因相近的公果蠅競爭同一隻母果蠅的交配權，無論誰先和母果蠅交配，產生的後代基因都和自己的相近，所以競爭不需要那麼激烈，對母果蠅的傷害也就比較小。競爭變得溫和另一個好處是，母果蠅生殖機制的老化速度變慢，反而能夠得到更多的後代。

結果這幾個預測在實驗室中全部被證實。在這個研究中，另外加了一項變數，就是兩個兄弟加上一個不相干的公果蠅，一起競爭和母果蠅交配。這隻不相干的公果蠅在競爭中會勝出還是落敗？在此賣個關子，大家不妨自己先猜猜看。

性擇理論預測雌性偏好壯碩的雄性，那雄性就應該普遍表現壯碩的特徵，因此在族群中就不應該看到瘦弱的雄性才對。但雄性表現壯碩特徵會不會同時也帶來一些對身體不良的影響？

蘇格蘭外海一個無人小島上的大角羊，對這個問題提供了一個有趣的答案。距蘇格蘭西部約 65 公里處的聖基爾達群島（St Kilda Archipelago）中，有個占地 100 公頃的索艾（Soay）島。島上居民在 1930 年即撤離一空。留下唯一的大型動物就是一群無人管理的家養羊。1985 年開始有人認真研究這群羊的生態。科學家花了二十一年的時間，追蹤分析了 1,750 隻大角羊，得到了一個性擇可能帶給公羊負面影響的證據。

母羊當然偏好和擁有大角的公羊交配，但在野外實際會發現，

有大角的公羊外，同時也有小角的公羊。代表小角公羊依然有機會和母羊交配，而把這個特徵傳給後代。科學家採集了不同公羊的基因樣本進行分析，發現羊角的大小受到一個叫做 RXFP2 基因的調控，這個基因決定一種荷爾蒙的受體。

野生羊中此基因有兩種等位形態，大角是 HO^+，小角是 HO^P，基因型 ++ 或 +P 的羊都有很大的羊角，他們的生殖成功率的確比 PP 的小角羊高。但長期追蹤每一隻羊的存活率，大角羊反而比小角羊差，表示大角羊並沒有比較健康或其他生存優勢。因此大角與小角的羊各有優勢，在野外中都有機會和母羊交配，把自己的特徵傳承給後代。

這個發現也符合演化生物學中「生命史的投資權衡」（life history trade-off）理論。也就是說生物個體擁有的資源是有限的，投資在某項生命特徵太多，自然會在其他方面投資不足而出現劣勢。所以此處得了便宜，他處必然要付出代價。

當然我們還可以再追問，什麼是索艾羊適應性擇的最佳策略？科學家發現如果索艾羊是帶了一個大角（HO^+）和一個小角（HO^P）基因的雜種，它既能得到母羊的青睞，又有不錯的存活率。這又印證了演化生物學中「雜種優勢」（heterozygote advantage）的理論。

延伸閱讀

1. Carl Zimmer. Origins. On the origin of sexual reproduction. *Science* 324: 1254-1256; 2009.

2. David J. Hosken, Clarissa M. House. Sexual selection. *Current Biology* 21, R62-R65; 2009.

3. Michael A. Brockhurst. Evolution. Sex, death, and the Red Queen. *Science* 333: 166-167; 2011.

4. Scott Pitnick, David W. Pfennig. Evolutionary biology: Brotherly love benefits females. *Nature* 505: 626-627; 2014.

5. J. Arvid Ågren, Andrew G. Clark. Selfish genetic elements. *PLoS Genet* 14: e1007700; 2018.

6. Gonçalo S. Faria et al. The relation between R. A. Fisher's sexy-son hypothesis and W. D. Hamilton's greenbeard effect. *Evolution Letters* 2-3: 190-20; 2018.

7. Andy Gardner. The greenbeard effect. *Current Biology* 29, R430-R431; 2019.

8. Sara Reardon. Genetic patterns offer clues to evolution of homosexuality. *Nature* 597: 17-18; 2021.

9. 理查‧道金斯（Richard Dawkins）著，趙淑妙譯，《自私的基因（新版）》（*The Selfish Gene*），天下文化（2020/01/20）。

第十堂課　人的演化

Photo by Eugene Zhyvchik on Unsplash. https://unsplash.com/photos/xJY7gtC38o

　　討論人類的演化基本上仍然要從達爾文談起，1859 年達爾文最重要的著作《物種源始》出版時，在英國引起非常大的震動，人們自然也開始認真思考：人真的是從猴子演化而來的嗎？

　　這個問題在英國引起非常熱烈的討論。1871 年，倫敦的報紙和雜誌就出現好幾幅把達爾文的頭接在黑猩猩身上的嘲諷漫畫（圖 10-1）。但達爾文的書中其實只有一句話提到了人，他是這麼說的：「未來我們將會對人類的起源與演化有更多的認識和瞭解。」（Much light will be thrown on the origin of man and his history.）

圖 10-1 1871 年 3 月 22 日《黃蜂雜誌》（*The Hornet Magazine*）刊有諷刺達爾文的漫畫圖像。

不過毫無疑問，人類的演化在生物學中是一個重要的議題。1871 年，達爾文正式寫了一本書《人類的由來和性擇》（*The Descent of Man and Selection in Relation to Sex*），內容主要就是講述支持人類確實是從其他物種演化而來的證據，其中提到了人類胚胎發育與很多其他的物種十分相像，另外也花了很多篇幅討論達爾文感到困惑的「性擇」。

二十一世紀的今天，我們可以從幾個不同的面向來探討人的演化。最傳統的方式當然是從化石的紀錄下手；第二個面向則是從過去二十多年中，包含人類在內各種不同物種基因體定序的比對下手；第三，我們也能從文明發展的角度來討論人的演化。

人類演化的化石證據

從化石來瞭解人的演化，好處是證據非常具體，但也有先天的缺陷，像是化石保存的條件我們無法掌控。我們無法回到幾千萬年前的時空，去追溯地質變化的歷程。另外化石也有紀錄不完整的問題，像是找不到能連結兩個不同世代間的化石證據。化石紀錄失落的環結（missing link）是過去討論人的演化時最大的爭議。

東非大裂谷（Great Rift Valley）是搜尋人類祖先化石一個非常重要的地區。這裡是非洲與阿拉伯板塊在 1,500 萬至 2,000 萬年前發生板塊張裂所形成。迄今所有與人類相關的重要化石，都是在東非大裂谷中發現，所以這裡也被認為是人類的起源地（圖 10-2）。

什麼樣的地理條件讓人類在此出現？現在的猜想是在裂谷形成的過程，自然環境發生了巨大的改變，從原始森林變成了草原地形。原本居住在森林中的猿猴被迫要去適應新的生活環境。早期人

類從四足行走變成雙足直立，可能就是為了要在草原遼闊的環境，看得更遠及早發現危險而演化出來的特徵。

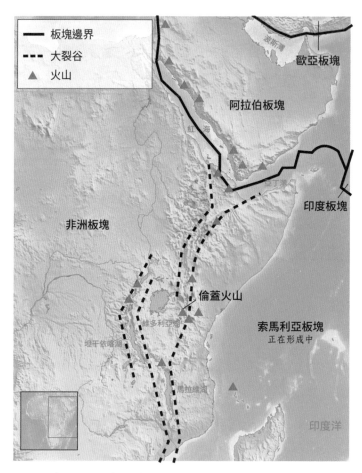

圖 10-2 類人化石多在東非大裂谷及部分南非地區發現，因而普遍認爲非洲是人類的起源之地。

目前找到最早的類人化石（hominin fossil）是 2002 年在查德（Chad）出土，約在 600 萬至 700 萬年前的一種人猿（查德沙赫人，*Sahelanthropus tchadensis*）。殘留生物的年代測定經常使用碳-14 定

年法，但此法能夠有效測定的範圍大概只有五萬年。古老的人類化石多半包埋在當時火山熔岩形成的岩層中，利用岩層中放射性同位素衰變（如鉀-40 衰變為氬-40），可以推測熔岩形成的年代。

最早的類人化石可以看出，頭蓋骨的枕骨大孔直豎，表示脊椎是從下而上支撐頭部，和四足爬行動物的頭骨與脊椎連結的方向相比，相差了 90 度，這可能是人類雙足直立第一個被發現的特徵（圖 10-3）。接下來次古老的類人化石（圖根原人，*Orrorin tugenesis*）在東非與南非多處出土，年代約在 500 萬至 600 萬年前，雖然都是片段的化石，但也能從中推論當時的類人是雙足直立的。

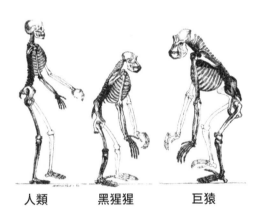

| 人類 | 黑猩猩 | 巨猿 |

圖 10-3 人類脊椎支撐頭部的角度約為 180 度，而黑猩猩或大猩猩脊椎支撐頭部的角度約為 90 度。

1974 年在衣索比亞出土的露西（Lucy）是最完整，也是最著名的早期類人化石（圖 10-4）。露西在分類上屬於阿法南方古猿（*Australopithecus afarensis*），腦容量只有現代人類的一半，雙足直立，身高 110 公分，體重 29 公斤，年代約在 320 萬年前。

之所以將化石取名為露西，一個有趣的說法是當初考古探險隊

找到這副完整的人類化石後，晚上在帳篷中開慶功宴，就想應該給這副化石取個名字，此時剛好一旁的錄音機放了一首披頭四的歌曲〈Lucy in the Sky with Diamonds〉，讓探險隊得到靈感，剛好找到的化石因為體型嬌小判定是女性，於是將之取名為 Lucy。

圖 10-4 早期最完整的一副類人化石：屬於阿法南方古猿的露西。

後來陸續有各種不同年代的類人化石出土，但它們之間的關係究竟是一路演化下來？還是各自獨立演化？我們無法有明確的定論。在 150 萬年前左右的人類化石附近，發現了原始的石器，知道當時的類人可能已經製作和使用工具，就將這一種人稱為巧人

（*Homo habilis*）。巧人使用的工具雖然粗糙，但有明顯人為打鑿的痕跡，統稱為舊石器時代。

約在同一年代也有另一種人類出現，因為很明顯能看出他們是直立行走，就被稱為直立人（*Homo erectus*），並且也是在 150 萬年前，人類開始有了第一次離開非洲的跡象，距今 50 萬至 60 萬年的北京人或爪哇人很可能就是這些直立人的後代。

2015 年 9 月有一個人類化石的重要發現，在南非的一處山洞中找到了一些似乎是全新人種的骨骼。當時南非的一位人類學家李伯傑（Lee Berger）雇了一群人進行洞穴探險，並告訴他們要多留意動物或人類的骨骼。探險家在洞穴深處遇到一個非常小的狹縫，身材稍壯的人是鑽不過去的，但在這個狹縫附近摸索到一些骨骼。

李柏傑覺得這些骨骼和人很類似，認為這個洞穴很可能是原始人類曾居住過的地方，但那道狹縫實在太窄，很難展開進一步的搜索。即使這個發現被認為可能是人類演化史上的重要寶藏，李伯傑依然將這個發現公開發表到學界社群網站，希望尋找體型纖小的考古學家一同合作。之後有六位女性隊員再次前往洞穴，但只有一人能鑽過狹縫，發現裡面還有一個較寬敞的岩洞，並且地上到處都是人骨。最終探險隊蒐集到了約 1,500 塊的骨骼，拼湊出至少屬於十五個不同的人。

這些骨骼是如何跑進狹窄洞穴中的？排除了其他動物或是自然災害造成的可能後，得出的結論是當時人類已經有意將死者搬運到此處埋葬，這個行為代表這些人已經出現了初步的文明。當時發現最早有墓葬行為的人類，是距今 10 萬年前的尼安德塔人（Neanderthal），可惜的是這些洞穴裡的人骨因為是擺在平整的地面，而非被岩層包埋，所以無法測定其準確的年代。考古學家只能

測量岩洞的年代，大約在 250 萬年前。

如果人類真的那麼早就懂得埋葬死者，那一定是已經脫離了黑猩猩與阿法南方古猿的新人種了。從找到的骨骼推測，這些人的腦容量比露西稍微大一些，但和現代人類相比依然很小，手部的特徵是有靈活的拇指，加上和黑猩猩相像特別長的其他四指。人類是唯一拇指能分別和其他四指觸碰的動物，這讓我們的手非常適合抓握物品。因此這個新發現人種的年代，可能介於 320 萬年前的露西和 150 萬年前的直立人之間，在身高體型上則比較接近直立人。

南非洞穴中的發現，讓人類起源之地除了東非大裂谷外多了新的可能。而古老人類化石如今在亞洲與歐洲各處也被發現，從中可以回溯出人類開始往世界各地遷徙的年代。但要如何推測這些年代相近的人類化石中，誰是最早的起源呢？

在族群遺傳學中有個著名的「創始者效應」（founder effect），指的是當族群中有一部分個體遷移到了遠方某處定居，形成新的聚落，因為這個聚落是由少數個體繁衍而來的後代所形成，所以族群內彼此間基因差異就會很小。

比對世界各地人類的基因體序列後，發現各地人們的 DNA 變異都不大，而 DNA 變異最大的區域是在非洲，同時世界各地發現 DNA 序列的變異在非洲都能找得到，因此可以合理推測非洲是人類最早的起源地。

從語言學的分析也可以推測人類前往各處遷徙的方向和年代。像是美國語言學家羅伯特・白樂思（Robert Blust）把 1,200 種南島語系的語言，依其特徵分成 10 個類型。其中 9 個類型含括了 26 種語言，只出現在臺灣的原住民部落。剩下 1,174 種語言都屬於同一類型，卻分布極廣。從東非的馬達加斯加，到 26,000 公里外的復

活島，北從菲律賓南至紐西蘭（圖 10-5）。

一個合理的解釋就是，臺灣是南島語系的發源地。估計 4,000 年前一批臺灣原住民開始向南遷徙，雖然在各地衍生出不同的方言，但語言的特徵仍屬於同一類型。

當然出走臺灣的假說流行了近三十年，但有沒有進一步基因序列分析的證據呢？2016 年一個 15,000 人粒線體 DNA 序列分析的研究發現，南島地區的原住民大約 80% 來自東南亞大陸，主要一波移民潮發生在 8,000 年前的印尼。但仍有小於 20% 來自臺灣。怎麼解釋只有少數基因來自臺灣，但來自臺灣的語言卻主導了這個地區語言的演變？有人猜測出走臺灣的人數雖然少，但可能都是菁英，或是引導信仰的人物。另外考古器物也加入了這個跨學科的研究，未來應該會有更多有趣的研究成果出現。

圖 10-5 南島語系的地理分布，臺灣擁有最多類型的南島語系語言（紅色）。剩下所有的南島語系語言（淺藍綠色和玻里尼西亞語系的藍色）都屬於同一類型。

人類演化的特徵：大腦容量與雙足直立行走

　　解剖學上人類的一些特徵也能幫助我們瞭解人類演化的過程。其中最明顯的就是人類腦容量巨幅的增加（圖 10-6）。從骨骼化石中可以推測體重與腦容量的關係，從最早的露西到後來的巧人與直立人，人類腦容量的急速增加遠勝過其他南猿或大猩猩。

　　其次則是雙足直立這個特點，除了可以從骨骼分析之外，從足跡的化石也可以看出這個特徵，1978 年考古學家李奇（Mary Leakey）在坦尚尼亞的火山岩上發現了完整的足跡化石，年代約為370 萬年前，從這個足跡的形狀就能推測，這是一個雙足直立動物所留下的，顯示當時人類的祖先已經直立行走了。

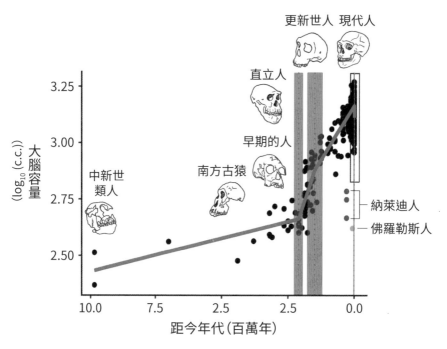

圖 10-6 人類的腦容量在演化過程中巨幅的增加。

　　人是動物世界中唯一能雙足直立行走的物種，它是人類演化中非常重要的里程碑，因為要雙足直立行走必須有非常好的平衡能力，才能讓一腳抬起向前時，另一隻腳可以穩定支撐全身鬆垮的結構。

　　過去大家都認為直立行走，可能是 600 萬年前古人類只發生過一次的演化變異。接下來只是不斷調整身體結構延續至今。但最新的一個研究，發現了另一種古人類的行走模式，是單腳跨過身體中軸向前，有點像是用跳扭秧歌的舞步行走（圖 10-7）。所以雙足直立行走在古人類演化過程中，可能不止發生過一次。

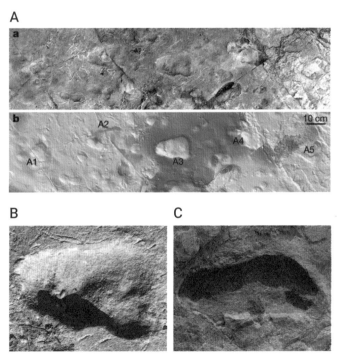

圖 10-7 360 萬年前古人類（A、B、C）在火山灰上留下的足跡。

雙足直立行走帶給人類許多好處。像是能有更寬闊的視野以適應草原生活；同時人類的雙手從雙足直立行走中解放，可以更自由去做許多精巧而複雜的動作。

當然，人也要為此付出代價，包括上身所有重量必須由脊椎、骨盆、膝關節與足踝支撐，長期以來就會造成這些部位的傷害。現代人許多身體上的問題，如骨刺、椎間盤突出、膝關節磨損等等，都可能是雙足直立行走造成的結果。

雙足直立行走還讓人的發育得到一個意想不到，而和任何其他動物不同的特徵，就是嬰兒在未發育完成前就必須出生。因為雙足直立使得胎兒的重量全由母親的骨盆來支撐，當胎兒還未發育完全，其重量已經超過骨盆所能承受的上限，嬰兒就必須出生。大部分動物出生時都已經發育完全，如牛、馬、羊等，幼兒一出生就可以跟著媽媽行走。人類嬰兒出生時則是完全的無助，必須仰賴母親的照顧。

嬰兒未發育完全就必須出生，對人的演化有什麼好處？簡單的說，人出生時嬰兒的頭蓋骨尚未癒合，表示出生後大腦還在持續成長發育，此時成長發育的大腦，已經同時可以接收外界環境的各種刺激，因而促使大腦塑造出極為獨特而複雜的神經網絡連結。這可能與人類能進行複雜思考、能用語言溝通等等能力有關。所以人類嬰兒出生後的一到三年間，是大腦發育與成長非常關鍵的階段，而這也是人類演化所獨有的特徵。

◦ 人類的近親：尼安德塔人與丹尼索瓦人

至今在化石紀錄中發現兩個人種和現代智人有親緣關係。它們

是尼安德塔人與丹尼索瓦人（Denisovan）。第一個尼安德塔人的頭蓋骨 1856 年出土於德國的尼安德塔村，因此而得名，其實 1848 年在直布羅陀就發現了同一人種的頭骨，只是當時並不知道這是一個全新的人種，因此至今仍以第二發現地尼安德塔來命名（圖 10-8）。

尼安德塔人的分布範圍很廣，從歐洲一直到土耳其、西亞等地區都有發現。尼安德塔人的腦容量其實比現代智人更大，但似乎並沒有因此比較聰明，他們有複雜的文化系統及埋葬死者的習慣，根據分析大概已經在 28,000 至 35,000 年前滅絕。

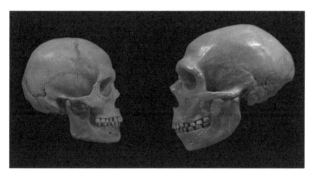

圖 10-8 智人（左）與尼安德塔人（右）頭殼的比較。

2010 年第一個尼安德塔人的基因體初稿定序之後，同年在俄國西伯利亞丹尼索瓦地區（接近蒙古的阿爾泰山）的一個洞穴裡，找到了一顆牙齒和一段指骨（圖 10-9），年代約在四萬年前，找到的化石雖然很小，但科學家順利從骨骼中抽取出了 DNA，並進行了基因體定序分析，最後判斷這是和現代智人與尼安德塔人都不同的一個全新人種。因此命名為丹尼索瓦人。

圖 10-9 西伯利亞的丹尼索瓦洞穴（左）以及在洞穴中找到的指骨（右）。

　　將現代不同物種的 DNA 序列進行比對，從序列變異的程度就能推測出這些物種演化所需的時間，人類與親緣關係最近的黑猩猩，就是大約在 600 萬至 700 萬年前分道揚鑣的。

　　從 DNA 序列的差異去推斷不同物種在多久以前分道揚鑣，有一個假設的前提，就是 DNA 的突變速率既固定又穩定。但這個前提是否可靠，其實充滿了很多不確定性。因此演化時鐘一般說來，只能告訴我們不同物種演化上遠近的關係，而不能告訴我們不同物種分離的絕對時間或是演化速度。

從基因來看人的演化

　　基因序列的比對可以判斷物種間的親緣關係，以免疫系統中一種趨化因子受體（chemokine receptor）的基因為例，比較人類（human）、黑猩猩（chimpanzee）與巨猿（gorilla）三個物種這個基因的序列，可以發現人與黑猩猩只有一個鹼基不同，和巨猿則有兩個鹼基不同，而黑猩猩與巨猿間也只有一個鹼基不同。因此可以判斷人跟黑猩猩親緣關係較近，和巨猿較遠，同時巨猿和黑猩猩也有

較近的親緣關係。利用這種分析比對的方法，就能建構出不同生物
間的演化關係。

　　由基因體的序列比對，可以得知我們人類跟其他靈長類——黑
猩猩、巨猿和紅毛猩猩（orangutans）之間的關係（圖 10-10）。紅毛
猩猩和人類親緣關係最遠，接著在 1,000 萬年前，人類和巨猿在演
化上分開，最後 600 萬年前我們與黑猩猩及倭黑猩猩（bonobo）分
開。人類與黑猩猩在演化上分道揚鑣後，究竟發生過什麼事？過去
我們只能從化石證據中推測，但現代有了基因定序的技術後，就能
從基因的觀點去探討這個問題。

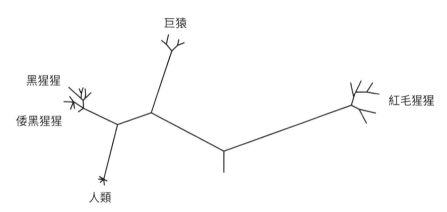

圖 10-10 人類在演化樹上與其他靈長類——紅毛猩猩、巨猿、黑猩猩、
倭黑猩猩的親緣關係。

　　比如說人類有 23 條染色體，但黑猩猩有 24 條，那黑猩猩真的
比我們多了一條染色體的基因資訊嗎？從染色體的形狀比較就可以
看出，人類的 2 號染色體在黑猩猩與巨猿身上其實是分成了兩條較
小的染色體。因此在演化過程中，我們 2 號染色體可能是由黑猩猩
兩條染色體融合而成。但我們不知道這個染色體的融合事件發生在

什麼時間，也不確定它對人之所以為人有任何貢獻。

另外用獼猴（rhesus）為基點，比較人類與黑猩猩各種細胞基因表現的差異，血液和肝臟基因表現的情況黑猩猩與人類相差不多，但兩者在腦細胞基因表現的差異就很大。顯示人類腦部的形成和發育與黑猩猩非常不一樣。這是否與人類嬰兒的大腦出生後還繼續發育有關？或是在演化過程中新添了什麼樣的利器？下面舉幾個例子來說明。

人類與動物一個最大的不同，就是人類有說話的能力。人類可能是唯一能用複雜語言溝通的動物。人為什麼會說話？過去發現一個叫做 FOXP2 的基因似乎和人的語言能力有關。這個基因的發現來自一個有單基因顯性遺傳疾病史的家族，FOXP2 的突變會導致病人喪失說話的能力。

FOXP2 本身是一個轉錄因子，會去調控許多基因的表現，因此受 FOXP2 調控的眾多基因，可能會參與我們說話的機制。而 FOXP2 從老鼠到黑猩猩的胺基酸序列完全相同，顯然是個重要的基因。

但 FOXP2 演化到人（包括尼安德塔人）時，出現了兩個胺基酸的改變。如果我們把老鼠的 FOXP2 改成人的 FOXP2，老鼠就會說話了嗎？當然不會！但老鼠學習記憶的能力明顯增強。

基因突變與環境適應

從基因看人類的演化能發現許多有趣的例子。一個叫做 Caspase 12 的基因，在人類演化過程中發生了一些獨特的改變，我們稱之為「正向選汰」（positive selection），意思是這個基因的改

變，對個體或族群產生了保護的效果。凡是沒有帶這個保護變異基因的個體，在特定的環境下會遭到淘汰，所以在很快的時間內，整個族群絕大多數的個體都會帶有這個變異的保護基因。

Caspase 中文稱作凋亡蛋白酶，是一種會水解蛋白的酶，最主要的功能是參與細胞凋亡（apoptosis）的過程。Caspase 12 基因上有一個 SNP 的多樣性變異，這個 SNP 出現在基因上第四外顯子的位置，當鹼基是 T 時，會導致終止密碼（stop codon）的出現，表示沒辦法轉譯出正常的 Caspase 12 蛋白。但有少數人這個 SNP 是 C，能讓終止密碼變成決定精胺酸（arginine）的密碼，這樣的蛋白就能完整作出來。

不同人種中這個SNP呈現獨特的分布：歐美白人（高加索人種，Caucasian）和亞洲黃種人全是攜帶有終止密碼子的基因型（T），代表他們不會製造 Caspase 12。但在非裔美國人和南非人中，大多是攜帶 C 的 SNP。

從全球分布來看，這些擁有 Caspase 12 的人大多都出現在非洲。現代人類最初起源於非洲，後來才分布到世界各地，因此很可能一開始，人類在非洲的祖先也有 Caspase 12，但之後出走到其他地區，出現了 C 變成 T 的基因突變，這些帶了基因突變的人，在適應環境上有一些優勢，才造成今天世上除了非洲之外，大部分人都繼承了這個突變的基因。為什麼少了 Caspase 12 的人反而更能適應非洲以外的環境？

老鼠實驗發現，Caspase 12 實際上是一個抑制免疫力的基因。免疫力像一把雙面刃，它可以對抗外來的病原體，如果太強卻也容易傷害到自己。原本從老鼠到靈長類都帶著這個 Caspase 12，來適度抑制自己的免疫力。然而後來從非洲出走的人類，因為 SNP

的變異作不出 Caspase 12，免疫力反而變得比較強。從實驗結果看出，完整的 Caspase 12 基因會讓個體對細菌內毒素（endotoxin）的免疫反應變得比較弱，這樣的個體比較容易得到敗血症。

從一個特定基因的 SNP，我們可以看到人類遷移的歷史，以及這樣的突變對人類適應新環境提供了什麼樣的好處。人類演化的過程中，基因的改變與遷移到新環境之間有相當密切的關係。類似的例子還很多，像鐮刀型貧血和地中海型貧血都是因為血色素的基因突變，反而會讓病人對瘧疾比較有抵抗力。另外還有基因突變讓人比較有抗寒能力，或是適應高原缺氧環境等等（圖 10-11）。

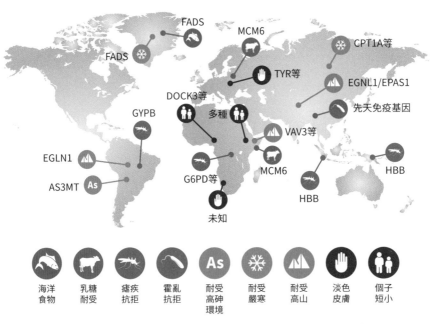

圖 **10-11** 全球各地人類適應環境而產生的各種不同基因突變。

現代人、尼安德塔人與丹尼索瓦人間的基因交流

1997 年，尼安德塔人的粒線體 DNA 第一次定序完成，和現代人進行比對分析後，得到一個很有趣的結論：兩者的 DNA 序列相似度不大，代表現代人與尼安德塔人之間沒有直接的親緣關係。但 2010 年尼安德塔人的完整基因體序列解析完成，發現他與現代人之間只有 0.1 至 0.5% 的差異，約於 70 萬年前分道揚鑣。

有趣的是，在現代歐洲人與亞洲人中，有 1 至 4% 的基因序列來自尼安德塔人，而非洲人則完全沒有。這也進一步支持現代人起源於非洲的論點，人類從非洲開始往外遷移，到了歐亞地區和尼安德塔人接觸發生通婚，因此繼承了一部分他們的基因。

不過，現代人完全沒有繼承到尼安德塔人的粒線體 DNA，表示現代人的女性曾與尼安德塔人男性交配過，而現代人的男性和尼安德塔人女性沒有留下後代，或許留下的後代可能和尼安德塔人一起滅絕了。

比對基因體序列後，發現現代人的另外一個近親──丹尼索瓦人與尼安德塔人的親緣關係比與現代人更為接近。丹尼索瓦人的粒線體 DNA 也與現代人完全不同。在演化時間上，尼安德塔人和丹尼索瓦人大約 50 萬年前分道揚鑣，而我們和他們的祖先大約 70 萬年前就分開了。同時也發現在中國人、南洋的馬來人與澳大利亞原生住民身上，有 1 至 6% 的基因序列來自丹尼索瓦人，相對在非洲和歐洲人身上則沒有這些基因相似處。

丹尼索瓦人的發現地距離中國與蒙古很近，可能在遠古時期他們就和中國人發生過某種交流，後代還傳播到了南洋與澳洲。但丹尼索瓦人無法跨越西伯利亞，所以沒有和歐洲人接觸過。從 DNA

序列的比對中，能看出現代人遷移的過程，以及與不同人種發生交流的現象。另外從丹尼索瓦人的基因序列中，發現可能還有一個更古老的未知人種曾經和他們發生過交流。

除了知道三個人種演化分歧的時間外，基因序列的比對還可以告訴我們很多隱藏的祕密。譬如說，2018 年，科學家在丹尼索瓦洞穴中找到一截 9 萬年前的女性人骨，分離 DNA 定序之後，發現她粒線體 DNA 的序列和尼安德塔人一致，表示她是尼安德塔人的女兒。但繼續看基因體的 DNA 序列，發現有 40% 來自丹尼索瓦人。

科學家們第一時間的反應：一定是樣品弄混了！仔細再分析發現，樣品中有些基因明顯有兩套：一套類似丹尼索瓦人；一套類似尼安德塔人。這位 9 萬年前的女性毫無疑問是尼安德塔人和丹尼索瓦人第一代的混血兒！

為什麼現代人基因體中，只殘存少量的尼安德塔人或丹尼索瓦人的 DNA 序列？最主要的原因可能是 70 萬年的分離時間，讓現代人和尼安德塔人或丹尼索瓦人之間產生了生殖隔離的現象。如果是這樣，為什麼還會有少量尼安德塔人或丹尼索瓦人的基因序列殘留在現代人的基因體中？

顯然這些基因序列對現代人出走非洲後，適應新環境的挑戰有幫助，所以保留下來了。像遺傳到丹尼索瓦人基因的亞洲人，就得到了 HLA-B73 這個基因，這是免疫系統中的自然殺手細胞（nature killer cell）辨認外來病原體時重要的受體。因此可推測亞洲人從丹尼索瓦人身上得到的這個基因，幫助了他們抵抗新環境的病原菌，更適合往南方遷移。

殘留在現代人基因體中的尼安德塔人基因序列，和當前感染新

冠肺炎病毒（Covid-19）後病情的輕重似乎也有些關聯。2020 年的研究，分析了 3,199 個感染新冠肺炎病毒而住院病人的 DNA，發現 3 號染色體上有一串核苷變異，在病人基因體中出現的比例，比 80 萬未感染的健康人對照組高了許多。表示這一串核苷變異，可能代表一個容易感染新冠肺炎病毒的危險因子。

進一步分析發現，這一串核苷變異來自尼安德塔人，可能在 4 萬至 6 萬年前混入現代人的基因體中。這一串核苷變異在全球人類族群的分布也非常獨特。它沒有出現在非洲可以理解，但在東亞（0%）和南亞（40%）分布的差異，就是個值得進一步探究的課題。

2021 年另一個針對 2,244 位新冠肺炎住院病危的病人及對照組病人的 DNA 分析，發現在 12 號染色體上也有一串核苷變異，在病危病人基因體中出現的比例偏低。表示這一串核苷變異，可能代表一個對感染病人的保護因子，病人如果帶了一套保護因子，病危的機率下降 22%。這個有保護力的核苷變異，也是來自尼安德塔人，而它在全球人類族群中的分布，除了非洲之外都比較平均（圖 10-12）。

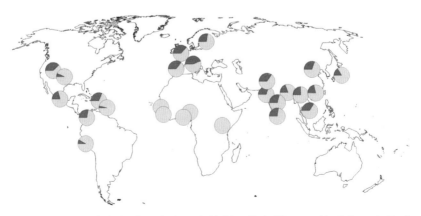

圖 10-12 12 號染色體上來自尼安德塔人的保護因子（紅色），在全球人類族群中的分布。

這些研究為什麼沒有看到丹尼索瓦人基因的關聯？這裡其實反映了一個遺傳學研究的種族偏差：丹尼索瓦人的基因殘留主要分布在東亞和馬來人，在這些研究中完全缺席。怎麼補上這塊缺失？應該是我們責無旁貸的重任。

農業的誕生與人的演化

除了基因之外，我們還能從文化的面向，特別是「農業」的誕生，來探討人的演化。人類文明的萌芽大約在一萬二千年前，但人類從雙足直立到大腦快速成長是發生在兩、三百萬年前。雖然那時開始使用火和工具，但仍不算擁有文明，代表大腦的增長雖然很重要，卻不是促成文明發展的充分條件。人類文明的產生其實與農業的興起有著更密切的關係，從狩獵採集的生活進入農業社會之後，人類文明才真正開始出現。

農業社會的誕生是因為人能夠馴化部分的植物與動物。這個過程如何發生？為何只有少數物種能被馴化？務農是一個高風險的投資，因為農耕的過程非常繁複，首先要清理土地，接著播種、灌溉，最後還不確定會不會有收成。如果沒有其他人的指示或教導，一開始選擇務農的人，怎麼敢冒著如此高的風險來做這些事？趁著有力氣時去狩獵採集不是更保險嗎？

選種與耕作需要花費許多時間和力氣，而這種專門的技術是無法自行摸索出來的，而且耕作的結果不可預期。此外務農其實比狩獵採集更辛苦，每天都要去工作，還要靠天吃飯。是什麼因素使人願意選擇這樣高風險的生活方式？如今推想可能是氣候變遷所致，氣候改變使得獵物減少，採集狩獵的困難大幅增加，加上採集過程

中無意插柳柳成蔭的運氣，都讓人有機會去嘗試新的生活型態來適應惡劣的環境。

為什麼農業社會能夠引領文明的出現？農業的好處就是單位面積土地的產出，遠大於狩獵採集所能得到的食物。一旦農耕技術成熟，人類社會的結構就開始發生前所未見的改變。最大的改變就是人口密度大幅增加。聚集在一起的人群，只需要少數人去耕田，就可以保障多數人的糧食供養，多餘的人力就可以釋放出來，去專精各種其他的特殊工藝。

農業社會另外也多出來一些特定的需求，像量測田地，灌溉工程和管理的組織等等。有了政府與軍隊之後，才可能集合眾人之力去推動更多文明的建設，像是埃及金字塔的建造。另外推動文明最重要的工具：文字，也是因應農產交易記帳的需要才發明出來的。

當然人口密集的結果，也帶來全新的傳染病，像麻疹、結核病、流感、天花、鼠疫等等。而農耕食物種類的多樣性減少，還會造成普遍性的營養不良。

農業與物種馴化

農業的基礎來自物種的馴化，在此過程中很多物種的特性都發生了改變，例如現在的狗是從灰狼馴化而來的。農業作物中有幾個重要被馴化的植物，其中最重要的是小麥。

野生的小麥種子很容易從麥穗中脫落。對小麥來說，這是幫助它散播後代，但對採集的人類而言，要去地上一一撿起種子就是件麻煩的事。直到有人發現某株小麥種子不會脫落，帶回去種植後採收種子變得容易，這種小麥就被人開始大量繁殖，演變成現今被馴

化的小麥。

　　玉米是另外一個例子，當人類開始懂得種植作物後，自然也會學著去選種，當觀察到有些野生玉米的種子比較大也比較豐滿，會將它保留下來種殖。這些馴化的作物就在人類的照顧下持續保存與改良，變成能更好為人利用的物種（圖 10-13）。高等植物有 200 萬種，其中只有 100 種被馴化。

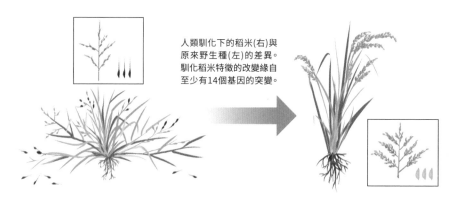

人類馴化下的稻米(右)與原來野生種(左)的差異。馴化稻米特徵的改變緣自至少有14個基因的突變。

圖 10-13 人類馴化下的稻米與原來野生種的差異。馴化稻米特徵的改變緣自至少有 14 個基因的突變。

　　在動物方面，能夠被馴化的物種有幾個特徵：腦容量小、感官比較遲緩、除了食用之外還有多重功能，像是狗和貓就成了現今人類的寵物。體重大於 45 公斤的動物有 148 種，其中只有 14 種被馴化。

　　為什麼能被馴化的野生物種這麼少呢？原因可能很多，像是人類無法提供其所需的食物，如食蟻獸；生長緩慢、生育間隔太長，如大象和長頸鹿；脾氣暴躁、圈養不育，如灰熊與貓熊；沒有跟隨領導的習性、過度神經質與膽小，如羚羊和蹬羚。

　　所以野生動物是很不容易被馴化的。斑馬就是一個例子，牠們

不像普通的馬可以被人類馴化。當初英國人到南非殖民時，第一眼看到草原上成千上萬的斑馬，就想要將牠們和牛羊一樣圈養起來，但嘗試了幾百年始終無法成功，最後終於放棄。按當時的紀錄，南非的英國人被斑馬踢傷的人數比被獅子咬傷的還要多！

　　另外一個例子是杏仁與橡實這兩種植物。野生的杏仁與橡實都很苦，無法食用。但杏仁的苦味是由單基因所控制，那個基因一旦發生突變，杏仁就變得不苦了，並且它的後代也能一直保留這個不苦的特徵。但相對橡實的苦味來自多個基因，即使偶然發現了不苦的橡實，拿去培育繁殖出的後代可能又會變回有苦味。因此，杏仁成為被人類馴化的作物，而橡實則仍然只能棄之於野外。

牛的馴化與乳糖不耐症

　　在動物中，牛的馴化是一個重要的關鍵，它與農業的發展差不多是在同一時期。牛除了提供勞力之外，還能供給人類肉與牛奶。人類最早養牛的目的是要吃肉還是擠奶呢？從古代人類生活環境中殘留的牛骨，可以猜出答案。如果是要吃肉，當然要把牛養大一點才殺掉；但如果要擠奶，就需要讓母牛不斷懷孕，同時殺掉小牛來方便牛奶的採集。在考古遺跡中，發現牛的骨頭大部分來自小牛，因此可以判定人類早期養牛一個重要目的是要採集牛奶。

　　到了十七世紀，在歐洲還能看到比現代牛大上許多的原始野牛（Aurochs）（圖 10-14）。這些原始野牛，包括在美洲的野牛，都具有很強的攻擊性，幾乎無法被馴養。

2公尺

圖 **10-14** 歐洲原始野牛和人的大小比較。

但波蘭中部平原上曾出土過七千年前的陶製器物，上頭有許多孔洞，分析器物上的殘留物，發現其中有牛乳特有的蛋白質與脂肪，因此這可能是早期人們用來作起司的器具。所以古代人類很早就開始養牛採集牛奶，但他們可能不是要直接飲用牛奶，而是要將牛奶發酵成起司，以便長期保存。為什麼不直接喝牛奶而選擇作起司？一個推測是古代人類很可能都有乳糖不耐症。

母奶中的乳糖在消化過程中會被小腸分泌的乳糖分解酶（lactase）分解成葡萄糖和半乳糖。乳糖分解酶的活性在嬰兒剛出生後非常高，幫助嬰兒消化母奶取得養分。但等到嬰兒斷奶後，腸道中的乳糖分解酶活性就會自動降低。

長大後再喝牛奶，其中的乳糖無法被分解吸收，造成腸胃道滲透壓升高，腸壁細胞就開始分泌水分要把乳糖稀釋，同時腸道中的細菌開始利用乳糖發酵大量繁殖，產生許多二氧化碳，結果就是腸胃脹氣和腹瀉等症狀。所以乳糖不耐症是人類發育過程中，自然產生的現象，它不是病！

正常人應該都有乳糖不耐症，但現今有許多人喝了牛奶並沒有

不適，表示他們的腸胃道在斷奶之後還會持續製造乳糖分解酶。如今世界各地有乳糖不耐症的人大約占了一半以上，但在北歐及西非地區乳糖不耐症的人比例相對很低（圖 10-15）。這些人沒有乳糖不耐症，很可能是因為他們有些基因發生了突變。

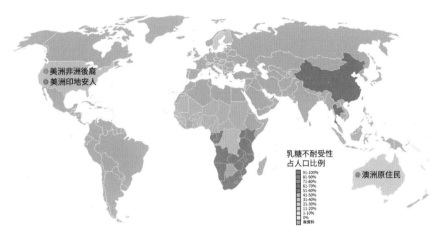

圖 10-15 世界各地乳糖不耐症的人數比例，可以看出北歐及西非、西亞地區乳糖不耐症的人數較少。

　　究竟什麼樣的基因突變使北歐人能喝牛奶？科學家從 9 個家族中去尋找，有乳糖不耐症和沒有乳糖不耐症的人彼此基因序列的異同。很快就找到在乳糖分解酶基因啟動子前面，有一個 SNP 位點和乳糖不耐症有密切關係。簡單的說這個 SNP 是 C/C 的人，乳糖分解酶活性只有 T/T 型的十分之一，C/T 基因型的人則位於兩者之間。因此 C/C 基因型的成年人應該都有乳糖不耐症，而 T/T 基因型的人則能正常喝牛奶不會有問題。

　　為什麼一個鹼基的改變會造成這麼顯著的效果？現在很容易作這樣的研究，我們可以在這個 SNP 後面的乳糖分解酶基因啟動子

帶上一個報導基因（reporter gene），送到細胞中就能測試 SNP 的變化對啟動子活性的影響。細胞實驗中發現攜帶了 SNP 為 T 的啟動子活性，確實比攜帶 SNP 為 C 的啟動子來得高。

乳糖不耐症在人類演化中扮演相當重要的角色。農業出現在一萬二千年前的兩河流域，接著在八千年前，人類帶著已經發展的農業技術，包括養牛及牛奶發酵，往歐洲大陸遷移。六千五百年前抵達了西／北歐地區（圖 10-16）。

發現大約7,000年前用來
製造起司的器具碎片

6,500年前
乳業經濟已在
中歐建立

7,500年前
能喝牛奶的成人已在中歐出現

8,400年前
新石器時代人類在希臘出現

11,000~10,000年前
農業起源於兩河流域

圖 10-16 農業在兩河流域誕生後，人類攜帶著養牛與製作乳製品的技術開始往歐洲遷徙的過程。

　　科學家相信就在這段期間，遷移至西／北歐的人類中發生了乳糖分解酶基因的突變，讓人們在成年後也可以飲用牛奶。由於緯度高的西／北歐日照時間比較短，原本要經由日照取得的鈣質與維他命 D 的營養，就能從牛奶中獲得，此時可以喝牛奶就成為一個生存優勢，這個突變的基因也就因此在人類族群中保留下來了。

　　除了西／北歐之外，西非地區乳糖不耐症的比例也很低，他們可以飲用牛奶的體質基本上和北歐的人一樣，那他們是不是也攜帶了同樣的 SNP 變異呢？2007 年，科學家們用同樣的方式分析了 479 位非洲人的乳糖分解酶基因，發現在基因上游出現了和西北歐人不一樣位置的兩個 SNP，雖然鹼基突變的位置不同，但對基因活性的影響卻完全相同。

　　也就是說不同地區的個體，為了適應環境產生了不同的基因突變，但卻得到了相同的結果。這是在人類社會中出現「趨同演化」（convergent evolution）的一個最佳實例。

　　澱粉水解酶 (amylase) 也是一個人類基因會隨著社會文化一同演化的例子。世界各地不同的人種有不同的食物來源，以澱粉為主食的人類，基因體中澱粉水解酶的基因拷貝數，就比其他以漁獵為生的人多。基因拷貝數多就可以作出更多的澱粉水解酶，使他們能更適應以澱粉為主食的生活環境。

　　因此一個很重要的觀念就是：我們身上攜帶的基因是歷史的產物，是長期演化的過程遺留在我們身上的痕跡，這個演化過程可以一直回溯到生命的起源。今天我們擁有的基因，其實融入了過去所有祖先的演化經驗！這樣的觀念可以幫助我們去瞭解許多看似雜亂無章的生命現象，並從中找出合理的解釋。

延伸閱讀

1. Katherine S. Pollard. What makes us human? *Sci Am* 300: 44-9; 2009.

2. Sarah Tishkoff. Strength in small numbers. *Science* 349: 349-350; 2015.

3. Curtis W Marean. The most invasive species of all. *Sci Am* 313: 32-9; 2015.

4. Erika Check Hayden. Seeing deadly mutations in a new light. *Nature* 538: 154-157; 2016.

5. Katherine S. Pollard. Decoding human accelerated regions. *The Scientist*; August 1, 2016.

6. Michael Dannemann, Fernando Racimo. Something old, something borrowed: Admixture and adaptation in human evolution. *Current Opinion in Genetics & Development* 53: 1-8; 2018.

7. Philip Hunter. The riddle of speech: After FOXP2 dominated research on the origins of speech, other candidate genes have recently emerged. *EMBO Reports* 20(2): e47618; 2019.

8. Todd W Costantini et al. Uniquely human CHRFAM7A gene increases the hematopoietic stem cell reservoir in mice and amplifies their inflammatory response. *PNAS* 116: 7932-7940; 2019.

9. Yichen Liu et al. Insights into human history from the first decade of ancient human genomics. *Science* 373: 1479-1484; 2021.

10. 賈德・戴蒙（Jared Diamond）著，王道還譯，《第三種猩猩：人類的身世與未來〔問世 20 週年紀念版〕》（*The Third*

Chimpanzee: The Evolution and Future of the Human Animal），時報（2014/05/19）。

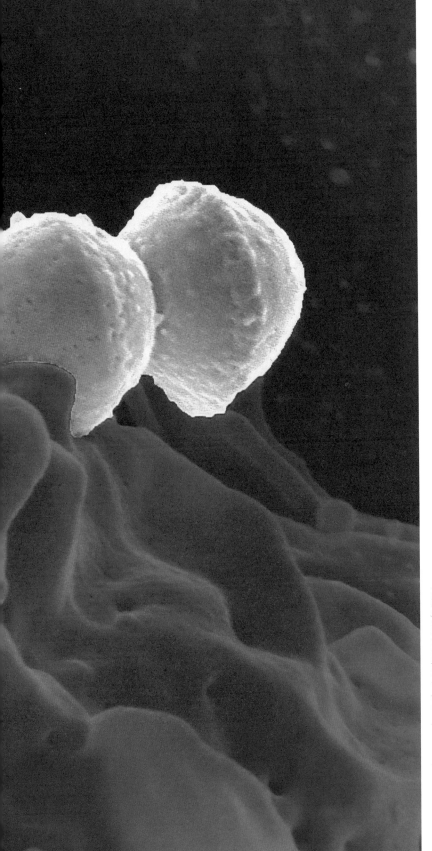

我們為什麼會生病？

Photo by CDC on Unsplash, https://unsplash.com/photos/aQ0e0Ri267U

　　過去人類的疾病很多來自微生物的感染，像細菌感染引起的鼠疫和霍亂，或是病毒感染引起的天花、流感、小兒麻痺和愛滋病等等。但隨著醫藥衛生的進步，食物營養的改善，我們已經控制了大部分這一類型的疾病，或是從人類社會中根除了一些像天花這樣的傳染病，人類壽命因此大幅度的延長。

　　但我們似乎並沒有擺脫疾病的煩惱，只是在現代文明社會中，要面對的疾病型態和過去的傳染病完全不同。現在常見的疾病像糖尿病、心血管疾病、氣喘、過敏、癌症、精神疾病等等，多半是慢性疾病而且沒有特定的病原菌。怎麼去瞭解這些文明疾病的病因就成了現代醫學一個重大的挑戰。

　　近年來從基因看生物演化，已經成為生物醫學一個重要的研究方向。同時對基因與疾病之間的關係也有了更多的瞭解。因此「演化醫學」這樣一個新的概念逐漸成熟。也就是從演化的觀點來考察現代疾病可能產生的原因。「演化醫學」的探索，可以提供很多過去對現代文明疾病起因未曾察覺到的線索，也提供了對現代疾病起因瞭解的一個新面向。

　　下面我們將從幾個不同的演化面向，來討論現代文明疾病可能的根源。首先要提出來的是古老身體和現代生活型態錯配（mismatch）理論。這個理論是說：適應遠古時代的環境和生活型態而演化出來的身體，和現今的生活型態錯配導致現代文明疾病的產生。這個錯配理論衍生出三個不同的假說，分別討論如下。

從節約基因假說到節約表現型假說

　　節約基因假說認為，人的身體中有一些節約基因（thrifty

gene），使我們能度過時常鬧饑荒的原始環境，因而有了適應暴飲暴食的體質。原始人類狩獵採集，打到獵物後，由於欠缺保存方式，只能馬上把它吃光。此時節約基因就要想辦法，把這些食物好好轉化成脂肪儲存起來，因為不知道下一餐在哪裡。

到了富裕的文明社會，有規律的一日三餐，但節約基因依然努力儲存脂肪，造成肥胖以及後續諸多的文明病。然而那些使我們的身體適合暴飲暴食的節約基因，至今仍然沒有完全被證實，所以節約基因假說應該被丟棄？還是可以再作一些修正？

我們先來看一個有趣的例子，在印度鄉下地區，第二型糖尿病的盛行率只有 0.7%，但是到了城市中，這個比例躍升到 11%，在現代都會中心甚至可以到 20%。這些數據顯示，雖然大家都有相同的基因，但不同的生活型態就能使糖尿病的盛行率有如此大的差別。有沒有可能我們身體很早就演化出一套快速修正基因活性的機制，來適應遠古時期食物不足的環境？

於是有人提出節約表現型假說（thrifty phenotype hypothesis）。設想胎兒在母親體內，碰到養分欠缺的環境，胎兒身體就會透過表觀遺傳學的方式，產生能節約使用養分的表徵。這個節約表徵胎兒出生後，仍然會保留下來直至成年。如果這時候生活型態突然改變，讓他們生活在一個富裕的環境中，那伴隨而來的當然就是心血管疾病、糖尿病、高血壓等病症了。

1998 年有一個著名的相關研究，科學家們找出了 702 個 1943 年 11 月 1 日至 1947 年 2 月 28 日期間在荷蘭阿姆斯特丹出生、目前都還存活的人進行研究。二次大戰期間，在諾曼第登陸之後，當時的荷蘭人幫助盟軍對抗德國人。但在盟軍還未抵達前，德國人封鎖了整個阿姆斯特丹地區，不讓任何食物進入，造成阿姆斯特丹的

大饑荒。

因此，科學家選定了這些在母親懷孕時遭逢饑荒的胎兒，想要瞭解他們胎兒時期的環境是否會影響到成年後的健康。結果發現這些嬰兒成年後，普遍有葡萄糖耐受性（glucose tolerance）下降引發的肥胖現象。

科學家於是推測，當母親遭遇饑荒，胎兒感覺到食物來源不足，就想辦法改變自己的體質，讓身體對營養的吸收和保存更有效率，結果這樣的節約表徵，伴隨了胎兒成長一直到出生成年。一個有節約表徵的成年人，生活在衣食無缺的富裕社會中，很容易就攝取過多的營養而慢慢得病。

同時我們也可以推論，胎兒對體質的改變無法從基因下手，也就是 DNA 序列沒有變異，改變的是 DNA 的甲基化以及組蛋白（histone）的修飾，也就是用表觀遺傳學（epigenetics）的原理來影響基因表現，產生了一個穩定的節約表徵。

後續在二個不同地區的研究也得到類似的結論：胎兒時期遭逢饑荒，會造成成年之後能量代謝過度而容易得到不同的文明病。其中一個研究是俄國的列寧格勒（今天的聖彼得堡），二次大戰期間列寧格勒曾被德軍包圍了八百多天，造成大饑荒。另一個研究則在中國，1959 到 1962 年間的自然災害，造成的饑荒曾讓幾千萬人挨餓至死。

這些研究結果都顯示胎兒在子宮內依然能感受到母體的外在環境，可以透過表觀遺傳的修飾基因，做出適應環境的體質改變。

2015 年，科學家們又針對阿姆斯特丹那 702 個嬰兒進行了後續追蹤，結果發現雖然他們有肥胖的傾向，但最終死於心血管疾病與癌症的比例並沒有特別高，顯示可能還有更多目前未知的因素在

影響他們的身體狀況。

我們對人類疾病的研究與疾病成因的瞭解，其實是一個非常困難的過程，大多時候只能透過流行病學的調查與統計分析，才能做出一些猜測，引導未來的研究去證實或推翻這些猜測。

◉ 衛生假說

「衛生假說」（hygiene hypothesis）是說我們的免疫系統很早就演化出一套自我修正的機制，在小孩出生前，免疫系統發展出辨識自我與非我的能力。出生之後，開始接觸外界環境中的種種外物，免疫系統就要能夠很快容忍那些不會危害身體的外物。

所以出生後接觸外界的環境愈多樣，免疫系統被調教得就愈好，長大之後就不容易有氣喘、過敏等自我免疫的病症。但現代人一出生就被保護得無微不至，免疫系統因為太衛生而失去被調教的機會，以致長大之後過分活躍引發各種病症。

衛生假說首次出現在 1989 年出版的一篇標題為〈花粉過敏、衛生與家族規模〉（Hay fever, hygiene, and household size）的論文中。論文的結論是大家族中的小孩比獨生子女的小孩不容易發生花粉過敏。研究者認為可能原因是大家族中的小孩很多經常玩在一起，父母沒有辦法照顧得很周全，小孩在成長過程中就會接觸到比較多的髒亂環境和病原菌。獨生子女因為成長過程的環境太乾淨，沒有接觸過太多環境中的病原體，導致長大後過敏等病症比較容易出現。

2015 年發表的另一篇論文在瑞典進行了完整的研究，當 1 歲多的小孩子經常和狗或其他寵物，甚至在農場中長大，小孩 6 歲時

發生氣喘的比率會下降。從衛生假說在 1989 年被提出至今，已經有愈來愈多的研究顯示這個理論可能是正確的。但到底該讓小孩接觸到多少環境的外來物最好？這個中間的分寸還沒有任何掌握。

如果小時候接觸了比較多的細菌或寄生蟲，能讓人們比較不容易得到氣喘或過敏，那能不能在控制的情況下，用細菌或寄生蟲來治療現有的過敏病症呢？1976 年，一位有嚴重過敏的醫生就在自己身上做了實驗，他讓自己感染鉤蟲，結果發現過敏反應竟然全好了。但因為這位醫生只在自己身上做了這件事，很多人都不相信他的實驗結果，不過之後陸續有一些研究者在動物身上進行類似的實驗，得到不錯的結果。

為什麼寄生蟲感染會讓身體比較不會發生過敏等自體免疫的反應？這其實是寄生蟲不希望宿主的免疫系統把自己殺死，因此就要想辦法去壓抑宿主的免疫活性。簡單的說，寄生蟲入侵腸道後，會直接或間接刺激免疫系統，去產生有煞車作用的調節 T 細胞（regulatory T cell，Treg）（圖 11-1）。這些調節 T 細胞就會抑制過度的自體免疫反應，像過敏、氣喘。

還有另一個理論可以同樣解釋感染寄生蟲為什麼能抑制過敏反應。那就是寄生蟲的一些蛋白質所誘導出的抗體，同時可以結合不同的過敏原，讓這些過敏原無法引發過敏反應。像用血吸蟲的卵在兔子身上引發抗體，同時可以結合天然橡膠、花生和花粉裡的過敏原。

可否用感染寄生蟲來抑制過敏反應就成了醫學上一個有趣的問題。目前有一些臨床試驗在評估以豬鞭蟲（*Trichuris suis*）的卵來治療自體免疫疾病。在一個可控制的情況下，將固定數目的蟲卵置入病人體內，期望卵孵化後產生的寄生蟲能改善宿主的自

體免疫反應。這些自體免疫疾病包括一般過敏、發炎性腸道疾病（inflammatory bowel disease）、多發性硬化症（multiple sclerosis）、類風溼性關節炎（rheumatoid arthritis）、乾癬（psoriasis），甚至還有自閉症（autism）等，這些都是準備進行臨床實驗的案例。

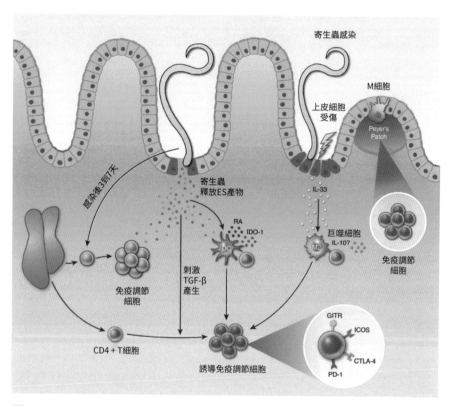

圖 **11-1** 蠕蟲感染會透過不同途徑促使免疫系統產生調節 T 細胞，反而能有效抑制自體免疫反應。

　　用感染寄生蟲來治病終究不太容易爲大眾所接受。既然寄生蟲有部分是透過它的分泌物來抑制免疫系統，那爲什麼不能鑑定、分離出寄生蟲分泌物中的有效成分，直接用人工合成的有效成分做爲

治療藥物？

目前看來血絲蟲所分泌的一個蛋白質 ES-62 最為看好，這個蛋白質分子量大約 64,000 道爾頓，平常是四個蛋白結合在一起。蛋白表面有糖分子的修飾，而糖分子上還接了數目不等的磷脂分子。

在不同自體免疫疾病的老鼠模式中，皮下注射純化的 ES-62 都證明 ES-62 能防止氣喘、皮膚炎、風溼性關結炎、全身性紅斑狼瘡等自體免疫疾病的發生或是進展。最有趣的是 2020 年英國科學家發現，ES-62 居然可以延緩高熱量飲食雄鼠的加速老化，而這個作用顯然和它抑制慢性發炎的活性有關。

這些臨床試驗似乎已經脫離了傳統醫學中，先研究疾病成因後再去尋找應對解藥的治療模式。這類型的研究一開始並沒有扎實的科學證據在支持，都是從演化的觀點去推測，認為這些找不出成因的疾病可能有著演化上的根源，再依據這些假說來嘗試找出疾病治療的方法。

現在更進一步的發展是，人體其實不是只有自己的細胞，而是住著許多微生物的共生生態系。生態系內部各成員間的互動，以及整體對外在環境的反應，都影響我們的健康狀態，而我們對這個生態系的瞭解還極其有限。這些都是未來醫學探索的大方向。

運動？不運動？那是個問題！

我們常說好逸惡勞是人的天性，從節省能量的角度似乎言之成理。但從我們身體的結構看來，剛好得到相反的結論：我們身體是演化出來應付長跑耐力的！從來沒有人會想到，我們是所有動物中長跑耐力最強的物種！

　　花豹、羚羊都跑得比我們快，但牠們長跑的耐力沒有我們好，主要原因是牠們散熱的機制很差，所以快速衝刺之後，必須停下來喘氣散熱。人的散熱機制強過其他動物，包括：我們皮膚光滑沒有濃密的毛髮、我們皮膚下汗腺及微血管密度很高、人是唯一可以一面跑步一面喘氣的動物。

　　另外比較長的大腿骨和吸收跑步震動的踝關節韌帶，加上適應長跑血液供應的心臟，都讓我們有最佳的長跑耐力。所以在弓箭、長矛還沒有發明之前，百萬年前的人類是靠著長跑耐力來追殺獵物，也就是鍥而不捨的追它個三天三夜，把獵物活活累死，而我們身體也完美演化出能匹配這樣需求的結構。

　　人類百萬年前演化出長跑耐力的身體，如今似乎完全無用武之地，對我們的健康究竟會產生什麼樣的影響？

　　由於長跑耐力是一個非常消耗能量的活動，所以橫紋肌激烈活動時，必須要能動員全身組織包括脂肪組織、肝臟，組成一個後勤支援的網路。這時候橫紋肌的角色不再只局限在運動上，激烈活動會刺激橫紋肌分泌各種激素，刺激肝臟製造葡萄糖、脂肪細胞分解脂肪產生脂肪酸、胰臟分泌胰島素、增強細胞燃燒葡萄糖的效率等等（圖 11-2）。

　　因此，百萬年前的人類處在長期持續運動和食物短缺的環境中，演化出了一個依賴運動而燃燒食物效率超高的身體。可是一旦到了近代文明社會，運動量大幅度減少。橫紋肌缺少充分運動的刺激，運動激素分泌量減少，能量供應的後勤支援不再需要而變得懶散，但食物的供應無缺，燃燒食物效率低下的結果，就是多餘的養分四處堆積，增加身體的負擔，慢慢影響各種器官正常的運作，而出現病症。

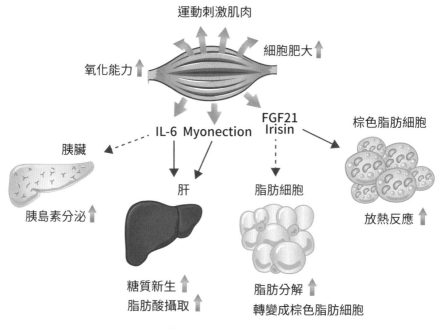

運動刺激肌肉

細胞肥大⬆

氧化能力⬆

FGF21 Irisin

棕色脂肪細胞

IL-6 Myonection

胰臟

肝

脂肪細胞

胰島素分泌⬆

糖質新生⬆
脂肪酸攝取⬆

脂肪分解⬆
轉變成棕色脂肪細胞

放熱反應⬆

圖 11-2 橫紋肌是一個內分泌器官。

　　最近的資料顯示，不運動會增加 35 種慢性病的發生率。所以改善文明病最簡單而有效的方法就是多運動！除了運動之外，還有一個有趣的研究是去問，在非洲依然停留在採集狩獵的原始部落，他們每天休閒的時間是多少？結果發現他們每天休閒的時間約九小時，和現代城市中的人類似。

　　但再進一步觀察發現了一個很大的差異：現代城市中的人休閒時，大部分是坐在椅子、或躺在沙發上；而這些狩獵部落的人，休閒時大部分是深蹲著。深蹲和坐著有什麼不同？你可以自己試試看，同時檢查一下大小腿的肌肉，在這兩種姿勢中用力的程度有無不同。

　　除了古老身體和現代生活型態錯配理論之外，另一個探索人類

疾病根源的方向，是去比較演化上和我們最親近的黑猩猩。

從黑猩猩到人的演化如何揭露疾病的祕密

和黑猩猩相比，人類擁有許多獨特的疾病徵候。探討人和黑猩猩演化歷程的差異，可以提供一些人類獨特疾病的線索。其中一個例子是 SIGLEC 13 基因，SIGLEC 13 基因是免疫細胞表面辨認致病細菌的偵測器。其中基因在狒狒、獼猴與黑猩猩身上的序列都非常相似。但人的這個基因卻少了一大段序列，表示人無法作出有功能的 SIGLEC 13 蛋白質。

另一個是 SIGLEC17 基因，人類和其他靈長類相比少了一個鹼基，造成移碼突變（frame shift mutation），使得後面編碼的胺基酸序列全部都亂掉，作出來的蛋白質也因此失去功能。

這兩個人類作不出來的蛋白質，在黑猩猩、巨猿與紅毛猩猩身上都表現在和先天免疫有關的單核細胞和自然殺手細胞表面，表示它們應該參與了先天免疫系統辨認病原菌的過程。人類演化過程中這些基因的損壞，或許是讓人類容易感染某些病原菌的原因。

另外黑猩猩和人類一樣會感染瘧疾，但能感染黑猩猩的瘧疾原蟲不會感染人類。原來從老鼠、巨猿到黑猩猩身上，都有一個唾液酸羥化酶（sialic acid hydroxylase）負責把唾液酸 Neu5Ac 加上一個羥基修飾成 Neu5Gc（圖 11-3）。

但人的這個基因中間少了 92 個鹼基，只能作出一個錯誤沒有活性的酶。結果人類細胞表面蛋白上的唾液酸是 Neu5Ac，而黑猩猩的則是 Neu5Gc。由於黑猩猩的瘧疾原蟲是辨識細胞表面的 Neu5Gc 來感染細胞，瘧疾原蟲不認識 Neu5Ac，所以人類得以逃

脫黑猩猩瘧疾原蟲的傷害。

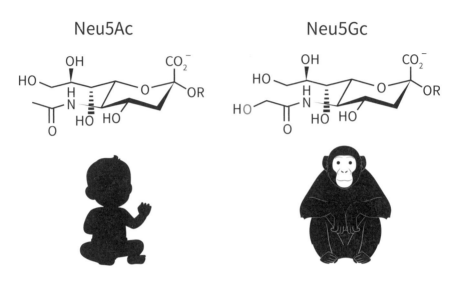

圖 11-3 人類因為失去了唾液酸羥化酶的功能，使得細胞表面的唾液酸的結構是 Neu5Ac，和其他靈長類動物的 Neu5Gc 不同，少了一個羥基。

　　然而現代人類依然會感染瘧疾，那感染人類的瘧疾原蟲又從哪裡來的呢？2010 年，科學家蒐集 3,000 個非洲不同地區的靈長類糞便，分析其中瘧疾原蟲的 DNA 序列，發現只有來自西非巨猿的糞便中，瘧疾原蟲的 DNA 序列和人類的瘧疾原蟲完全相同。原來非洲狩獵部落有獵食巨猿的習俗，西非巨猿的瘧疾原蟲可能經由食物鏈傳染到個人身上，再由蚊子作媒介散播開來。

　　探討唾液酸的羥基修飾，還帶引出兩個人類疾病相關的線索。人類唾液酸上沒有羥基修飾，但從老鼠到黑猩猩包括豬牛羊等動物身上的唾液酸都有羥基修飾。當我們大量食用這些動物的肉，牠們肉中修飾過的唾液酸，可能會被我們消化吸收後直接利用，加在我們細胞表面的蛋白質上。這些和人類原有結構不同的唾液酸，可能

會被我們的免疫系統辨識為外來物，而引起發炎反應。

目前已有相當明確的證據顯示，在成人血管內皮細胞上的確可以偵測到微量的 Neu5Gc。而嬰兒出生斷奶後改用牛奶約六個月，在血中就可以偵測到辨識 Neu5Gc 的抗體。人體對 Neu5Gc 的免疫反應和人類疾病之間的關係，也是未來值得探討的一個課題。

另外一個和唾液酸羥基修飾有關的研究，是想回答為什麼黑猩猩不會得霍亂？人類感染霍亂弧菌後，霍亂弧菌會分泌神經胺酸酶（neuraminidase）和霍亂毒素（cholera toxin）。神經胺酸酶會切下腸道細胞表面聚糖鏈（glycan）末端的唾液酸，做為霍亂弧菌的食物。聚糖鏈末端的唾液酸被切除，會改變聚糖鏈的結構，使它剛好可以和霍亂毒素結合，並把霍亂毒素帶入細胞。霍亂毒素在細胞內刺激細胞產生 c-AMP，而 c-AMP 會造成腸道中體液大量流失形成腹瀉。

研究發現霍亂弧菌的神經胺酸酶喜歡切 Neu5Ac，而不喜歡Neu5Gc。於是霍亂弧菌可以在人體中大展神威，但到了黑猩猩體內卻是一籌莫展，不能造成任何病症。

從演化看思覺失調症的根源

思覺失調症（schizophrenia）是現代社會中常見的精神疾病，發生率從千分之五到百分之一。至今尚未找出明確的致病原因。從同卵雙胞胎的研究顯示，當一個有病而另一個得病的機率是一般人的兩百倍，表示思覺失調症背後有很強的遺傳因素。

藉由大規模基因體比對（genome wide association study，GWAS）的結果，到 2018 年為止，可以找出 145 個染色體上的位點

可能與思覺失調症有關。表示它是一個多基因參與的疾病，而每一個參與基因對病徵的貢獻都不大。弔詭的是，思覺失調症病人的平均壽命比一般人少了 12 至 15 年，而生育能力也比一般人差，但是這些參與病徵的基因為什麼沒有在人類演化過程中被天擇清除？

思覺失調症在動物園或野外的黑猩猩都非常罕見，一個可能的原因仍然來自古老身體和現代生活型態錯配的結果。但有沒有可能它其實是來自人類和黑猩猩演化分道揚鑣之後，伴隨人類獨有的演化過程而來的副產品？

人類和黑猩猩演化分道揚鑣之後，人類最重要的演化歷程就是大腦的快速成長。大腦快速成長需要很多基因的參與，而很多這些基因都是人類所獨有的。有人去找基因體中從老鼠到黑猩猩變異很少、但從黑猩猩到人類變異很大的 DNA 序列，表示這些 DNA 序列在人類和黑猩猩分家之後才加速演化，稱作人類加速演化區（human acceleration region，HAR）。HAR 本身不製造任何蛋白，但負責調控很多影響大腦成長的基因表現。

人類獨有影響大腦成長的基因和思覺失調症之間，在演化上可能是一個利害交換的關係。人類需要這些基因或 DNA 序列，來增強大腦的結構和功能，包括：語言、思考、創意等等。在大腦發育過程中，神經連結受到不同環境的刺激會產生些許的不同。但當神經連結網路變得非常複雜之後，任何連結網路微小的差異，都可能造成單一刺激而會產生多樣反應的結果。

如果網路中部分組件的結構和功能又出現非常小的差異，那就要看這些組件參與了哪些連結網路。有的連結網路仍然可以運作良好，但在某些特定的連結網路中就可能出了大錯，而這些功能差異微小的組件，在演化中是不會被天擇清除掉的。

最近尼安德塔人的基因體完全定序之後，思覺失調症的遺傳因素又多了一個新的探索面向。一個是問與思覺失調症相關的遺傳變異，是出現在現代人和尼安德塔人分道揚鑣之前，還是之後？另一個問題則是現代人基因體中尼安德塔人殘存的 DNA 序列，和思覺失調症的發生有關聯嗎？

回答前一個問題的方法很簡單，就是把人類基因體中與思覺失調症相關的遺傳變異，跟尼安德塔人和黑猩猩基因體中對應的 DNA 序列一起比對，如果有一段 DNA 序列在尼安德塔人和黑猩猩基因體中非常類似，但人的這段序列和他們不大相同，表示人的這段序列是現代人和尼安德塔人 50 萬年前分離之後才發生變異。研究的結果正是如此，如果進一步大膽推測，尼安德塔人應該不太會得思覺失調症。

針對第二個問題的研究發現，思覺失調症的病人和正常人相比，他們基因體中殘存尼安德塔人的 DNA 序列比較少，這個結果是不是表示，殘存在現代人基因體中的尼安德塔人 DNA 序列，可以減少現代人得到思覺失調症的機會？

因此，探討人類演化其實比想像中有趣，只有瞭解人在演化過程中的改變，才可能去瞭解我們身體在現代文明社會中不適應的地方，並找出可能的解決之道。最後我們也可以從野生動物身上，看到演化怎麼樣改變不同物種生病的型態。大象就是個好例子。

大象為何很少得癌症？

正常人一生中大概有 25% 的機率會死於癌症，但癌症的發生和一個抑癌基因 P53 的失活突變關係密切，如果一個人遺傳到一個

壞的 P53 基因，他得到癌症的機率接近百分之百。但相對而言，大象因癌症而死的比率卻小於 5%。為什麼體型比人類大了許多的大象，得到癌症的機率會這麼低呢？

英國科學家理查德‧佩托（Richard Peto）提出一個說法，稱為「佩托悖論」（Peto's paradox）。大象的細胞比人多很多，代表在成長過程中，大象細胞分裂的次數比人多很多。如果癌症是因為細胞分裂過程中產生的基因突變所引起，大象理應比人更容易得癌症，但實際的情況卻正好相反。對此悖論，許多人提出各自不同的解釋，常見的說法是，大象比起人類行動緩慢，新陳代謝的速度比較慢，產生的氧化壓力（自由基）就比較少，基因突變自然也就比較少。但這些說法都很難用實驗來證實。

美國有兩個不同的實驗室，一是鹽湖城的猶他大學，一是芝加哥大學，同時在問大象為什麼很少得癌症。猶他大學的團隊 2015 年 10 月在《美國醫學會雜誌》（JAMA）上發表了他們的研究成果，另一方面，芝加哥大學的團隊也幾乎同時，把成果發布在了 bioRxiv 上。bioRxiv 是由美國冷泉港實驗室（Cold Spring Harbor Laboratory，CSHL）設置的平臺，是一個開放獲取生物學領域論文預印本的網站資料庫。

開放研究資料的想法最早由物理學界發起。許多科學家辛辛苦苦研究的成果，投稿到學術期刊發表經常會受到偏見、歧視、打壓或拖延，所以應該要有一個開放的網站平臺，讓任何人都能把他們的研究成果，不需經過同儕審查（peer review）立刻發布給同儕。於是就有了最早蒐集物理與數學研究的 arXiv 網站，和之後專門收取生物學領域研究的 bioRxiv 網站。

回到這兩個實驗室對大象的研究，他們實驗的結果完全相同，

結論是什麼呢？他們都發現到著名的抑癌基因 P53，在大象身上的基因拷貝數高達 40 個。P53 基因在人類細胞中只有兩個拷貝，其中一個發生突變，就會造成非常高的癌症發生率。大象身上的 P53 基因拷貝數是人類的二十倍，牠們為什麼會有這麼多 P53 基因呢？生物學很多現象的發生，其實沒有什麼道理，只是單純歷史事件遺留下來的結果罷了。

　　人類有 1 個 P53 基因，而大象有 20 個，而這 20 個 P53 基因中，只有 1 個和人類 P53 的基因序列完全一樣，其他 19 個 P53 基因都有共同的一個特點：基因序列中沒有內含子，代表這些基因很可能來自 mRNA 經過反轉錄成 DNA 後，再重新插回染色體的結果。

　　為了證實這一點，研究團隊將 19 個 P53 基因都完整定序出來，結果發現這些 P53 基因周圍，確實存在許多反轉錄轉位子的基因序列。代表大象在演化過程中，牠們的 P53 基因曾被反轉錄轉位子插入，卻沒有造成 P53 基因失去功能，反而增加了 P53 在基因體中的拷貝數。不過這些多出來的 P53 基因，除了一個 TP53RTG12 外，大多不會轉錄出 mRNA，而 TP53RTG12 基因中間多出一個轉譯終止密碼，導致作出來的蛋白只有正常 P53 長度的一半。

　　長度只有正常一半的 P53 蛋白究竟有沒有功能呢？研究團隊發現它在細胞中作出來後，會促使大象細胞對 DNA 的損害特別敏感。只要 DNA 發生一點點損傷，細胞就自動開啟自殺程式走向死亡，使基因突變無法在細胞中累積，解釋了大象不容易得到癌症的原因。

　　正常 P53 蛋白的功能是監控 DNA 的傷害，當 DNA 受傷，P53 就讓細胞停止 DNA 複製，並啟動 DNA 修復的機制。但如果 DNA 受損過多，P53 就讓細胞啟動自殺程式。為什麼長度只有一

半的 P53 蛋白，會促使細胞對 DNA 損害特別敏感？原來這個小號
的 P53 蛋白本身並沒有 P53 的正常功能，但它可以和一個負責分
解 P53 的蛋白結合，使它失去分解 P53 的能力，也就間接增加正常
P53 蛋白的穩定性，而讓細胞對 DNA 的損害特別敏感了。

大象除了 P53 基因拷貝數多之外，2018 年芝加哥大學的團隊
又發現大象另一個少得癌症的祕密。他們分析了 53 種哺乳類動物
一個叫做 LIF（leukemia inhibitory factor）基因的拷貝數，發現大部
分哺乳類動物都有 2 個 LIF 基因，但近蹄類（Paenungulata）動物，
包括海牛（manatee）、岩蹄兔（rock hyrax）和非洲象居然有 7 至 11
個 LIF 基因。

這些多出來的 LIF 基因都是演化過程中基因重製（duplication）
的結果，但因為基因重製是隨機的演化事件，重製的基因並非生存
所必須，因而容易累積突變，使這些多出來的 LIF 基因，都成了不
會表現的假基因（psuedogene），但其中有一個例外，就是非洲象
的 6 號 LIF 基因。6 號 LIF 基因原先也是個假基因，但在 2,500 到
5,000 萬年前重新復活。因此這個死而復活的 6 號 LIF 基因，被戲
稱為大象的殭屍 LIF 基因（zombie LIF gene）。

大象細胞 DNA 受傷就誘發 P53 大量表現，P53 再刺激殭屍
LIF 基因表現，作出來的 LIF 蛋白直接就啟動細胞的自殺程式。因
此演化多出來的 P53 和死而復活的 LIF 基因一起合作，大幅度減低
了非洲象癌症的致死率。

延伸閱讀

1. Bruce Lieberman. Human evolution: Details of being human. *Nature* 454: 21-23; 2008.

2. John P. Thyfault, Audrey Bergouignan. Exercise and metabolic health: Beyond skeletal muscle. *Diabetologia* 63: 1464-1474; 2020.

3. Daniel Seung Kim et al. The genetics of human performance. *Nature Reviews Genetics* 23: 40-54; 2022.

4. Sara Bizzotto, Christopher A. Walsh. Making a notch in the evolution of the human cortex. *Developmental Cell* 45: 548-550; 2018.

5. Viviane Callier. Core concept: Solving Peto's Paradox to better understand cancer. *PNAS* 116: 1825-1828; 2019.

6. Mai Charlotte Krogh Severinsen, Bente Klarlund Pedersen. Muscle-organ crosstalk: The emerging roles of myokines. *Endocrine Reviews* 41: 594-609; 2020.

7. J. M. Sikela, V. B. Searles Quick. Genomic trade offs: Are autism and schizophrenia the steep price of the human brain? *Human Genetics* 137: 1-13; 2018.

8. Daniel E. Lieberman. Is exercise really medicine? An evolutionary perspective. *Current Sports Medicine Reports* 14: 313-319; 2015.

9. Mary Lauren Benton et al. The influence of evolutionary history on human health and disease. *Nature Reviews Genetics* 22: 269-283; 2021.

10. 丹尼爾・李伯曼（Daniel E. Lieberman）著，郭騰傑譯，《從

叢林到文明，人類身體的演化和疾病的產生》（*The Story of the Human Body: Evolution, Health and Disease*），商周（2014/09/04）。

第十二堂課

我們為什麼會老？

Photo by Harli Marten on Unsplash, https://unsplash.com/photos/M9jrKDXOQoU

美國有句玩笑話說：人生中只有兩件事是確定不變的：死亡和納稅！當我們長大成人之後，死亡的機會與時俱增似乎是件天經地義的事。過去一百多年中，文明進步最明顯的地方就反映在人類壽命的延長。我們有沒有可能進一步去創造一個沒有疾病的社會？或者說，如果不生病的話，人究竟可以活多久？

有人斷言容易做的事，過去都已經做了：像嬰兒死亡率的大幅降低、傳染疾病的消除等等。因此縱然我們有希望克服癌症或心臟病，人類平均壽命也不會超過 120 歲。

人出生之後必然會經歷生、老、病、死的過程。隨著年齡的增長，我們的生理機能逐漸減退，生殖能力逐漸喪失，老化在生物世界中似乎是個無可逃脫的宿命。老化背後究竟是什麼機制在決定？為什麼不同生物彼此老化的速度會有天壤之別？這都是在討論「人為什麼會老？」時需要回答的問題。

一般對老化最簡單的解釋就是：機器用久了終究會損壞。但是這個解釋並沒有說明，有沒有特定的原因會造成身體在老化過程中的損壞；另外它也沒有解釋為什麼不同的動物，其壽命的差異會如此巨大，像老鼠最多只能活 2 到 3 歲，而人的壽命可以到 100 歲！

要認識並掌握老化的生物意義，必須從「為什麼會老？」（why we age?）和「怎麼變老？」（how we age?）這兩個不同的層次切入。前者試著回答生物為什麼在長期演化中，會演化出使個體老化的基因；後者則試圖去瞭解在生命運作的過程中，什麼樣的分子機制會造成細胞、組織乃至個體呈現老化的特徵。

在回答「人為什麼會老？」前，先要澄清一個觀念：「老」是不是一種病？老人家很容易生病，年紀大了之後，全身的功能都在衰退；隨之而來的是各種病痛乃至於最後的死亡。但老化並不是一個

特定的致病原因所造成。因此「老」不是一種病！接下來讓我們先來討論「人為什麼會老？」這個問題。

從演化看人為什麼會老？

每一個人老的時候，身體都會呈現非常類似的特徵，像「視茫茫，髮蒼蒼，而齒牙動搖」。那我們是否可以假設：老化是由身體中一個設計好的遺傳程式在控制？像是鮭魚在大海中生長成熟後，一定迴游到出生地產卵，之後立刻老化死亡。迴游的過程充滿危險，但沒有鮭魚會退縮，好像他們身體裡面存在一個遺傳程式，指揮鮭魚的回鄉，產卵和死亡。

德國生物學家魏斯曼在 1889 年甚至提出，老化對生物族群的發展有其必要，因為它可以清除族群中沒有用的老人，保留有限的資源給年輕的後代。

但所謂老化的遺傳程式真的在生物演化上扮演重要的角色嗎？我們可以試著想像：在非洲原野裡，會不會看到很老的斑馬？答案明顯是否定的。斑馬在野外的存活率，會隨著年紀增加而急速降低。在野外你不會看到很老的斑馬，因為斑馬還沒有老，就會因為生病、或是跑慢一點而被獅子吃掉。想要看老的斑馬只有去動物園才行。因此老化可以視為一種文明的產物。自然演化沒有特別的理由要去演化出讓人「變老」的遺傳程式（圖 12-1）。

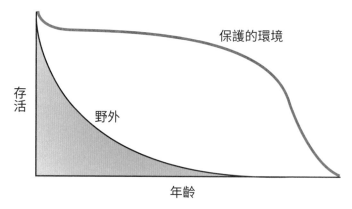

圖 12-1 在野外的動物，出生後存活的機會隨著年齡而下降（黑線）。只有在文明的世界裡，動物受到保護，才能看到它老化死亡的歷程（紅線）。

演化生物學的老化理論

既然自然界沒有需要演化出「老化」的基因，那為什麼我們還會老？有三個演化生物學的理論可以解釋老化產生的原因。

首先是英國學者彼得·梅達沃（Peter Medawar）在 1952 年提出的「累積延遲發作的基因突變」（late onset mutation accumulation）。這個理論是說，任何基因突變如果對有生殖能力的年輕人會帶來負面的影響，那麼帶了這些基因突變的人，在族群中就會愈來愈少，而終至完全消失。

因此這些基因突變在長期的生物演化過程中，會被淘汰而不會在族群中流傳。但如果有些特定的基因突變不會對年輕人造成不良影響，只有當人過了生殖期之後，才會顯現其負面效果，像古代社會中人的平均壽命只有 30 歲，這些突變基因就完全沒有發揮的機會，因此不會被天擇淘汰掉而保存在族群裡。這一類型的基因突變

就在世代相傳中不斷在族群中累積。一旦人有機會活到 50、60 歲，那些長期累積的基因突變，就有機會在我們身上展現它們的負面影響，使人變老。

我們可以用杭丁頓舞蹈症（Huntington's disease）來解釋梅達沃的想法。杭丁頓舞蹈症是因為遺傳到一個突變基因產生的神經病變。但遺傳到這個突變基因的人年輕時完全沒事，只有到 40、50 歲時才會發病，發病後百分之百致死。我們可以想想看，造成杭丁頓舞蹈症的突變基因在古代人類社會中是否存在？再來如果遺傳到杭丁頓舞蹈症的突變基因 10 歲就會發病，我們今天還會看到杭丁頓舞蹈症的病人嗎？

梅達沃的理論有一個問題，那就是任何會產生老化現象的基因突變，縱使完全不影響年輕個體的生殖能力，但仍可能對身體產生細微的影響，在嚴酷的天擇壓力下，依然可能會被淘汰掉。譬如說某個基因突變會使生物跑得慢一點，或是免疫力降低了一些，都會使這個生物容易被敵人吃掉，或是容易被感染而死亡。

換言之，這些造成老化的基因突變必須對生物要有些好處，才可能在天擇壓力下保存下來。於是 1957 年，美國演化生物學家喬治‧威廉斯（George C. Williams）提出了他修正過的「累積延遲發作的基因突變」理論，又被稱作「拮抗基因多效性假說」（antagonistic pleiotropy hypothesis）。

威廉斯的理論很簡單，就是說老化是年輕活動必須付出的代價。譬如說有些基因對維持年輕生命的運作很重要，能增加年輕生命的活動力，但基因運作過程中難免會產生一些潛在的傷害，這些潛在的傷害年輕時完全看不出來，但到了老年時就會在人身上逐漸浮現出來（圖 12-2）。

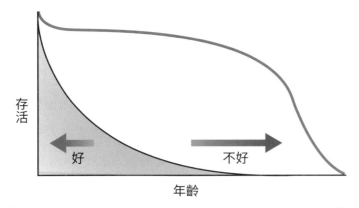

圖 12-2 同一個基因，在年輕個體身上的作用和在老年個體身上的作用恰恰相反，老化是維持年輕活力必須付出的代價。

　　這個理論對大多數華人來說並不陌生，年輕媽媽生產後，傳統上都要作月子調養身體，其實就是這個道理。參與生產的基因對年輕媽媽非常重要，但生產過程對身體產生潛在的傷害，必須在年輕時就要調養修補，免得到了晚年這些潛在的傷害引發身體百病叢生。

　　第三個老化理論是由英國演化生物學家湯姆·柯科伍德（Thomas Kirkwood）在 1977 年所提出「生命的投資抉擇理論」（disposable soma theory of aging）。柯科伍德認為每一個物種所擁有的資源是有限的。因此物種在演化過程中，如何利用有限的資源去應對不同環境的壓力，就成了一個重大投資的策略抉擇。

　　對生命的延續來說，有兩件重要的事必須要做：一是生命運作過程中，身體會不斷受到損傷，所以必須不斷去修補；另外所有的生物都要繁殖後代。身體的修補保養和繁殖後代這兩件事都非常耗費資源，當資源有限時，生物就要面臨抉擇：是把有限資源投資在身體修補呢？還是投資在趕快繁殖後代？

　　用野外的小老鼠做為例子，小老鼠在實驗室裡被保護得很好，沒有感染、衣食無缺，但最多也只能活兩到三年。但人一不小心就可以活到 100 歲。根據投資抉擇理論，如果你是野外的小鼠，出生後最重要的事是什麼？是修補身體？還是繁殖後代？野外的老鼠一出生到處都是敵人，環境中的老鷹、狐狸都想吃它。所以小老鼠在野外出生後，最重要的事就是要在還沒有被老鷹、狐狸吃掉前，趕緊繁殖後代。因此對小鼠而言，投資的抉擇很清楚，當然是趕快繁殖後代。

　　我們知道小鼠出生六個星期後，就可以開始交配、繁殖，而且一次會生好多胎。在長期天擇的壓力下，小鼠身體的發育必須要讓它出生後就能立刻開始準備繁殖後代，所以身體損壞修補的能力就明顯不足。身體運作產生的損壞不能及時修補，兩、三年後就會老態龍鍾，最後會得到各種癌症而死亡。

　　另一方面像大象、海龜、鯨魚、蝙蝠，能夠傷害它們的天敵不多，不需要急急忙忙去繁殖後代，因此這些動物身體修補保養的能力都很好，在自然界中的壽命可以很長。

　　「生命的投資抉擇理論」能否在實驗室中得到驗證？幾年前美國科學家做了一個實驗，他們把果蠅養在兩個不同的環境裡，一個環境裡的死亡率很高，另一個環境裡死亡率很低。當果蠅在這二個不同環境裡長時間繁殖，它們會演化出什麼樣的後代？結果非常清楚，長期在高死亡率環境中生長的果蠅，出生的後代體型都比較小，但生育成熟期都比較早。相反長期在低死亡率環境中生長的果蠅，出生的後代體型都比較大，而生育成熟期就比較遲。

　　這個實驗結果符合「生命投資抉擇理論」的預測：在不同的環境壓力下會影響生物投資抉擇的演化：身體的修補保養，還是加速

繁殖後代。

老化現象背後的分子機制

接下來讓我們探討「身體是怎麼變老的？」，也就是問產生老化現象背後的分子機制是什麼？在個體成長的歲月中，細胞內究竟發生了什麼事，讓身體開始呈現不同的老化特徵？目前有兩個重要的理論可以解釋細胞或個體的老化。一是保護細胞染色體端點的端粒結構逐漸耗損；一是細胞內的氧化壓力造成傷害。

端粒與老化

端粒是由端粒酶所維護，用來保護線性染色體 DNA 端點的一個特殊結構。就像一條麻繩的兩端必須打結封死，麻繩才不會鬆散而瓦解。端粒酶在胚胎細胞中活性很高，但到了成人之後，活性會大幅下降。成人細胞每次分裂時，染色體 DNA 都必須完整的複製一份，如果沒有端粒酶的維護補充，端粒的結構就會一直縮短（見第七堂課）。

缺少端粒酶的成人細胞，染色體端粒無法補充。因此正常細胞只能分裂一定的次數，當端粒的結構被消耗殆盡時，細胞就會停止生長而呈現老化的狀態（圖 12-3）。

如果缺少端粒酶是細胞老化的原因，那麼想辦法增加成人細胞中端粒酶的活性，細胞不就不會因端粒的消耗而變老了嗎？這個想法初看似乎可行，但仔細想想卻有它的致命傷。

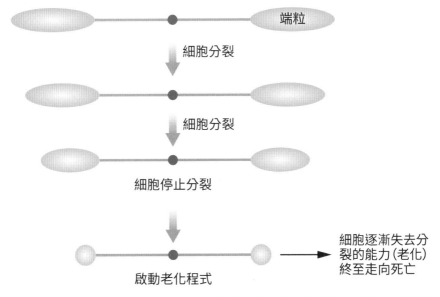

圖 12-3 染色體端粒會隨著正常細胞分裂而消耗卻無法補充。當染色體端粒消耗殆盡，細胞就會失去分裂的能力（老化），最終走向死亡。

　　正常細胞有了端粒酶，當然就可以不斷分裂而不會老化。但這種長生不老的細胞，其實與癌細胞只有一線之隔。許多研究都告訴我們：正常細胞走向癌細胞的第一步，就是要增加細胞中端粒酶的活性。

　　換言之，細胞老化可能是身體防止癌細胞產生的一個重要的機制。如果補充端粒酶有引發癌症的疑慮，還有沒有其他方法能讓細胞端粒變短的速度減緩？ 2009 年諾貝爾獎得主布雷克本（見第七堂課）的新書《端粒效應》（*The Telemere Effect*）倒是提供了一個簡易可行的方法，那就是多運動和少壓力。

氧化壓力、限制熱量與老化

　　另外一個造成細胞老化的因素就是氧化壓力。氧化壓力是什麼？簡單的說，氧化壓力就是身體燃燒食物產生的副產品。維持生命需要從外界攝取食物，食物在細胞裡燃燒產生能量，而在食物燃燒過程中產生的高能量電子（NADH），在粒線體中透過電子傳遞鏈把能量釋出，製造 ATP 供細胞使用。

　　但在傳送過程中高能量電子如果碰到氧，就會產生像過氧化物這一類化學活性非常強的自由基，這些自由基會對細胞的 DNA 或細胞膜造成傷害。如果細胞修補不及，傷害就會隨著年歲的增長而累積，最後導致老化（圖 12-4）。

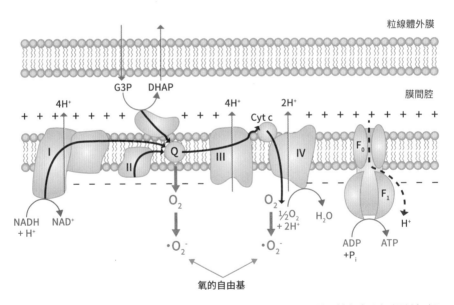

圖 12-4 來自食物分解得到的高能量電子，透過電子傳遞鏈（黑色粗線）把能量釋出，釋出的能量把氫離子從膜內打到膜外，建立起膜內外之間的氫離子濃度差。膜外的氫離子再透過膜上的 F_0/F_1 流入膜內，同時轉動 F_0/F_1 產生 ATP。高能量電子在傳遞過程碰到氧，就形成活性高的自由基。

　　如果自由基在老化過程中扮演重要的角色，那麼少吃一點，自由基生成減少，是不是就可以延緩老化過程呢？早在 1935 年，美國生化學家克萊夫・麥凱（Clive McCay）就報告過他用大鼠做的實驗，發現在不影響正常營養的狀態下減少攝食的熱量，的確可以延長老鼠壽命 50% 以上。後續的研究發現不僅老鼠，甚至果蠅、線蟲等模式動物，限制熱量都有很好的長壽效果。

　　接下來一個有趣的問題：是否從出生起就得開始節食才能延長壽命？2003 年英國科學家用果蠅做了一個有趣的實驗，如果讓果蠅吃得半飽，隨時處在挨餓的狀態，死亡率明顯比每天吃很多的果蠅低。但對這些吃很多的果蠅，等到第十八天才開始讓牠挨餓，死亡率馬上下降。

　　相反的，將原來處在挨餓狀態、死亡率很低的果蠅，到第十八天開始讓牠吃得很飽，死亡率馬上就開始增加。這個實驗結果清楚的告訴我們，食物的攝取與老化的速度有密切的關聯。至少對果蠅來說，節食永不嫌遲，但得終生奉行才不至於功虧一簣。

　　限制熱量攝取可以延長小鼠壽命，間接支持了自由基促進老化的假說。限制熱量能延長小鼠的壽命，對壽命比較長的靈長類動物是否同樣有效？

　　2009 年美國威斯康新大學在《科學》雜誌上，報告一個花了二十年時間的研究，發現 30% 的熱量限制的確可以讓恆河猴活得健康而長壽。但是三年之後，美國國家老化研究所的團隊在《自然》雜誌報告，另一個花了二十五年研究的結果發現，30% 的熱量限制不能增加恆河猴的壽命！

　　當然這些吃得少的猴子比較不容易得癌症，看起來也比較健康，但壽命沒有延長。為什麼兩個研究的結果會如此不同？事後仔

細分析發現猴子的產地不同，表示牠們之間可能有些基因不同，而且飼料中含糖量也不同等等。究竟是什麼原因沒有人能確認，因為沒有人會再去重複這個需要花二十幾年才能完成的研究。這也是包括人在內靈長類動物老化研究需要克服的難題。

從演化的觀點來看熱量限制對老鼠和猴子的效應不同，其實非常合理。老鼠修補自由基造成身體損傷的能力不好，所以只能活三年。那麼減少熱量攝取、自由基變少了，對身體的傷害自然減少，壽命當然延長。相反的，猴子天敵不多，已經演化出修補能力良好的身體，限制熱量所帶來的好處就不及老鼠來得明顯。

雖然限制熱量不會延長猴子的壽命，但帶來的健康效益仍然可以從演化的觀點來理解。簡單的說，靈長類動物在過去幾百萬年的野外生活中，食物的取得絕非充裕，因此我們的身體是用來應對長期半饑餓的生活型態；愛吃甜食、油脂、不愛運動都是天性。如今衣食無缺，還長期美食過剩，文明病像第二型糖尿病、心血管疾病就因此而起。限制熱量只是再把我們帶回本來應該有的生活型態罷了。

熱量限制究竟能不能延緩我們老化的速度？在長期演化的過程中，不同的物種應用不同策略來應付饑饉的環境。也許要從演化的角度，我們才有機會真正掌握熱量限制對我們身體代謝的影響。

當我們討論自由基造成身體損傷讓壽命縮短時，常會忽略掉生命其實是一個能自行維持平衡的動態系統。細胞裡有各種回饋保險機制，用以維持動態平衡的恆定。2012 年有一個非常有趣的實驗結果，發表在《美國國家科學院學報》。為了防止過多的自由基產生，細胞內有超氧物歧化酶（superoxide dismutase，SOD）及過氧化氫酶（catalase）來分解過氧化物與雙氧水。

　　如果把線蟲體內清除自由基的 SOD 全部破壞，那麼體內自由基的濃度應該增加，而線蟲的壽命會因此縮短。線蟲擁有五個 SOD 的基因，可製造不同的 SOD 酶，分別負責清除細胞內不同區域裡的過氧化物。過去有人發現個別破壞單一的 SOD 基因，並不影響線蟲的壽命，就算一口氣把五個 SOD 的基因全部破壞，線蟲的壽命仍然完全不受影響。

　　難道過氧化物這一類自由基與老化無關？下這個結論之前，當然還必須證明，這些缺少 SOD 基因但壽命正常的線蟲體內，自由基的濃度是否真的變高。結果發現缺少 SOD 基因的線蟲，體內自由基的濃度完全正常！

　　為什麼少了 SOD 基因不會導致自由基濃度增加？最簡單的解釋就是細胞有一套回饋保險系統：當偵測到過氧化物濃度超標，就會啟動煞車系統，減少活動讓過氧化物的生成下降。實驗結果證實線蟲體內真的有這樣一套系統，讓線蟲體內過氧化物的濃度維持正常。

　　另一個有趣的發現是，外加高濃度會增加自由基的農藥巴拉刈會導致線蟲死亡，但低濃度的巴拉刈反而會延長線蟲的壽命。進一步的研究發現，低濃度的巴拉刈並非真的有什麼青春之泉般的神奇藥效，它其實是觸發了細胞的警報系統，啟動細胞全面的修補及抗氧化系統。細胞的修補及抗氧化系統如果長期保持活化狀態，對個體壽命的延長當然是大有助益。

　　現在國外有非常多有關熱量限制的人體臨床實驗在進行，有隔天禁食；有一個月前五天每天攝取 720 大卡，然後恢復正常，一個月後再重複；還有不管熱量，但維持每天下午 2 點到次日 8 點禁食（這不就是佛教出家人的過午不食嗎？）等等。

當然，這些臨床實驗只能去看第二型糖尿病、心血管疾病等等的指標有沒有下降，而不能回答壽命是否會延長。不過初步的實驗結果證明，不同的熱量限制方式，的確都可以改善這些文明病的指標，使罹患糖尿病、心血管疾病和癌症的機會下降。

可惜的是，這些研究都是以西方人為對象，其結果是否也適用對東方人？還需要有更多本土、在地的探索才行。不過古人說「只吃七分飽，延壽又防老」，似乎是在日常生活中最容易去實踐的方法。

除了端粒和自由基是直接影響老化快慢的兩個因素外，我們還可以從基因的角度切入去問，有哪些基因和動物的老化或壽命相關。要回答這個問題，就必須借重一些壽命短，可以大量繁殖的模式生物了。這方面的研究近年來有突飛猛進的發展，其中成果最豐碩的是線蟲和酵母菌。

線蟲與老化

線蟲的構造簡單，成蟲全身只有 959 個體細胞，目前已經可以精確的描述一個線蟲的受精卵如何發育成為成蟲（圖 12-5）。正常成蟲的壽命約為 18 至 21 天；如果遭逢「饑餓」，初孵化的幼蟲會進入「冬眠」。冬眠幼蟲的壽命可長達一年。冬眠幼蟲一旦食物供應無虞，它又回復正常發育，成為只能活三星期的線蟲。

過去對冬眠控制作了不少研究。冬眠的進行與恢復，是由一些基因在控制，其中一個基因叫 daf2。平時 daf2 基因是持續表現，但在環境惡劣下，daf2 基因會關閉，誘發另一個 daf16 基因的開啟，隨即展開冬眠。

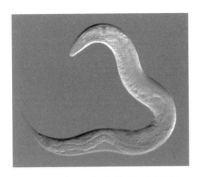

圖 12-5 實驗室中培養的線蟲。

　　加州大學舊金山分校的辛西婭‧肯揚（Cynthia Kenyon）教授想到，我們如果讓幼蟲發育到成蟲，再發動「冬眠計畫」，看看這些控制冬眠的基因對成蟲的壽命會有什麼樣的影響。

　　肯揚教授讓線蟲先發育到成蟲階段，再使 daf2 失去活性，而 daf16 則被誘發表現。發現這一來線蟲的壽命幾乎延長了一倍！另一方面，當肯揚教授同時破壞 daf2 及 daf16 這二個基因，則發現線蟲仍然只能活三星期。

　　這個實驗結果表示，daf2 基因的正常功能是抑制 daf16 的表現，而破壞 daf2 基因導致延緩老化的過程則得仰賴 daf16 的活性。那麼 daf16 不就成了「長青基因」嗎？

　　從線蟲的例子，很清楚可以看到生物壽命的長短，的確受到一些基因的影響。冬眠是線蟲為應付惡劣環境所演化出的一套遺傳程式。當 daf2 基因的活性喪失時，雖然生存環境良好，但線蟲仍會啟動冬眠程式因而得以長壽。

　　線蟲 daf2 基因的產物相當於人類的胰島素受體，專司接受胰島素或是胰島素生長因子的指令。當食物充裕的時候，胰島素會透過 daf2 命令細胞把養分儲存起來，同時改善醣分燃燒的效率等等。

當幼蟲碰到食物不足，胰島素受體自然就會保持靜默，這個靜默的訊號會活化 daf16 基因，進而啟動幼蟲的冬眠程式。因此 daf2 和 daf16 對正常線蟲的生理調控各有其重要功能。

如果 daf2 基因破壞後線蟲壽命會延長，難道 daf2 的正常生理功能就是要加速老化的進行嗎？自然界為什麼會演化出一個加速老化進行的基因？

英國科學家把野生種和 daf2 被破壞的突變種線蟲分別在實驗室和野外培育，結果發現在實驗室裡，daf2 被破壞的突變種線蟲果真活得比野生種長很多。但在野外，野生種線蟲可以活 4.5 天，而突變種線蟲只能活 1.8 天。

這個結果很清楚告訴我們，在衣食無缺的實驗室環境中觀察到的現象，不一定可以應用到日常生活中，有時可能還會適得其反！因此 daf2 和 daf16 對線蟲正常的生理活動各司其職。而它們對線蟲壽命的影響，只能看作是實驗室培養條件下的產品。

另外還有一個有趣的問題是：daf16 是不是唯一可以延緩線蟲老化的基因？答案當然是否定的。肯揚教授在 2006 年作了一個大規模的基因篩檢，她把一萬多個線蟲的基因一一破壞，看看哪些基因被破壞之後線蟲的壽命會因此而延長（思考一下，為什麼沒有看破壞後壽命會縮短的基因？）。

結果她又找到數十個基因會影響線蟲的壽命。這當然還不是故事的全部，未來還可能會發現需要二甚至三個特定基因的合作或拮抗才會影響線蟲的壽命。未來線蟲老化的研究終將帶領我們走入系統生物學的殿堂。

酵母菌與老化

如果多細胞生物會老，那單細胞的生物呢？我們也很難去計算細菌的年紀。因為當一個細菌分裂成兩個大小相同的子代時，我們搞不清楚誰是「媽媽」，誰是「女兒」。

沒有辦法追蹤單一細菌，看它究竟能分裂多少次，就不知道它究竟有多老。因此過去的老化研究中，單細胞生物是不被看好的研究模式。

不過在 1959 年，美國加州大學柏克萊分校的約翰·約翰斯頓（John Johnston）教授想出一個「奇笨無比」的方法去檢驗酵母菌的壽命。

我們平時作麵包的酵母菌（*Saccharomyces cerevisiae*）是以出芽分裂的方式繁殖後代（圖 12-6）。所以在顯微鏡下很容易看出誰是「媽媽」，誰是「女兒」。約翰斯頓教授把一個剛「出生」的酵母菌固定在洋菜膠上，給予充分的營養，酵母菌就開始行出芽分裂。他在顯微鏡下連續觀察，每當新芽迸出，他就用一種超細微的鉗子把這個剛出生的「女兒」鉗走，然後算是「媽媽」細胞分裂了一次！

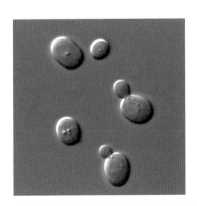

圖 12-6 出芽酵母透過出芽的方式生產出子代。

　　這樣周而復始，看了許多酵母菌後，約翰斯頓教授下了一個結論：酵母菌也會老！因為每一個新出生的子代都有一定的分裂潛能，最多大約能分裂四十次左右。

　　他發現酵母菌和人類相仿，死亡率會隨著年齡（酵母菌的年齡是用分裂代數來界定的）呈指數增加。換句話說，對酵母菌來說，老化與死亡一方面是機率問題，另一方面它又有其不可超越的極限。這個極限與機率又會隨著物種（species）的不同而有所不同，顯示它們是由遺傳基因在決定！

　　既然酵母菌會老，那麼是哪些基因在影響酵母菌的壽命？這個問題一直拖到 1990 年代才有了突破性的發展。其中最突破性的研究來自麻省理工學院的倫納德‧瓜倫特（Leonard Guarent）教授。

　　瓜倫特教授一開始分析了幾個不同品系酵母菌的壽命，發現它們壽命長短不一，但不知道是什麼基因在決定。一次學生清理冰箱時，發現擺在冰箱裡冷藏了四個多月壽命短的酵母菌都死光了，而壽命長的酵母菌都還活著。於是發現可以用這個方法去分離大量酵母菌的長壽突變種，看看哪些基因的突變可以讓酵母菌長壽。經過曲折的研究歷程，他們終於找到一個叫 SIR2 的基因，可以決定酵母菌的壽命（分裂代數）。

　　SIR2 基因作出的蛋白是一個去除染色體組蛋白上乙醯基的酶，而去乙醯酶的活性需要 NAD^+ 的幫忙，所以叫做依賴 NAD^+ 的組蛋白去乙醯酶（NAD^+ dependent histone deacetylase）（圖 12-7）。把 SIR2 基因破壞，酵母菌壽命縮短。如果增加酵母菌 SIR2 基因的數目，酵母菌壽命就延長。

　　前面提過，讓酵母菌挨餓，酵母菌壽命會延長，同時 SIR2 的基因表現也會增加。如果破壞了 SIR2 基因，即使讓酵母菌挨餓，

它還是活不長。因此 SIR2 基因的確可以決定酵母菌的壽命。

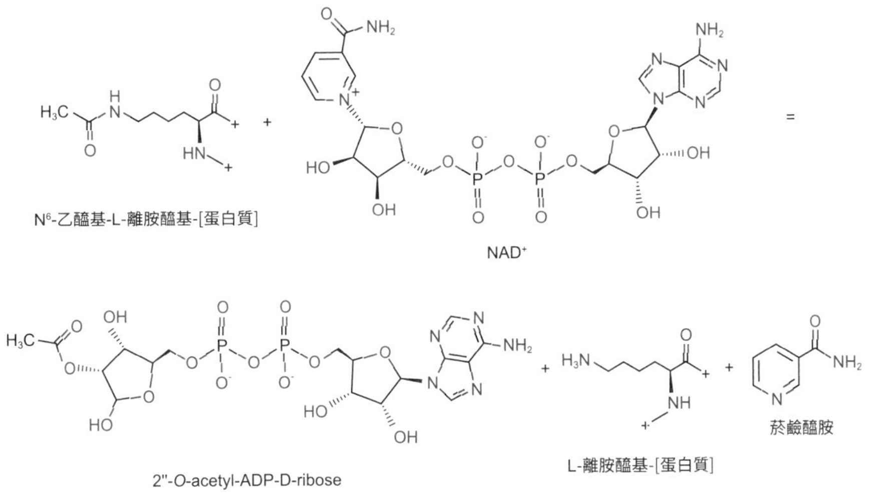

圖 12-7 SIR2 所催化依賴 NAD$^+$ 的組蛋白去乙醯酶的反應。

延緩老化的藥物開發

當我們對老化的原因有了初步的認識之後，一個自古至今大家都非常有興趣的議題就逐漸浮上檯面：尋找青春之泉。1512 年西班牙人到中美洲以後，有一個國王交付的任務，就是去尋找青春之泉，結果當然沒有找到。

現在知道想要延緩老化，最容易的方法就是熱量限制，但要一般人終日保持半饑餓狀態實非易事。尋找青春之泉的替代品又開始成為生物醫學領域的熱門話題。

研究酵母菌的老化發現，SIR2 這個基因跟酵母菌的長壽有關，SIR2 的蛋白是酶，那我們可不可以去找能刺激這個酶活性的小分子藥物？

白藜蘆醇可讓酵母菌長壽，但幫不了老鼠

　　經過大規模的篩選，科學家很快就選出了一個在試管中可以增強 SIR2 去乙醯酶活性的化合物，叫做「白藜蘆醇」（resveratrol）（圖12-8）。用白藜蘆醇餵酵母菌，原來平均壽命十九代的酵母菌，壽命可以增加到三十八代；挨餓加上藥物處理的酵母菌則為四十代。而挨餓的酵母菌最長也可以活到四十代，表示白藜蘆醇的作用可能是模擬細胞挨餓的反應。

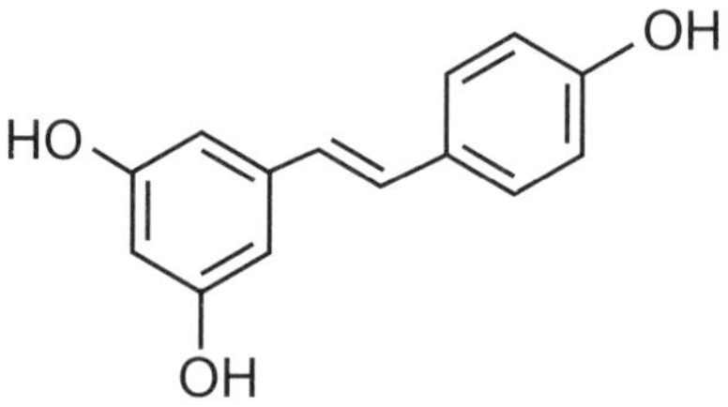

圖 12-8 白藜蘆醇的化學結構。

　　白藜蘆醇最早是從中藥虎杖（又名紅川七）中分離出來，在紅葡萄特別是葡萄皮中的含量非常高。有人認為法國人常飲用葡萄酒，而葡萄酒中白藜蘆醇含量很高，可能可以解釋為什麼法國人與美國人同樣攝取高脂肪食物，但發生心血管疾病的機率卻明顯較美國人低。

　　白藜蘆醇是不是也能延長多細胞動物的壽命？白藜蘆醇可延長線蟲約 18% 的壽命；對果蠅可以達到 30%。2006 年哈佛大學的研究團隊，將 400 隻老鼠養到 1 歲（約人的 40 至 50 歲）後分成三組，一組給予正常食物，另一組給予高脂肪食物，另一組給高脂肪食物及白藜蘆醇。

　　結果顯示高脂肪食物組的老鼠死亡率隨年齡增加而增加；給予高脂肪食物同時又給白藜蘆醇組，因高脂肪食物所引起死亡率增加幾乎可完全被白藜蘆醇所逆轉，且體重沒有減少，老鼠吊單槓、跑步的體力長期看來也沒有減退。但對飲食完全正常的老鼠呢？同一個團隊 2008 年的報告，白藜蘆醇不會延長正常老鼠的壽命！

增加細胞中 NAD$^+$ 濃度可以使老鼠長壽？

　　酵母菌只帶了一個 SIR2 基因，如果酵母菌的 SIR2 基因，的確可以決定酵母菌的壽命（分裂代數），那麼人有沒有類似酵母菌的 SIR2 基因？如果有，它跟人的壽命有沒有關係？老鼠提供了一個很好的研究模式，讓我們可以試著去回答這個問題。

　　從基因體的分析，人或老鼠都有類似 SIR2 的基因，而且不只一個而是七個，因此命名為 SIRT1 到 SIRT7。這七種 SIRT 的蛋白都屬於依賴 NAD$^+$ 的去乙醯酶家族，每一種 SIRT 的蛋白在細胞中都有獨特的分布位置，有的在細胞核，有的在粒線體，有的在大腦；而 SIRT 去乙醯酶的對象也不盡相同，除了組蛋白外，有的還對一些轉錄因子有作用。不過似乎每一種 SIRT 基因都參與了壽命長短的調控，因為單獨破壞任何一個 SIRT 基因，老鼠的壽命都會縮短；而增加特定組織中 SIRT 蛋白的數量，都能讓老鼠活得更長。那能不能找到增加 SIRT 活性的小分子藥物呢？而如果找到，這些藥物真的能延長老鼠或人的壽命嗎？

　　傳統藥廠的做法是作大規模的藥物篩選，用 SIRT 的酶活性為指標，篩選在試管中可以增強 SIRT 去乙醯酶活性的化合物。這樣的研究耗時耗費，找到的化合物還不知道是否有未預期到的毒性。

於是有人嘗試更簡單的做法：既然去乙醯酶活性需要 NAD$^+$，而 NAD$^+$ 是細胞裡本來就有的輔酶，如果有辦法增加細胞裡的 NAD$^+$ 濃度，那細胞裡所有不同 SIRT 蛋白的酶活性不是都應該增加嗎？

NAD$^+$ 不能直接穿透細胞膜，所以吃 NAD$^+$ 不會吸收。生化學家很早就知道 NAD$^+$ 在細胞中的合成和分解途徑（圖 12-9）。所以提供 NAD$^+$ 合成所需的原料，或是抑制 NAD$^+$ 的分解途徑，都應該能使細胞裡 NAD$^+$ 的濃度增加。

2004 年科學家發現牛奶中有一種細胞用來合成 NAD$^+$ 的原料，也就是菸醯胺核糖（nicotinamide riboside，NR），接下來就發現 NR 能延長酵母菌的壽命，同時也能延長老鼠的壽命。NR 和另一種合成 NAD$^+$ 的原料菸醯胺單核苷酸（nicotinamide mononucleotide，NMN）一時之間成為健康保健的熱門話題。由於延長老鼠壽命的研究都是用純種老鼠，美國國家老化研究所決定用雜交的老鼠作延長老鼠壽命的研究，2021 年的報告出爐，發現 NR 對雜交的老鼠無效。

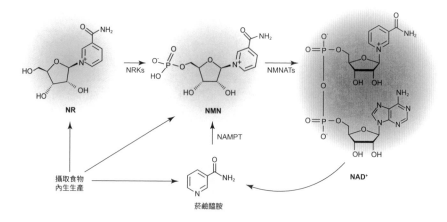

圖 12-9 NAD$^+$ 在細胞內合成的途徑。

清除老鼠體內的老化細胞可以使老鼠長壽？

前面有提到年輕細胞分裂，會耗損染色體端粒，當端粒被消耗殆盡時，細胞就會停止生長而成為老化細胞（senescence cell）。老化細胞會不斷分泌引起身體發炎反應的細胞激素（cytokine），過去有一派理論認為，慢性發炎是造成身體老化的主要原因。如果這個理論是對的，那麼有沒有什麼藥物可以選擇性的殺死老化細胞而對正常細胞無害？

由美國妙佑醫療國際（Mayo Clinic）領軍，聯合七所大學的研究團隊，致力於尋找選擇性殺死老化細胞的藥（senolytic drug）。初步的成果非常有趣，一些天然物，像薑黃素（curcumin）、洋蔥素（quercetin）、茶葉中的漆黃素（fisetin）（圖 12-10）等都有選擇性殺死老化細胞的活性。漆黃素放在飲水中（濃度 500 ppm）給 1 歲半的成年老鼠喝，老鼠的壽命平均延長三個月。

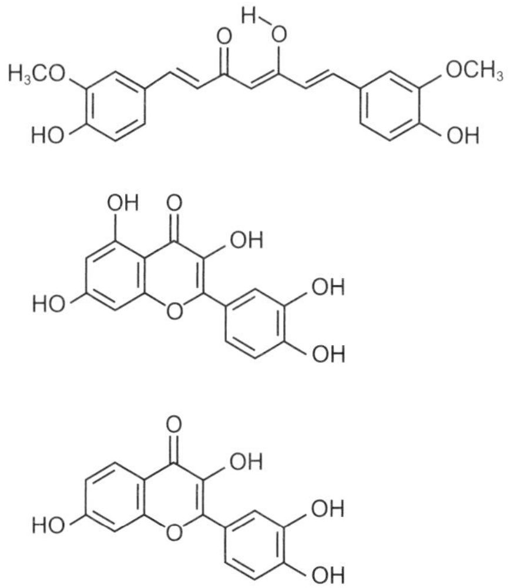

圖 12-10 薑黃素（上），洋蔥素（中）和漆黃素（下）的化學結構。

來自治療二型糖尿病的抗老救星？

　　二甲雙胍（metformin）是從古老歐洲使用的草藥法國丁香（French lilac）中分離出的化合物（圖 12-11）。早在 1920 年代就知道它有降血糖的藥效，但因為胰島素的出現，讓它被冷落了三十年。直至 1950 年代發現，二甲雙胍對第二型而非第一型糖尿病有降血糖的效果。1957 年法國正式通過，隔年英國也通過它成為治療第二型糖尿病的藥。1994 年，二甲雙胍獲得美國食品藥品監督管理局（FDA）批准，進入美國市場。

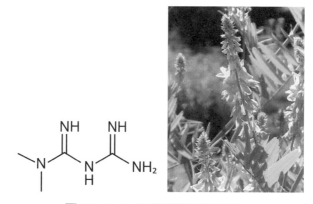

圖 12-11 二甲雙胍與法國丁香。

　　1998 年，糖尿病前瞻性研究發現二甲雙胍不但能降低血糖、還可以降低心血管疾病風險、提高總體存活率。2005 年流行病學的分析顯示，第二型糖尿病的病人用二甲雙胍治療，較不用的人罹患癌症的比率為低。一時間，二甲雙胍又成了癌症臨床實驗的熱門話題。

　　糖尿病、心血管疾病和癌症都是伴隨老化過程常發生的病症。

如果二甲雙胍能有效治療上述三種疾病，那它是否也有延緩老化的效果？

很快的就有人證實二甲雙胍可以延長線蟲和小鼠壽命的效果，但對果蠅和大鼠似乎效果不彰。對人呢？這裡面臨一個研究的難題，研究熱量限制能不能延長恆河猴壽命，花了二十五年的時間還沒有結論。而人的壽命是猴子的兩倍，又不能把人關起來將生活型態標準化，所以恐怕永遠不能用傳統的臨床試驗來回答這個問題。

由於二甲雙胍用於臨床已經超過六十年，對人似乎沒有什麼毒性，為什麼不能用健康的老人為對象，作一個臨床試驗，用慢性病的發生率和老化的生物記號為指標，看長期服用二甲雙胍是否有明顯的好處？

美國老化研究聯合會（American Federation for Aging Research）聯合了十四所醫院和大學，正式提出 TAME（Targeting Aging with Metformin Trial）這個臨床試驗。計畫延攬 3,000 位年齡 65 至 79 歲的健康男女，隨機雙盲分成實驗組與對照組，追蹤六年。看看長期服二甲雙胍是否能減少糖尿病、心血管疾病、癌症、老年失智的發生率。

這個計畫 2016 年獲得美國食品藥品監督管理局通過，但無法立即執行，因為沒有任何藥廠願意支助。原因是二甲雙胍是個老藥，沒有專利保護，加上藥價非常便宜，一顆 500 毫克的二甲雙胍只要新臺幣 2 塊錢。這個臨床試驗如果成功，藥廠無利可圖！

由於計畫所需經費高達七千五百萬美金，美國國家健康研究院同意支持一半經費，但另一半需自籌。好在美國民間力量充沛，花了三年時間，所需經費終於籌足，計畫在 2019 年底啟動。且讓我們拭目以待。

返老還童的醫療：願景？還是幻想？

2014 年哈佛大學幹細胞研究中心的研究團隊，在《科學》雜誌上發表了一個有些駭人聽聞的研究成果。他們把一隻年老和一隻年輕老鼠的血管連結起來，讓兩隻老鼠的循環系統合而為一，結果發現年老老鼠大腦的神經細胞再生增加、嗅覺分辨能力增加，他們更認定年輕老鼠血液中一個叫做 GDF11 的蛋白，可以增加年老老鼠肌肉再生，可能是讓年老老鼠回春的原因。同年史丹佛大學的研究團隊，在《自然醫學》雜誌上也發表了類似的研究成果。

這些報告立刻引發許多研究團隊投入，結果正面、反面的報告都有，到目前仍未有明確的定論，但商業炒作已搶先了一步。2016 年一位史丹佛大學醫學院剛畢業的住院醫師，出來開了一家生技公司安柏希亞（Ambrosia），和一家血漿製品公司合作，蒐集年輕人的血液，分離出血漿，然後召攬顧客，以 1 公升 8,000 美金（2 公升 12,000 美金）出售。

由於血漿本來就是常規的醫療用品，所以美國食品藥物管理局 2019 年只能發出一般性的警示，告訴社會大眾這種做法沒有任何臨床證據支持。安柏希亞於是暫時中止營業，不過到了 2020 年，在一群律師的支持下，它又再度開張。顧客必須 30 歲以上，並且透過醫師才能購買。價格也降到 1 公升 5,000 美金（2 公升 8,000 美金）。

另一個返老還童的嘗試，是想利用 2006 年日本科學家山中伸彌所發展出，用四種特定轉錄因子（Oct3/4、Sox2、Klf4、c-Myc）誘導分化細胞成為幹細胞的技術，增加老人身體中幹細胞的數目，達到返老還童的目的。

　　初步實驗有些不錯的進展，首先 c-Myc 是個癌基因必須捨棄不用，剩下三種轉錄因子在動物體內穩定表現容易引發癌症，所以讓三種轉錄因子在動物特定組織，像眼睛、心臟中短暫表現，的確可以增加幹細胞數目，強化修復在地受傷組織的能力。

　　這個技術怎麼用來返老還童？其實還沒有很清楚的概念。不過包括亞馬遜的傑夫・貝佐斯（Jeff Bezos）在內的投資者，在 2022 年 1 月投入 30 億美金給一家新創的生技公司阿爾圖斯（Altos Labs）。公司董事會中除了山中伸彌外，還有三位諾貝爾得主。看來老化研究與轉譯醫療正在上場中，我們可作好了心理準備嗎？

◉ 小結

　　我們可以用不同的藥物讓老鼠、果蠅或是線蟲在實驗室的環境活得很老，但對在野外生活的動物是否有效仍然是個疑問。同時更困難回答的問題是，這些藥物對人也有效嗎？

　　對人來說，老化不是一個簡單只看幾個細胞活得長短的事，因為在人的老化過程中，不是全身每個細胞都同步變老，其中最容易發生問題的是心臟跟大腦。

　　老化在未來的生物醫學研究上無疑是一個重要的方向。但研究目的真的是要讓我們活得那麼久嗎？我想應該不是。我們應該更重視健康老化的議題。當每個人都活過 120 歲時，對社會、倫理帶來的衝擊是前所未見的。該怎麼面對老化的挑戰？除了科學上的瞭解外，我們還需要有更多應對的智慧。

延伸閱讀

1. Thomas A. Rando, D. Leanne Jones. Regeneration, rejuvenation, and replacement: Turning back the clock on tissue aging. *Cold Spring Harb Perspect Biol* 13: a040907; 2021.

2. Elie Dolgin. Send in the senolytics. *Nature Biotechnology* 38: 1371-1377; 2020.

3. Zhenpeng Yu. Comparative analyses of aging-related genes in long-lived mammals provide insights into natural longevity. *The Innovation* 2: 100108; 2021.

4. Maël Lemoine. The evolution of the hallmarks of aging. *Front. Genet.* 12: 693071; 2021.

5. Alexander A Soukas. Metformin as anti-aging therapy: Is it for everyone? *Trends in Endocrinology & Metabolism* 30: 745-755; 2019.

6. David Gems. The hyperfunction theory: An emerging paradigm for the biology of aging. *Ageing Research Reviews* 74: 101557; 2022.

7. Judith Campisi. From discoveries in ageing research to therapeutics for healthy ageing. *Nature* 571: 183-192; 2019.

8. Luyang Sun, Weiwei Dang. SIRT7 slows down stem cell aging by preserving heterochromatin: a perspective on the new discovery. *Protein Cell* 11: 469-471; 2020.

9. Michael Eisenstein. Rejuvenation by controlled reprogramming is the latest gambit in anti-aging. *Nature Biotechnology* 40: 141-146; 2022.

10. 辛克萊（David A. Sinclair）、拉普蘭提（Matthew D. LaPlante）著，張嘉倫譯，《可不可以不變老？：喚醒長壽基因的科學革命》（*Lifespan: Why We Age and Why We Don't Have To*），天下文化（2020/06/30）。

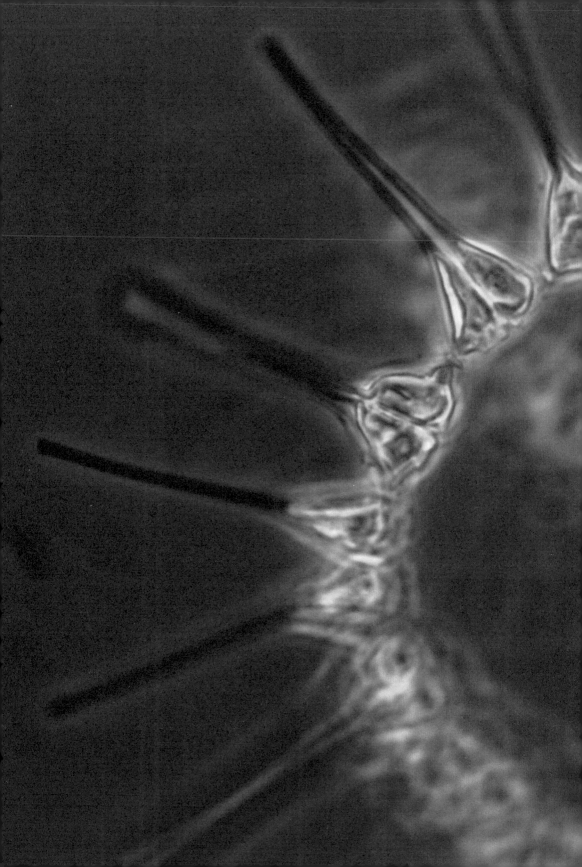

第十三堂課

生物學為什麼如此獨特？

Photo by NOAA on Unsplash https://unsplash.com/photos/RDEaV381Cxg

　　過去三百年的科學發展，改變了人類的文明與生活。物理學在二十世紀初，誕生了相對論與量子力學，使我們瞭解很多處身外在世界的奧祕。我們開始對宇宙間諸多引人遐思的事物如黑洞、超新星、銀河系等等得以一探究竟。太空探測技術的進步，引領著我們去追溯一百三十八億年前宇宙誕生的殘跡、去瞭解星體演變的流程。相信在不久的未來，我們對宇宙從何而生、從何而去，會有一個概括的認識。

　　基本上，我們孰悉的宇宙是一個由物理定律所「掌控」的宇宙。中世紀以來，伽利略和牛頓用優美、簡單的數學，精確描述了天體運行的規律。愛因斯坦告訴我們宇宙時空的結構。在巨觀的世界中，因果律嚴格控制了一切事物的表現，在微觀的世界中則呈現出一幅波動與粒子交互跳躍的量子景象。

　　物理學家信心十足的試圖把一切複雜的宇宙萬物化約成簡單的方程式。在這個方程式的世界中，時空的限制大多不被考慮，「機會」扮演的角色微不足道。未來雖然並非全然可知，但總是八九不離十，自然科學家理直氣壯的把世界代入方程式中，想要找出一個固定的解答。

　　但當我們把向外遙視星際的眼光帶回自身時，有幾個人不會再度陷入另一層次的困惑；生命從何而來？會往何處去？科學家面對謎一樣的生命，是把它當作一個複雜的機械看待？還是應該採取一些不同於對待山川星空的觀點？

　　許多物理科學家執著的採取前一種看法，認為科學就是科學，它應該具備普遍性，縱然面對複雜的生命也不例外。徹底瞭解這個複雜機械每一個組成的結構、性質和它們彼此互動的關聯，把這些資訊加總整合起來，生命運作的法則自動就會呈現。

但生物學家則多採取後者的看法，認為部分的性質加起來，不會等於全體。甚至有些極端的看法，認為生命整體的性質不能由各個組成推敲出來，就像是我們把電視機拆散，檢視其中每一個電阻、電容，我們終究無法知曉電視中的綜藝節目從何而來。所以他們堅持生命不能化約，物理學家對生命機械式的看法是天真的。

其實這種生機論倒也不是傳統生物學家的專利，二十世紀初，量子力學的諸多大師像波耳、薛丁格、包立等人都曾沉迷在生命是什麼的玄思中，認為總有一天，某些天才會從生物中發現一些，與今日物理律完全不同的新物理律。

另一方面，抱持一切都可以化約成物理方程式的科學家，像拉塞福（Ernest Rutherford）則認為生物學家從事的，不過是另一種集郵活動罷了！生命難道真的和物理、化學、數學這些嚴謹的自然科學不同？科學也有高、低層次的分別？生物學在自然科學中應如何定位？

科學家對生物世界有系統的探討，起始自十九世紀初期。而從1950 年代迄今，分子生物學與遺傳工程技術的進步，使我們對生命現象有了一個全新的認識，我們現在不僅知道遺傳的祕密，為什麼龍生龍、鳳生鳳。我們也開始知道從一個受精卵怎麼開始它的發育程式，細胞如何不斷生長、分裂、分化，組織出五官手足俱全的個體。

我們使用物理、化學、數學的語言工具，來瞭解細胞內分子的結構，分子與分子之間如何相互作用等等。對生命現象的解釋，物理、化學的取向似乎已經得到了壓倒性的勝利。然而生命的運作與岩石的墜落、山嶽的形成是完全一樣的嗎？生命已經向物理、化學、數學完全傾訴了它的祕密了嗎？

　　以下我想從幾個不同的角度，來談談自然科學與生物學之間的差異。掌握這些差異，我們對生命的瞭解才可能有一個全新的面貌。

時空的限制

　　首先傳統物理定律有一個很重要的特性，就是它應用的範圍不受時空的限制。牛頓的運動定律在地球或在月球，在今天或在六千萬年前一體適用。但當我們討論生命如何運作時，則有嚴格的時空限制。我們今天所認識的生命，是大約三十八億年前，只在地球上發生過。

　　到目前為止，我們還沒有在太陽系其他行星，或是宇宙任何其他地方，發現過生命存在的痕跡，或是有適合生命產生的環境。雖然許多人仍然堅持在浩瀚的宇宙中，應該不難找到有類似地球的行星存在。但目前我們所認識繁複多樣的生命世界，僅局限於地球上，則是一個不爭的事實。

　　所以去討論地球之外可能的生命形式意義不大。有趣的是在物理世界中，現在也開始出現一些大尺度時空限制的討論，像是在黑洞或是在另外的平行宇宙中，我們熟悉的物理定律是否仍然適用？當然這種討論和生物學之間就更沒有什麼關聯了。

預測的能力

　　其次，傳統物理定律有一個很重要的特性，就是它必須要有準確預測的能力。一個最好的例子，就是 1840 至 1850 年之間，天文

學家觀察天王星繞日軌道，發現與牛頓力學的計算不符，但沒有人敢懷疑牛頓力學的正確性，唯一的修正之道，就是去推測可能存在一個尚未被觀察到的行星。

法國天文學家於爾班・勒維耶（Urbain-Jean-Joseph Le Verrier）依牛頓力學的計算，預測出那個未知行星在天空出現的位置，然後請求柏林天文臺的約翰・伽勒（Johann Galle）去尋找，結果在 1846 年 9 月 23 日真的找到了海王星。

另外一個著名的例子，就是 1915 年愛因斯坦提出的廣義相對論，預測一個巨大質量會扭曲它周圍的空間，所以在這個巨大質量背後的光會行經一個扭曲的空間，於是光走的不再是直線而是曲線。這個預測被英國天文學家亞瑟・愛丁頓（Arthur Eddington）在東非全日蝕時，觀測太陽背後恆星的位置而得到證實。愛因斯坦一夕之間成了媒體的寵兒。

自然科學中的重要理論，大多同時擁有很強的解釋與預測能力。譬如說從太空物理的理論推演，我們可以預測很多從來沒有被偵測過的現象，像星球的生老死亡、重力透鏡、重力波等等。但是當觀測工具愈來愈精進之後，這些預測往往會被逐漸印證、加強或修正現有的理論架構。因此對物理科學來說，理論的解釋與預測具有同等的重要性。

生物學的研究裡，我們可以在細胞和分子的層次上作一些預測，像從 DNA 序列，可以推測出蛋白質的胺基酸序列；從蛋白質胺基酸序列可以推測出蛋白質的立體結構等等，但實驗設計之後，最重要的是仔細分析結果，再根據結果去擬出合理的解釋或假設。預測與否並非要緊。像把老鼠特定基因敲除的實驗，目的是看這個特定基因在老鼠體內扮演什麼角色。

所以在實驗前作任何預測都是白費力氣，一切都要看結果是什麼，才知道下一步該怎麼作。縱使有時候實驗是用來證實或推翻某種假設，事先的預測也無關緊要。反而是出現意料之外的結果，往往會帶來更有趣，或是更重要的資訊。

因為演化是主導生物世界變化最主要的推動力，而隨機的因素又充斥在演化過程中每一個層次：變異、遺傳與天擇。像造成個體變異的基因突變就是一個完全隨機，無法預測的事件；而有性生殖加上形成生殖細胞的減數分裂，也都是讓遺傳不能作到百分之百的準確；最後的天擇完全要看未來環境會有什麼樣的改變。例如六千五百萬年前一顆小流星碰撞地球，造成當時主宰陸地的恐龍滅絕，這種突發的環境變化完全無法事先預測。因此討論未來人類演化的方向是沒有意義的。

● 目的和意義

解釋或認識自然現象有兩個非常不同的層次，一是問這個自然現象發生的過程，或是發生過程背後的原因，用英文來說就是問 how 或是 how come。另一個層次則是在問這個現象發生的目的或意義，用英文來說就是問 why 或是 what for。

物理或化學討論，基本上只停留在第一個層次，不會觸及第二個層次的目的或意義。譬如說，我們看到一顆圓滑的卵石在河床上，我們可以討論卵石怎麼來的？為什麼這麼圓滑？但絕不會問卵石變得圓滑有什麼目的（讓它能安逸的躺在河床上？）。或是可以問氫加氧為什麼會形成水，但絕不會問氫加氧形成水有什麼意義。

但在探索生命現象時，除了要回答第一個層次，發生過程的細

節和原因外，還得對第二個層次的目的或意義多所琢磨，才算是對這個生命現象有完整的認識。

譬如說：身體中血糖超過某一濃度時，胰臟會釋放胰島素。我們可以問血糖怎麼去刺激胰島素的分泌，和這個過程中每一個步驟的細節，像是胰臟怎麼感知血糖濃度？血糖濃度怎麼轉換成胰臟中的訊號？這個訊號怎麼去調節胰島素的分泌等等。這些探索都是在回答第一個層次 how 的問題。

但接下來我們還必須回答第二個層次 why 的問題：這個反應的發生有什麼目的？或是它的生物意義是什麼？答案也很簡單，胰島素在肝細胞上作用，把多餘的血糖吸收轉變成肝醣。所以用血糖控制胰島素分泌這個機制存在的目的，在維持身體中血糖濃度的恆定。

我們探索生命現象第一個層次 how 的問題，其實就是在追究這個生物現象產生的近因，而第二個層次 why 的問題，則是在追究這個生物現象產生的遠因。

例如要回答北方的候鳥為什麼到了秋天要南飛？第一個層次近因的探究，就是要知道候鳥是怎麼辦到的？候鳥身體中可能存在一個溫度或是日照長短的感測器，讓候鳥知道秋天已經來到，開始啟動南飛的行為。顯然候鳥帶了一套獨特的遺傳程式，讓它有這樣的能力，而且代代相傳，絲毫不會失誤。但候鳥這套獨特的遺傳程式從何而來？它擔負了什麼樣的目的？至此我們才開始探究這個生物現象產生的遠因。

生物現象產生的遠因，則必須把它擺回演化的脈絡中才得見真章。我們也可以換一種方式來問：為什麼同樣在北方的貓頭鷹到了秋天不南飛？答案顯而易見的就是食物的來源不同，候鳥吃昆蟲，

北方冬天沒有昆蟲，候鳥的祖先必須演化出秋天南飛的遺傳程式方得存活；相反的，貓頭鷹以小動物為食，沒有到了秋天必須南飛的需要。

傳統科學哲學的討論一般都盡量避免使用目的這兩個字。因為提到目的，就會想到有一個設計或是創作者的意涵出現。像是我們問汽車剎車結構的存在有沒有什麼目的？當然有：降低汽車的速度。但剎車為什麼會有現在這樣的結構？當然是有一個設計者在背後。

生物學家也會討論某個生物結構存在的目的，其實是在探究這個生物結構對生命活動有哪些作用？為什麼會有這樣的結構出現？生物學家並沒有預設一個全知全能設計者的存在，生物學家心裡的那個設計者其實就是生物演化。

生物演化是一個隨機、沒有方向的過程。發明自私基因一詞的英國演化生物學家道金斯曾用「盲眼的鐘錶匠」來比喻，說生物演化好像一個盲眼的鐘錶匠，靠摸索、隨機不斷嘗試錯誤，去拼湊手邊的零組件，希望拼出個對適應當前環境有幫助的機器。拼不出來當然是死路一條就此滅絕，拼出來也是暫時苟且偷生，隨時等待下一個不期而遇的挑戰。

重點是鐘錶匠永遠看不見，他拼湊出的機器長得什麼樣子？是不是最佳化的結果？所以生物學追問目的其實是一種後見之明：從已經適應的結果回推演化可能的起因。

生物學家現在常用功能（function）一詞來取代目的二字，當生物學家試著要探究某種蛋白質在細胞中有什麼功能時，其實就意涵了想知道這個蛋白質在細胞中存在的目的，或它在細胞活動中扮演什麼角色。同樣的，在物理或化學的領域，沒有人會用功能二字來

描述任何自然現象，沒有人會問電子有什麼功能。

生物學獨有的核心理論：演化

「生物學的一切都講不通，除非是從演化視角來看。」
（Nothing in biology makes sense except in the light of evolution.）

——多布然斯基（Theodosius Dobzhansky），1973 年

今天繁複多樣的生物世界是由一個簡單的單細胞生物，經歷了三十八億年漫長歲月的演化而形成。演化是生物學獨有，而在物理、化學中完全不存在的一個核心概念。雖然有時也會聽到有人在談宇宙或是銀河系的演化，但這些用語都是對演化一詞的誤用。

生物演化有三個重要概念必須掌握：變異、遺傳與天擇。首先每一個生物個體都不完全相同；而每個生物個體的特徵都可以忠實的遺傳到下一代；攜帶不同特徵的生物個體在不同環境中有不同的適應，就是天擇：那些帶有適應環境特徵的生物，逐漸就成為那個環境中的主要物種。

所以說銀河系的演化其實是在討論銀河系從誕生到死亡變化的過程，沒有變異、沒有遺傳，當然也就更沒有什麼天擇了。

「從生物演化中變異」還可以衍生出另一個生物學獨有，而物理或化學中完全不存在的概念，也就是族群（population）。生物學探索的對象是一群人、一群牛等等。但物理、化學中完全沒有族群的概念，我們絕對不會說這是一群水分子或那是一群氯化鈉。理由很簡單，每一個水分子都一模一樣無可分辨，而在生物學裡，每一

個人或是每一個生物個體都是獨一無二的。

如果演化是生物學的核心，還是會有人懷疑：用演化來解釋繁複生物世界的誕生合於科學嗎？由於演化是發生在遙遠的過去，我們未曾親身目睹，也沒有辦法在實驗室中直接重複演化的歷程，因此探討生物演化，觀察與比較各種生物在解剖或是形態上的差異，或在不同時期化石的分析等等，都是重要的研究方法。但從這些研究得到的結果，多半是間接的猜測或是推論，從這些間接證據衍生出的結論可靠嗎？有多少可信度？它還算是合於科學的規範嗎？

針對這些挑戰，我們必須瞭解：生物演化的探討和歷史問題的研究非常類似，我們沒辦法百分之百精確的描述歷史事件發生的過程，但透過多方的蒐證，根據文獻的記載、考古文物的挖掘，可以把這些蛛絲馬跡大致拼湊出歷史事件的原貌。

拼湊出的原貌完全可靠嗎？當然不完全，也不見得可靠，但它是根據目前有限的證據，我們能夠得到可以暫時接受的結論。這樣的論證生物演化和用創造論來解釋繁複生物世界的誕生有什麼差異？最簡單的回應就是生物演化的討論屬於科學的範疇，而創造論則已經屬於宗教的範疇。

英國科學哲學家卡爾‧波普爾（Karl Popper）用能不能被否證，做為是否成為科學理論的判準。根據演化推論出的臆測，雖然不能完全被證實，我們只是暫時接受而已。但當有新的證據出現時，它可以被推翻或是大幅度修正，相對的，創造論有修正的可能嗎？所以生物演化是一個屬於科學範疇的理論。

演化論碰到另一類型的挑戰，就是今天生物世界極度複雜的結構，怎麼可能是由一些簡單的有機分子，透過隨機的碰撞而產生？試問把組成波音 747 所有的零組件，放在一個極大的搖籃裡不斷搖

晃，讓其中的零組件隨機碰撞，要花多久時間搖晃的搖籃裡會碰撞出一架完整的波音 747？答案應該是永遠不可能。

為了解決這個難題，有些理論生物學家提出了另外一個比喻：試想有兩個拼湊手錶的兄弟。哥哥是一個零件、一個零件嘗試錯誤般的隨機組合，但在組合中卻不斷有人打電話中斷他的工作，每當他去接電話，就會完全丟開手邊的組合，接完電話後再一切從頭開始。我們可以推測，他永遠無法組合好一個完整的手錶。

但弟弟則不然，他先隨機組合出一個個小的機件，有人打電話來，他不會把已經組合好的小機件丟掉，而是保留下來，接完電話後再繼續組合，只要時間夠長，他最後一定有機會把錶組合好。

另外一個更簡單的比喻是用擲骰子為例，如果每秒鐘擲一次骰子，試問連續擲出 140 次 6 需要多久時間？任何學過機率的人，都能很快算出答案：連續擲出 140 次 6 的機率是 $(1/6)^{140}$；也就是說擲 6^{140} 次才平均有一次出現。這樣需要 6 的 140 次方秒，比現今宇宙一百三十八億年的壽命還要長。而這仍然是期望值，不一定會出現。

所以連續擲出 140 次 6，真的不可能嗎？關鍵在於連續是什麼意思？如果連續是指一次沒有擲出 6，則前功盡棄必須從頭開始，那前面的答案就是正確的。但我們可以用另一種方式來回答：我面前有一張白紙，每當我擲出 1 次 6，就在紙上記下一個 6，白紙上出現 140 個 6 需要多久時間？大約 840 秒！

所以複雜的生物世界是在偶然、隨機後面必然會出現的結果。

生物學：一個帶著歷史經驗的科學

「任何活細胞都攜帶著其祖先十億年實驗的經驗。」（Any living cell carries with it the experiences of a billion years of experimentation by its ancestors.）

——德爾布呂克，1949 年

正因為生命個體的演化有時空的限制，所以生命的展現必然會蘊含歷史經驗的累積。這個歷史經驗可以回溯至三十多億年前生命起源之際。這種能累積經驗的機制，是生物世界所獨有的特性。生物個體透過遺傳系統，可以把建構個體的資訊完整的傳給後代。但是由於資訊本身的保存與傳遞中不斷會有錯誤發生，這樣就造成每一個個體間的差異，這些差異在某種特殊時空的環境選擇下，或被淘汰或被保存下來。

這一套遺傳機制是無機世界中所沒有的。山川河流雖然也可以呈現歷史歲月的痕跡，但這種經歷不能複製，也無法保存。所以每一個生物個體中那一套由四個字母的遺傳密碼所組成的遺傳程式，處處都保存著過去三十億年間，它的祖先所歷經所有嘗試錯誤的「痕跡」與「智慧」。而每一個生物個體身上的遺傳程式，現今仍然不斷發生改變，所以我們說，每個生物個體都是獨一無二。這種生命的獨特性在物理世界中是被漠視的。

從以上的討論，我們可以看到生物學的確有一些物理、化學所沒有的特性。這也說明為什麼把生命現象完全化約成物理定律的運作是件不可能的任務。這一點可以從物理學家試著探究遺傳密碼的失敗經驗得到印證。

　　1953 年華生與克里克發現 DNA 雙螺旋結構，物理學家喬治·加莫夫（George Gamow）立刻就注意到 DNA 上的 ATGC 四個鹼基和 20 個胺基酸之間，應該有一個合理的對應關係。三個鹼基形成一個密碼，有 64 種組合，但胺基酸只有 20 種，該如何解決這個差距？

　　一時之間，物理學家和數學家風起雲湧的紛紛加入這個生命解碼的賽局。包括克里克和物理頑童理察·費曼（Richard Feynman）在內，短短數年間發表了上百篇論文，但沒有人能提出任何實驗的證據，去證明哪種模型才是正確的。

　　一直到 1966 年，生化學家馬歇爾·尼倫伯格（Marshall Nirenberg）和哈爾·科拉納（Har Khorana）在試管中，才一步一腳印的解開了 64 種密碼如何對應 20 種胺基酸的關係。原來有些胺基酸可以不只對應一組，而是好幾組不同的密碼。尼倫伯格和科拉納兩人 1968 年共同獲得諾貝爾生理醫學獎。

延伸閱讀

1. Ernst Mayr. The autonomy of biology: The position of biology among the sciences. *The Quarterly Review of Biology* 71: 97-106; 1996.

2. Walter J. Bock. Dual causality and the autonomy of biology. *Acta Biotheor* 65: 63-79; 2017.

3. Kevin N. Laland et al. Cause and effect in biology revisited: Is Mayr's proximate-ultimate dichotomy still useful? *Science* 334, 1512-1516; 2011.

4. Michael J. Harms, Joseph W. Thornton. Evolutionary biochemistry: Revealing the historical and physical causes of protein properties. *Nature Reviews in Genetics* 14: 559-571; 2013.

5. Rama S. Singh. Darwin's legacy: Why biology is not physics, or why evolution has not become a common sense. *Genome* 54: 868-873; 2011.

6. 理查‧道金斯（Richard Dawkins）著，王道還譯，《盲眼鐘錶匠：解讀生命史的奧祕》（*The Blind Watchmaker: Why the Evidence of Evolution Reveals a Universe Without Design*），天下文化（2020/12/25）。

圖片來源

第一堂課

1-1　NASA/WMAP

1-2　左：https://en.wikipedia.org/wiki/File:Animal_diversity.png, creator of composite: Medeis, CC BY 3.0, via Wikimedia Commons；右：https://en.wikipedia.org/wiki/File:Diversity_of_plants_image_version_5.png, creator of composite: Rkitko, CC BY-SA 4.0, via Wikimedia Commons

1-3　DeAgostini/Getty Images

1-4　luanateutzi/Shutterstock

1-5　https://commons.wikimedia.org/wiki/File:Zentralfriedhof_Vienna_-_Boltzmann_B.jpg, Original: Daderot at English WikipediaDerivative work: MagentaGreen, CC BY-SA 3.0, via Wikimedia Commons

1-6　蕭伊寂

1-7　https://commons.wikimedia.org/wiki/File:MetabolicNetwork.png, J3D3, CC BY-SA 4.0, via Wikimedia Commons

1-8　蕭伊寂，改繪自 Bruce Alberts, Alexander Johnson, Julian Lewis, Martin Raff, Keith Roberts, and Peter Walter. Molecular Biology of the Cell, 4th Edition. Figure 2-38

1-9　蕭伊寂

1-10　蕭伊寂，改繪自 https://commons.wikimedia.org/wiki/File:06_chart_pu3.png, NIH, Public domain, via Wikimedia Commons

1-11　蕭伊寂，整合自 https://commons.wikimedia.org/wiki/File:Point-Mutation-Sickle-Cell-Normal_and_Mutated-Hemoglobin.png, Thomas Samuel for ACC-BioinnovationLab, CC BY-SA 4.0, via

Wikimedia Commons 及 https://commons.wikimedia.org/wiki/File:Sickle_cell_01.jpg, The National Heart, Lung, and Blood Institute (NHLBI), Public domain, via Wikimedia Commons

1-12　蕭伊寂

1-13　Public domain

1-14　Francis Crick

第二堂課

2-1　https://commons.wikimedia.org/wiki/File:Lake_Thetis-Stromatolites-LaRuth.jpg, Ruth Ellison, CC BY 2.0, via Wikimedia Commons

2-2　https://commons.wikimedia.org/wiki/File:Stromatolite_(Strelley_Pool_Formation,_Paleoarchean,_3.35-3.46_Ga;_East_Strelley_Greenstone_Belt,_Pilbara_Craton,_Western_Australia)_1_(17346619166).jpg, James St. John, CC BY 2.0, via Wikimedia Commons

2-3　J. William Schopf, Kouki Kitajima, Michael J. Spicuzza, Anatoliy B. Kudryavtsev, and John W. Valley, SIMS analyses of the oldest known assemblage of microfossils document their taxon-correlated carbon isotope compositions, PNAS, 115 (1) (December 18, 2017), https://doi.org/10.1073/pnas.1718063115

2-4　左：https://en.wikipedia.org/wiki/File:ALH84001.jpg, NASA, public domain, via Wikimedia commons；右：https://en.wikipedia.org/wiki/File:ALH84001_structures.jpg, NASA, public domain, via Wikimedia commons

2-5　Martin D. Brasier, Jonathan Antcliffe, Martin Saunders, and David Wacey, PNAS, 112 (16) (April 20, 2015), https://doi.org/10.1073/pnas.1405338111

2-6　https://commons.wikimedia.org/wiki/File:SLMILLER.JPG, Public domain, via Wikimedia Commons

2-7   吳欣蓓

2-8   https://commons.wikimedia.org/wiki/File:Belousov_Zhabotinsky_
reaction_(4013035510).jpg, Stephen Morris from Toronto, Canada,
CC BY 2.0, via Wikimedia Commons

2-9   蕭伊寂，改繪自 Ting F. Zhu, Jack W. Szostak. Coupled growth and
division of model protocell membranes. J Am Chem Soc 131: 5705-
5713; 2009

2-10   https://www.pmel.noaa.gov/eoi/gallery/smoker-images.html, public
domain, via NOAA PMEL EOI Program

2-11   https://commons.wikimedia.org/wiki/File:Expl2282_-_Flickr_-_
NOAA_Photo_Library.jpg, IFE, URI-IAO, UW, Lost City Science
Party; NOAA/OAR/OER; The Lost City 2005 Expedition., Public
domain, via Wikimedia Commons

2-12   Deborah S. Kelley, Jeffrey A. Karson, Gretchen L. Früh-Green, Dana
R. Yoerger, et al. A Serpentinite-Hosted Ecosystem: The Lost City
Hydrothermal Field, Science 307 (5714):1428-1434; 2015

2-13   蕭伊寂，改繪自 Reuben Hudson, Ruvan de Graaf, Mari Strandoo
Rodin, Aya Ohno, Nick Lane, Shawn E. McGlynn, Yoichi M. A.
Yamada, Ryuhei Nakamura, Laura M. Barge, Dieter Braun, and Victor
Sojo. CO2 reduction driven by a pH gradient. PNAS 117: 22873-
22879; 2020

2-14   Extreme accumulation of nucleotides in simulated hydrothermal pore
systems, PNAS 104: 9346-9351; 2007

2-15   Sousa Filipa L., Thiergart Thorsten, Landan Giddy, Nelson-Sathi
Shijulal, Pereira Inês A. C., Allen John F., Lane Nick and Martin
William F. 2013. Early bioenergetic evolution. Phil. Trans. R. Soc.
B368: 20130088, http://doi.org/10.1098/rstb.2013.0088, CC BY 3.0

2-16   Weiss MC, Preiner M, Xavier JC, Zimorski V, Martin WF (2018)
The last universal common ancestor between ancient Earth chemistry

and the onset of genetics. PloS Genet 14(8): e1007518. https://doi.org/10.1371/journal.pgen.1007518, CC BY 4.0

第三堂課

3-1 蕭伊寂

3-2 吳欣蓓，改繪自 https://cnx.org/contents/nnx1QfeU@11/Structure-of-Prokaryotes, Rice University, CC BY 4.0

3-3 Sousa Filipa L., Thiergart Thorsten, Landan Giddy, Nelson-Sathi Shijulal, Pereira Inês A. C., Allen John F., Lane Nick and Martin William F. 2013. Early bioenergetic evolution. Phil. Trans. R. Soc. B368: 20130088, http://doi.org/10.1098/rstb.2013.0088, CC BY 3.0

3-4 蕭伊寂

3-5 蕭伊寂

3-6 蕭伊寂，改繪自 Miguel Garavís, Carlos González, Alfredo Villasante, On the Origin of the Eukaryotic Chromosome: The Role of Noncanonical DNA Structures in Telomere Evolution, Genome Biology and Evolution, Volume 5, Issue 6, June 2013, Pages 1142-1150, https://doi.org/10.1093/gbe/evt079

3-7 Hiroyuki Imachi, Masaru K. Nobu and JAMSTEC

3-8 Imachi, H., Nobu, M.K., Nakahara, N. et al. Isolation of an archaeon at the prokaryote–eukaryote interface. Nature 577, 519-525 (2020). https://doi.org/10.1038/s41586-019-1916-6

3-9 蕭伊寂，改繪自 https://en.wikipedia.org/wiki/Multicellular_organism#/media/File:ColonialFlagellateHypothesis.png, Katelynp1, CC BY-SA 3.0, via Wikimedia Commons

3-10 蕭伊寂，改繪自 https://en.wikipedia.org/wiki/Dictyostelium_discoideum#/media/File:Dicty_Life_Cycle_H01.svg, Tijmen Stam, IIVQ (SVG conversion) – Hideshi (original version), CC BY-SA 3.0, via Wikimedia Commons

3-11 https://commons.wikimedia.org/wiki/File:Harpagophytum_procumbens_MHNT.BOT.2005.0.1243.jpg, Muséum de Toulouse, CC BY-SA 3.0, via Wikimedia Commons

3-12 左：https://commons.wikimedia.org/wiki/File:A_Guantanamo_sponge_-a.jpg, Timothy W. Brown, Public domain, via Wikimedia Commons；右：https://commons.wikimedia.org/wiki/File:Comb_jelly.tif, Bruno C. Vellutini, CC BY-SA 3.0, via Wikimedia Commons

3-13 蕭伊寂

第四堂課

4-1 蕭伊寂，改繪自 Bruce Alberts, Alexander Johnson, Julian Lewis, Martin Raff, Keith Roberts, and Peter Walter. Molecular Biology of the Cell, 4th Edition Figure 2-56

4-2 蕭伊寂，改繪自 Bruce Alberts, Alexander Johnson, Julian Lewis, Martin Raff, Keith Roberts, and Peter Walter. Molecular Biology of the Cell, 4th Edition Figure 2-36

4-3 蕭伊寂，改繪自 Bruce Alberts, Alexander Johnson, Julian Lewis, Martin Raff, Keith Roberts, and Peter Walter. Molecular Biology of the Cell, 4th Edition Figure 2-69

4-4 蕭伊寂，改繪自 https://en.wikipedia.org/wiki/Activation_energy#/media/File:Activation2_updated.svg, Originally uploaded by Jerry Crimson Mann, vectorized by Tutmosis, corrected by Fvasconcellos, CC BY-SA 3.0, via Wikimedia Commons

4-5 蕭伊寂，改繪自 Bruce Alberts, Alexander Johnson, Julian Lewis, Martin Raff, Keith Roberts, and Peter Walter. Molecular Biology of the Cell, 4th Edition Figure 2-47

4-6 https://commons.wikimedia.org/wiki/File:Main_protein_structure_levels_en.svg, LadyofHats, Public domain, via Wikimedia Commons

4-7 https://commons.wikimedia.org/wiki/File:Hexokinase_induced_fit.

png, Thomas Shafee, CC BY-SA 4.0, via Wikimedia Commons

4-8 　吳欣蓓

4-9 　蕭伊寂，改繪自 https://www.creative-enzymes.com/resource/bond-strain_39.html

4-10 　蕭伊寂，改繪自 Bruce Alberts, Dennis Bray, Karen Hopkin, Alexander Johnson, Julian Lewis, Martin Raff, Keith Roberts, Peter Walter. Essential Cell Biology 2/e Fig. 4-41

4-11 　吳欣蓓

4-12 　蕭伊寂，改繪自 https://openoregon.pressbooks.pub/mhccmajorsbio/chapter/6-7-feedback-inhibition-in-metabolic-pathways/, OpenStax, CC BY 4.0

4-13 　吳欣蓓

第五堂課

5-1 　吳欣蓓

5-2 　https://commons.wikimedia.org/wiki/File:Glycolysis_overview.svg, Yikrazuul, Public domain, via Wikimedia Commons

5-3 　蕭伊寂，改繪自 Neil Campbell, Jane Reece. Biology, 7th Edition. Pearson Ed., Benjamin Cummings Publishing. Fig. 9-11

5-4 　蕭伊寂

5-5 　蕭伊寂，改繪自 Khan Academy. Fermentation and anaerobic respiration, https://www.khanacademy.org/science/ap-biology/cellular-energetics/cellular-respiration-ap/a/fermentation-and-anaerobic-respiration

5-6 　蕭伊寂，改繪自 Dov Michaeli. Is Sugar Carcinogenic?, https://careandcost.com/2012/05/02/is-sugar-carcinogenic/

5-7 　https://commons.wikimedia.org/wiki/File:Chlorophyll_d_structure.svg, Yikrazuul, Public domain, via Wikimedia Commons

5-8 　https://commons.wikimedia.org/wiki/File:Chloroplast_II.svg,

Kelvinsong, CC BY 3.0, via Wikimedia Commons

5-9   吳欣蓓

5-10   蕭伊寂

第六堂課

6-1   https://commons.wikimedia.org/wiki/File:Griffith_experiment.svg,
       No machine-readable author provided. Madprime assumed (based on
       copyright claims)., CC0, via Wikimedia Commons

6-2   https://commons.wikimedia.org/wiki/File:DNA_replication_split.svg,
       I, Madprime, CC0, via Wikimedia Commons

6-3   蕭伊寂，改繪自 https://commons.wikimedia.org/wiki/File:Extended_
       Central_Dogma_with_Enzymes.jpg, Dhorspool, CC BY-SA 3.0, via
       Wikimedia Commons

6-4   蕭伊寂，改繪自 Mark Ptashne. A Genetic Switch, 3rd edition, 2004,
       Chapter 5, Figure 13

6-5   蕭伊寂，改繪自 https://commons.wikimedia.org/wiki/File:RNA_
       role_in_the_transcription_and_interaction_with_other_transcription_
       factors_.png, Ravinesh rds, CC BY-SA 4.0, via Wikimedia Commons

6-6   https://commons.wikimedia.org/wiki/File:Fbioe-09-718753-g002.
       jpg, Yongjun Liang, Liping Huang, and Tiancai Liu, CC BY 4.0, via
       Wikimedia Commons

6-7   蕭伊寂，改繪自 Arnold J. Berk. Discovery of RNA splicing and
       genes in pieces. PNAS 113 (4), January 19, 2106. https://doi.
       org/10.1073/pnas.1525084113

6-8   蕭伊寂，改繪自 Megansimmer, Prions: infectious proteins repsonsible
       for mad cow disease, The Science Creative Quarterly, August 2003

6-9   蕭伊寂，改繪自 Chakrabortee S, Byers JS, Jones S, Garcia DM,
       Bhullar B, Chang A, She R, Lee L, Fremin B, Lindquist S, Jarosz DF.
       Intrinsically Disordered Proteins Drive Emergence and Inheritance of

Biological Traits. Cell. 2016 Oct 6;167(2):369-381.e12. doi: 10.1016/j.cell.2016.09.017. Epub 2016 Sep 29. PMID: 27693355; PMCID: PMC5066306

6-10   Castello A, Hentze MW, Preiss T. Metabolic Enzymes Enjoying New Partnerships as RNA-Binding Proteins. Trends Endocrinol Metab. 2015 Dec;26(12):746-757. Doi: 10.1016/j.tem.2015.09.012. Epub 2015 Oct 28. PMID: 26520658; PMCID: PMC4671484.

第七堂課

7-1   https://commons.wikimedia.org/wiki/File:Chromatin_Structures.png, Richard Wheeler at en.wikipedia, CC BY-SA 3.0, via Wikimedia Commons

7-2   https://commons.wikimedia.org/wiki/File:Human_male_karyotpe_high_resolution_-_Chromosome_1.png, National Human Genome Research Institute, Public domain, via Wikimedia Commons

7-3   左：https://commons.wikimedia.org/wiki/File:PloS_Mu_transposon_in_maize.jpg, Damon Lisch, CC BY 2.5, via Wikimedia Commons；右：蕭伊寂，改繪自 https://www.mun.ca/biology/ iki/Ac-Ds_system_genetics.htm

7-4   https://commons.wikimedia.org/wiki/File:Cut_and_Paste_mechanism_of_transposition.svg, Alana Gyemi, CC BY-SA 4.0, via Wikimedia Commons

7-5   https://commons.wikimedia.org/wiki/File:Retrotransposons.png, Mariuswalter, CC BY-SA 4.0, via Wikimedia Commons

7-6   蕭伊寂，改繪自 https://commons.wikimedia.org/wiki/File:Working_principle_of_telomerase.png, Uzbas, F, CC BY-SA 3.0, via Wikimedia Commons

7-7   蕭伊寂，改繪自 Pray, L. (2008) Functions and utility of Alu jumping genes. Nature Education 1(1): 93

7-8　蕭伊寂，改繪自 Sorek R. The birth of new exons: mechanisms and evolutionary consequences. RNA. 2007 Oct;13(10):1603-8. Doi: 10.1261/rna.682507. Epub 2007 Aug 20. PMID: 17709368; PMCID: PMC1986822

7-9　蕭伊寂，改繪自 Alexey V. Pindyurin, Johann de Jong, Waseem Akhtar. TRIP through the chromatin: A high throughput exploration of enhancer regulatory landscapes. Genomics 106 (3), 171-177; 2015. https://doi.org/10.1016/j.ygeno.2015.06.009

7-10　https://commons.wikimedia.org/wiki/File:Histone_modifications.png, Mariuswalter, CC BY-SA 4.0, via Wikimedia Commons

7-11　蕭伊寂，改繪自 Jenuwein T, Allis CD. Translating the histone code. Science. 2001 Aug 10;293(5532):1074-80. Doi: 10.1126/science.1063127. PMID: 11498575

第八堂課

8-1　蕭伊寂，改繪自 https://en.wikiversity.org/wiki/File:Nucleartransfer.png, JWS, GFDL 1.2

8-2　蕭伊寂，改繪自 https://commons.wikimedia.org/wiki/File:Monod%27s_Diauxic_growth.gif, The original graphs were created by Jacques Monod in 1940s, Public domain, via Wikimedia Commons

8-3　蕭伊寂

8-4　蕭伊寂，改繪自 The PaJaMo experiment from Pardee et al. J Mol Biol. 1:165-178; 1959

8-5　https://commons.wikimedia.org/wiki/File:Lac_Operon.svg, T A RAJU, CC BY-SA 3.0, via Wikimedia Commons

8-6　蕭伊寂，改繪自 Lionberger, Troy. (2010). Regulating Gene Expression Through DNA Mechanics: Tightly Looped DNA Represses Transcription

8-7　https://commons.wikimedia.org/wiki/File:Annotated_Theoretical_

Model_of_Bound_Tetrameric_Lac_Repressor.png, SocratesJedi, CC BY-SA 3.0, via Wikimedia Commons

8-8 蕭伊寂，改繪自 https://commons.wikimedia.org/wiki/File:Figure_16_04_01.jpg, CNX OpenStax, CC BY 4.0, via Wikimedia Commons

8-9 https://commons.wikimedia.org/wiki/File:Lambda_repressor_1LMB.png, Zephyris at the English-language Wikipedia, CC BY-SA 3.0, via Wikimedia Commons

8-10 蕭伊寂，改繪自 Bruce Alberts, Alexander Johnson, Julian Lewis, Martin Raff, Keith Roberts, and Peter Walter. Molecular Biology of the Cell, 4th edition

8-11 蕭伊寂，改繪自 Alberts, B., Johnson, A., Lewis, J., Raff, M., Roberts, K., & Walter, P. (2008). Molecular biology of the cell. (5 ed.). New York, NY: Garland Science, Taylor & Francis Group, LLC

8-12 蕭伊寂，改繪自 https://commons.wikimedia.org/wiki/File:Mechanism_of_RNA_interference.jpg, Simone Mocellin and Maurizio Provenzano, CC BY 2.0, via Wikimedia Commons

8-13 蕭伊寂，改繪自 https://commons.wikimedia.org/wiki/File:MiRNA_processing.JPG, Narayanese, Public domain, via Wikimedia Commons

8-14 蕭伊寂，改繪自 https://wiki.geneontology.org/File:Mode_miR_Action_Fig.png

8-15 蕭伊寂，改繪自 https://commons.wikimedia.org/wiki/File:BC200_RNA.png, Jfratzke, CC BY-SA 4.0, via Wikimedia Commons

8-16 蕭伊寂，改繪自 https://en.wikipedia.org/wiki/File:Nuclear_Architecture.pdf, Evin Wieser, CC BY-SA 4.0, via Wikimedia Commons

8-17 蕭伊寂，改繪自 Basilicata MF, Keller Valsecchi CI (2021) The good, the bad, and the ugly: Evolutionary and pathological aspects of gene dosage alterations. PloS Genet 17(12): e1009906. https://doi.org/10.1371/journal.pgen.1009906

第九堂課

9-1　左：天下文化；右：蕭伊寂

9-2　蕭伊寂，改繪自 Gardner A. The greenbeard effect. Curr Biol. 2019 Jun 3;29(11):R430-R431. Doi: 10.1016/j.cub.2019.03.063. PMID: 31163150

9-3　https://en.wikipedia.org/wiki/File:Yeast_lifecycle.svg, Masur, Public domain, via Wikimedia Commons

9-4　https://commons.wikimedia.org/wiki/File:Chromosomal_Crossover. svg, Abbyprovenzano, CC BY-SA 3.0, via Wikimedia Commons

9-5　https://commons.wikimedia.org/wiki/File:Cnemidophorus-ThreeSpecies.jpg, Photograph by Alistair J. Cullum (Acullum at en.wikipedia) Email: acullum@creighton.edu, Attribution, via Wikimedia Commons

9-6　https://commons.wikimedia.org/wiki/File:Alice_queen2.jpg, John Tenniel, Public domain, via Wikimedia Commons

9-7　蕭伊寂，改繪自 Brockhurst MA. Evolution. Sex, death, and the Red Queen. Science. 2011 Jul 8;333(6039):166-7. Doi: 10.1126/science.1209420. PMID: 21737728

9-8　https://commons.wikimedia.org/wiki/File:Peacock_Flying.jpg, Servophbabu, CC BY-SA 3.0, via Wikimedia Commons

第十堂課

10-1　https://commons.wikimedia.org/wiki/File:Editorial_cartoon_depicting_Charles_Darwin_as_an_ape_(1871).jpg, Unknown author, Public domain, via Wikimedia Commons

10-2　https://commons.wikimedia.org/wiki/File:Great_Rift_Valley_map-fr. svg, © Sémhur, CC-BY-SA-3.0, via Wikimedia Commons

10-3　https://upload.wikimedia.org/ ikimedia/commons/4/49/Ape_skeletons.

png, The original uploader was TimVickers at English Wikipedia., Public domain, via Wikimedia Commons

10-4 https://commons.wikimedia.org/wiki/File:Lucy_Skeleton.jpg, Andrew from Cleveland, Ohio, USA, CC BY-SA 2.0, via Wikimedia Commons

10-5 蕭伊寂，改繪自 Diamond, J. Taiwan's gift to the world. Nature 403, 709-710 (2000). https://doi.org/10.1038/35001685

10-6 https://commons.wikimedia.org/wiki/File:Trends_in_hominin_brain_size_evolution.jpg, Authors of the study: Jeremy M. DeSilva, James F. A. Traniello, Alexander G. Claxton, Luke D. Fannin, CC BY 4.0, via Wikimedia Commons

10-7 McNutt, E.J., Hatala, K.G., Miller, C. et al. Footprint evidence of early hominin locomotor diversity at Laetoli, Tanzania. Nature 600, 468-471 (2021). https://doi.org/10.1038/s41586-021-04187-7

10-8 https://commons.wikimedia.org/wiki/File:Sapiens_neanderthal_comparison_en_blackbackground.png, hairymuseummatt (original photo), DrMikeBaxter (derivative work), CC BY-SA 2.0, via Wikimedia Commons

10-9 左：https://commons.wikimedia.org/wiki/File:%D0%98%D0%B7%D0%B2%D0%B5%D1%81%D1%82%D0%BD%D0%B0%D1%8F_%D0%BD%D0%B0_%D0%B2%D0%B5%D1%81%D1%8C_%D0%9C%D0%B8%D1%80_%D0%94%D0%B5%D0%BD%D0%B8%D1%-81%D0%BE%D0%B2%D0%B0_%D0%BF%D0%B5%D1%89%D0%B5%D1%80%D0%B0._01.jpg, Демин Алексей Барнаул, CC BY-SA 4.0, via Wikimedia Commons ；　右：https://commons.wikimedia.org/wiki/File:Denisova_Phalanx_distalis.jpg, Thilo Parg, CC BY-SA 3.0, via Wikimedia Commons

10-10 蕭伊寂，改繪自 Kaessmann, H., Wiebe, V., Weiss, G. et al. Great ape DNA sequences reveal a reduced diversity and an expansion in humans. Nat Genet 27, 155-156 (2001). https://doi.org/10.1038/84773

10-11　蕭伊寂，改繪自 Tishkoff S. (2015). GENETICS. Strength in small numbers. Science (New York, N.Y.), 349(6254), 1282-1283. https://doi.org/10.1126/science.aad0584

10-12　Zeberg, H., Pääbo, S. A genomic region associated with protection against severe COVID-19 is inherited from Neandertals. PNAS 118 (9) e2026309118. https://doi.org/10.1073/pnas.2026309118

10-13　蕭伊寂，改繪自 Qiuyue Chen, Weiya Li, Lubin Tan, Feng Tian. Harnessing Knowledge from Maize and Rice Domestication for New Crop Breeding. Molecular Plant 14 (1), 4 January 2021: 9-26. https://doi.org/10.1016/j.molp.2020.12.006

10-14　蕭伊寂，改繪自 https://commons.wikimedia.org/wiki/File:Aurochs-Uro1.png, Aurochs1, CC0, via Wikimedia Commons

10-15　https://commons.wikimedia.org/wiki/File:Worldwide_prevalence_of_lactose_intolerance_in_recent_populations.jpg, NmiPortal, CC BY-SA 3.0, via Wikimedia Commons

10-16　蕭伊寂，改繪自 Salque, M., Bogucki, P., Pyzel, J. et al. Earliest evidence for cheese making in the sixth millennium BC in northern Europe. Nature 493, 522-525 (2013). https://doi.org/10.1038/nature11698

第十一堂課

11-1　White MPJ, McManus CM, Maizels RM. Regulatory T-cells in helminth infection: induction, function and therapeutic potential. Immunology. 2020 Jul;160(3):248-260. doi: 10.1111/imm.13190. Epub 2020 Apr 19. PMID: 32153025; PMCID: PMC7341546.

11-2　蕭伊寂

11-3　蕭伊寂

第十二堂課

12-1　蕭伊寂

12-2　蕭伊寂

12-3　蕭伊寂

12-4　蕭伊寂

12-5　https://commons.wikimedia.org/wiki/File:CelegansGoldsteinLabUNC.
jpg, Bob Goldstein, UNC Chapel Hill, CC BY-SA 3.0, via Wikimedia
Commons

12-6　https://commons.wikimedia.org/wiki/File:S_cerevisiae_under_DIC_
microscopy.jpg, Masur, Public domain, via Wikimedia Commons

12-7　吳欣蓓

12-8　吳欣蓓

12-9　吳欣蓓

12-10　吳欣蓓

12-11　左：吳欣蓓；右：https://commons.wikimedia.org/wiki/File:
Galegaofficinalis03.jpg, JoJan, CC BY-SA 3.0, via Wikimedia
Commons

索引

五畫

六畫

十三畫

十四畫

國家圖書館出版品預行編目 (CIP) 資料

生命為什麼如此神奇？：周成功教授的 13 堂探索之旅 /
周成功著 . -- 第一版 . -- 臺北市 : 遠見天下文化出版
股份有限公司 , 2022.07

　　面；　公分 . -- (科學天地 ; BWS185)

　　ISBN 978-986-525-691-3（平裝）

　　1.CST: 生命科學

361　　　　　　　　　　　　　　　　111010381

科學天地 BWS185

生命爲什麼如此神奇？
周成功教授的 13 堂探索之旅

原著 ── 周成功
科學叢書策劃群 ── 林和（總策劃）、牟中原、李國偉、周成功

總 編 輯 ── 吳佩穎
編輯顧問 ── 林榮崧
責任編輯 ── 吳育燐
美術設計 ── 蕭志文
封面設計 ── 張議文

出 版 者 ── 遠見天下文化出版股份有限公司
創 辦 人 ── 高希均、王力行
遠見・天下文化 事業群榮譽董事長 ── 高希均
遠見・天下文化 事業群董事長 ── 王力行
天下文化社長 ── 王力行
天下文化總經理 ── 鄧瑋羚
國際事務開發部兼版權中心總監 ── 潘欣
法律顧問 ── 理律法律事務所陳長文律師　　著作權顧問 ── 魏啟翔律師
社　　　址 ── 台北市 104 松江路 93 巷 1 號 2 樓
讀者服務專線 ── 02-2662-0012　　　　傳真 ── 02-2662-0007；02-2662-0009
電子信箱 ── cwpc@cwgv.com.tw
直接郵撥帳號 ── 1326703-6 號　遠見天下文化出版股份有限公司

電腦排版 ── 蕭志文
製 版 廠 ── 東豪印刷事業有限公司
印 刷 廠 ── 中原造像股份有限公司
裝 訂 廠 ── 中原造像股份有限公司
登 記 證 ── 局版台業字第 2517 號
總 經 銷 ── 大和書報圖書股份有限公司　　電話 ── 02-8990-2588
出版日期 ── 2022 年 7 月 29 日第一版第 1 次印行
　　　　　　2024 年 5 月 23 日第一版第 2 次印行

定價 ── NT700 元
書號 ── BWS185
ISBN ── 978-986-525-691-3 │ EISBN 9789865256937（EPUB）；9789865256944（PDF）

天下文化官網 ── bookzone.cwgv.com.tw

本書如有缺頁、破損、裝訂錯誤，請寄回本公司調換。
本書僅代表作者言論，不代表本社立場。

天下‧文化
BELIEVE IN READING